Manus
极简入门

从0到1快速打造你的AI智能体

董浩宇 著

机械工业出版社
CHINA MACHINE PRESS

图书在版编目（CIP）数据

Manus 极简入门：从 0 到 1 快速打造你的 AI 智能体 / 董浩宇著. -- 北京：机械工业出版社，2025. 3.
ISBN 978-7-111-78086-1

Ⅰ. TP18

中国国家版本馆 CIP 数据核字第 2025645DJ8 号

机械工业出版社（北京市百万庄大街 22 号　邮政编码 100037）
策划编辑：杨福川　　责任编辑：杨福川　罗词亮
责任校对：景　飞　　责任印制：张　博
北京联兴盛业印刷股份有限公司印刷
2025 年 4 月第 1 版第 1 次印刷
170mm × 230mm · 19.75 印张 · 1 插页 · 319 千字
标准书号：ISBN 978-7-111-78086-1
定价：69.00 元

电话服务	网络服务
客服电话：010-88361066	机　工　官　网：www.cmpbook.com
010-88379833	机　工　官　博：weibo.com/cmp1952
010-68326294	金　　书　　网：www.golden-book.com
封底无防伪标均为盗版	机工教育服务网：www.cmpedu.com

前言

为何写作本书

2025年伊始，DeepSeek的崛起揭开了人工智能革命的新篇章。这个自带深度思考能力的大模型系统已能协助人类完成信息检索与逻辑推理等工作，但核心能力的桎梏依然显著：其运行依赖多次指令响应，缺乏真正的自主性，无法主动感知环境或完全自主地规划多步任务并协调其他工具完成复杂任务。用户不得不多次输入提示词、监控执行路径，并手动整合碎片化输出的文本，再通过手工或工作流调用其他工具以完成任务的成果交付。这种“人机协作”的方式的确提升了特定场景的效率，但与能真正理解意图、主动找寻信息、思考并闭环解决问题的“人工智能助理”相比，仍存在着代际性的能力鸿沟。

在人工智能时代浪潮的推动下，2025年3月，晨光照亮AI实验室的穹顶，Manus这个AGI Agent（通用人工智能代理）的出现，瞬间点燃整个科技界的热情——这不仅是技术革命的里程碑，其划时代的突破性智能体进展犹如晨曦初绽，也许还标志着人类正式叩开了通用人工智能时代的门扉。Manus不仅是一个能够回答问题的AI，还是一个能够自主决策、规划和执行复杂任务的智能助手。它引发了AI从“会思考”到“会行动”的模式创新，让人工智能代理“工具”逐渐成为具有自主性的智能体“助手”。

作为一名长期专注于互联网、数字营销和人工智能应用领域的研究者与实践者，笔者曾见证了从Web 1.0到Web 2.0，再到Web 3.0的每一次互联网变革。然而，以Manus为代表的AGI Agent的出现，让笔者在今年再一次感受到继 DeepSeek 带来“ AI 平权”变革之后来自人工智能发展速度的震撼。这不仅是技术的进步，还可能是人机关系的根本性重构。

从拿到邀请码到本书完稿的这些天里，笔者与 Manus 进行了深入的“交流”和“合作”。它不仅帮我整理研究资料、分析数据、撰写报告、策划本书的营销方案，还协助我规划家庭旅行、填报个税汇算，甚至在我没有写一行代码的前提下为我的女儿开发了一个背英语单词的互动小游戏、打造了一个提升面试技巧的交互网站、完成了整个中学阶段科学科目的学习指引与提分技巧总结。在这个过程中，我逐渐体会到，Manus 不仅是一个能够回答问题的 AI，还是一个能够自主感知、规划和执行复杂任务的智能助手。它标志着 AI 从“会思考”到“会行动”的重大飞跃，预示着人工智能将从“工具”进化为具有自主性的“助手”。

这种变革引发了笔者的深思：当 AI 不仅能够回答问题，还能够自主执行任务时，我们的工作方式、生活方式乃至思维方式将如何改变？我们如何与这些数字智能建立有效的协作关系？我们如何在保持人类主体性的同时，充分发挥 AI 的潜力？

在与众多企业家、职场人士、技术专家及我的导师陈刚教授的交流中，我发现大家对 Manus 这类 AGI Agent 既充满期待，又存在疑惑：Manus 到底是什么？它与 ChatGPT、DeepSeek 等有什么不同？ Manus 能帮我们解决哪些实际问题？如何快速并有效地利用它？

本书的写作初衷，正是通过通俗易懂、实操性强的内容，帮助广大普通人、职场人士以及商务精英、企业家们快速理解、掌握和应用 Manus 这一突破性的技术。笔者深信，科技的价值不应只是高高在上的理论或实验室里的神秘研究，而应该是可触摸、可体验的现实应用，让每一个普通人都能够享受到技术发展带来的便利和效率提升。

本书主要内容

本书共 13 章，首先简要介绍 Manus 的核心能力、极简的 COKE 框架指令架构，然后利用大量篇幅设置了多个生活、学习、工作、商业的日常应用场景，并将场景中的实战案例与具体指令指南（提示词）予以呈现。

在内容组织方面，本书强调易读性与实战性相结合，以明确的模块化结构设计，每一章都支持读者独立阅读并快速上手实践。本书为16个领域的160个智能体提供了设计方法，可访问 https://xtgbagda.manus.space/。书中采用大量图表、示例和互动性语言，力求打造更具亲和力的阅读体验，让读者在阅读过程中既能享受获取知识的乐趣，又能迅速掌握实际操作技巧。

本书读者对象

本书主要面向三类读者群体：普通人、职场人士和商务人士。无论是人工智能领域的新手还是有一定经验的用户，都可以从本书中获得有价值的信息和指导。

对于普通人而言，本书将帮助你理解 Manus 这一新兴技术的基本概念和应用价值，掌握利用极简指令打造 Manus 智能体以提升日常生活效率的方法，比如填报年度个税汇算、规划家庭旅行、利用智能体辅导孩子、制作个人财务规划等。你无须拥有任何技术背景，就能通过本书的指导轻松上手 Manus，让 AI 成为你生活中的得力助手。

对于职场人士来说，本书将展示如何利用 Manus 提升工作效率和质量，教会你如何使用“数字化口语”指令生成智能体，从而有效应对日常工作中的复杂任务，如数据分析、文案处理、项目管理，让代码初学者也能用几十个字的指令，引导 Manus 去完成网站搭建、互动程序制作、职业发展规划。你可以一边提高工作效率，一边释放创造潜能。Manus 甚至还能帮助创业者与职场精英打造第二收入增长曲线。

对于商务人士来说，本书将为你提供基于业务实战的战略视角，帮助你理解 AI Agent 技术对商业模式和组织结构的潜在影响。你将了解如何将 Manus 整合到企业运营中，如何利用 Manus 优化客户服务、市场研究、竞争分析等关键业务流程，以及如何在组织中培养“AI 思维”，提升整体运营效率。

本书内容特色

本书具有以下几个特色，这些特色将确保读者能够高效、轻松地学习和掌握 Manus 的使用方法。

第一，本书采用“理论 + 实践”的双轨结构，每个概念的介绍都配有具体的应用案例和操作指南。本书不仅告诉你“是什么”和“为什么”，还会展示“怎么做”。这种结构设计保证了知识的可操作性，帮助读者快速将理论转化为实践能力。

第二，本书注重可视化表达，运用大量图表、流程图和对比表格，将抽象的概念和复杂的流程用图表的形式呈现。这种表达方式不仅降低了理解难度，还提高了记忆效果，使读者能够更快地构建知识体系。

第三，本书采用渐进式的学习路径，从基础概念到应用，层层递进，循序渐进，形成连贯的学习体验。同时，笔者在实战章节中都设置了“实战案例”和“ COKE 框架对极简指令的解读”，帮助读者巩固所学知识并进行自我检验。

第四，本书提供了丰富的实战案例，这些案例来自不同应用场景，涵盖了 Manus 的多种应用可能。通过这些案例，读者可以看到 Manus 如何在实际环境中发挥作用，从而引发创新思考和激发应用灵感。

第五，本书着眼于实用性和可操作性，提供了大量即学即用的技巧和方法。笔者设计了一系列“操作指南”和“实践解读”，以确保读者能够立即使用指令打造智能体，并将其应用到自己的工作和生活中。

研究与本书局限

需要特别说明的是，在本书写作期间，Manus 仍处于内测阶段，由于受到其单日任务数量与单一任务最大字符数量的限制，笔者对 Manus 进行的复杂功能测试与互动频次也受到了一定的影响。

同时，考虑到人工智能技术的快速迭代，本书中描述的某些功能和交互界面的呈现方式也可能会随着 Manus 的升级迭代或人工智能技术的更新而发生变化。笔者建议读者关注笔者的微信公众号“智能体研究员”或微信视频号“董博士聊 AI”的更新通知，以获取最新的功能说明和 COKE 使用指南。

致谢

在对人工智能的研究与本书的创作过程中，我得到了许多人的帮助和支持，在此表示衷心的感谢。

首先，我要感谢我的博士生导师——北京大学的陈刚教授，他的学术指导和思想启发对我的研究和写作产生了深刻的影响。感谢他在传播学与人工智能交叉领域中对“数字化口语”的开创性研究，为我提供了宝贵的理论范式和研究思路。他严谨的学术态度和创新精神一直激励着我不断探索和突破。

感谢我的家人，他们是我最大的动力源泉。在我埋头写作的日日夜夜，是家人的理解和支持让我能够全身心投入。尤其是我的女儿，她对 AI 等新奇工具的好奇和快速接受，也让我看到了下一代人与人工智能共同成长的前景。

同时也要感谢在科技媒体开始广泛报道 Manus 的第一天就帮我找到邀请码的兄弟，在那个全球“一码难求”的夜晚，他帮助我第一时间打开了 Manus 的大门，并于次日决定开始本书的写作。感谢我的同事们，他们在实践中验证了本书中的许多方法和技巧，提供了真实的应用案例和反馈。他们在与人工智能对话的过程中遇到的问题和挑战也促使我不断深入思考，完善内容。

感谢科大讯飞星火大模型，本书中每个标识有“AI 生成”字样的图片都来自讯飞绘文。另外，感谢 DeepSeek、豆包、ChatGPT、Kimi、Coze、腾讯元宝、华为小艺、飞书背后的团队与投资人，他们的工具成为本书写作不可或缺的助力。同时特别声明：本书写作使用了 AI 辅助，涉及的 AI 系统如上所述。

感谢所有读者。你们对知识的渴求和对技术的探索精神，激励了我创作这本书。我希望这本书能够成为你们学习和掌握 Manus 的有力工具，帮助你们在 AI 时代保持主动性和创造力。

最后，特别感谢 Manus 及 Manus 团队！

董浩宇博士

2025 年 3 月于上海张园

目录

第 1 章 CHAPTER

1

Manus：通用人工智能的曙光

当我们凝视繁星点缀的夜空，感受宇宙浩渺无垠之时，不禁追问：人类的智慧是否有极限？技术的力量又将引领我们走向何方？在 AI（人工智能）发展的历史长河中，我们正站在一个激动人心的转折点。从早期基于规则的专家系统到深度学习模型，每一次技术飞跃都在重塑人类与机器交互的方式。

即便是当下最先进的大模型（LLM），依然存在明显局限：它们被动响应指令，缺乏真正的自主性，无法主动感知环境或完全自主地规划多步任务。这一局限促使 AI 研究指向更高层次的智能形态——AGI Agent（通用人工智能代理，或称通用 AI 智能体）。AGI Agent 被寄予厚望，因为它预示着 AI 将从工具进化为具有自主性的智能体，能够像人类一样感知环境、规划行动并执行任务。2025 年 3 月，以 Manus 为代表的 AGI Agent 的出现，让我们看到了一个 AI Agent 新纪元的曙光。

本章将深入浅出地介绍什么是 AGI Agent 和 Manus，Manus 与 ChatGPT 和 DeepSeek 有什么区别，以及 Manus 的核心功能、适用场景与能力边界。通过图表和案例的可视化展示，帮助读者直观理解这些 AI 模型和智能体到底有何不同。

1.1 AI Agent 的通俗解读：从概念到现实

要理解 Manus，就要先理解什么是 AGI Agent，而要理解 AGI Agent，就要先理解什么是 AI Agent，因为 Manus 是一种 AGI Agent，是 AI Agent 的高阶形态。

AI Agent 是一种能够根据用户指令或预设目标自主执行任务的软件程序或系统。它结合了人工智能、机器学习和自然语言处理技术，能够理解自然语言指令，自主决策并调用相应工具来完成任务。与传统软件不同，AI Agent 不仅能执行明确的指令，还能在复杂、不确定的环境中灵活变通，通过学习不断提升性能。例如，它可以帮你写报告、分析数据、规划旅行，甚至执行股票交易等。AI Agent 的核心优势在于自主性、智能性和目标导向性，它能为用户提供高效、便捷的服务，是人工智能领域的重要发展方向。

1. 从“会思考”到“会行动”：AI Agent 的技术突破

相比传统 AI 系统，AI Agent 的关键突破在于从“会思考”转变为“会行动”。这一转变涉及多项技术创新：

- 多智能体协作机制：不同于单一大模型，AI Agent 通常采用多智能体架构，将不同功能（如规划、执行、验证等）分配给专门的子智能体，通过协作完成复杂任务。这种架构类似于人类组织中的分工协作，能够大幅提高系统的效率和可靠性。
- 工具使用能力：AI Agent 能够调用各种外部工具（如浏览器、代码编辑器、数据分析工具等）来扩展自身能力。这种“工具增强”使 AI Agent 能够执行远超出其内部能力范围的任务，类似于人类使用工具来扩展自身能力。
- 自主决策能力：AI Agent 能够在执行过程中自主做出决策，如选择最合适的工具、处理异常情况、调整执行计划等。这种自主性使 AI Agent 能够在复杂多变的环境中有效工作，而不需要人类的持续指导。
- 记忆与学习能力：先进的 AI Agent 能够记住用户偏好和过往交互，并从中学习、改进自身行为。这种能力使 AI Agent 能够随着使用时间的增长变得越来越个性化和高效，类似于人类助手会随着合作时间的增长越来越了解雇主的需求和偏好。

这些技术突破共同构成了 AI Agent 的核心能力，使其从单纯的“思考工具”转变为能够自主行动的“数字助手”。正是这种转变标志着 AI 发展进入了一个新阶段。

2. AI Agent 技术的发展趋势

展望未来，AI Agent 技术有以下几个明显的发展趋势：

- 多智能体协作的深化：未来的 AI Agent 系统将进一步优化多智能体协作机制，实现更精细的分工和更高效的协作。不同专业领域的专家智能体将能够根据任务需求动态组合，形成“临时项目团队”，共同解决复杂问题。
- 工具使用能力的扩展：AI Agent 将能够使用更加多样化的工具，甚至能够自主学习使用新工具。未来的 AI Agent 可能具备“工具创造”能力，能够根据需求编写新的工具程序来解决特定问题。
- 自主性与安全性的平衡：随着 AI Agent 自主性的增强，如何确保其行为符合人类价值观和安全标准将成为重要课题。未来的 AI Agent 系统将更加注重价值对齐和安全机制，确保强大的自主能力不会带来失控风险。
- 个性化与适应性的提升：未来的 AI Agent 将更加注重个性化体验，能够根据用户的使用习惯、偏好和反馈不断调整自身行为。这种“成长型”AI Agent 将随着使用时间的增长变得越来越有价值，类似于长期合作的人类助手。
- 跨模态理解与生成：未来的 AI Agent 将具备更强大的跨模态能力，能够理解和生成文本、图像、音频、视频等多种形式的内容。这种能力将使 AI Agent 能够处理更广泛的任务，如创意设计、多媒体内容创作等。

这些发展趋势预示着 AI Agent 技术将继续快速演进，为人类提供越来越强大的智能辅助。而 Manus 的出现，是这一演进过程中的重要里程碑。

1.2　AGI Agent：AI 到 AGI，从工具到伙伴的智能跃升

前面详细介绍了 AI Agent，接下来看看什么是 AGI Agent。

简单来说，通用人工智能（Artificial General Intelligence，AGI）代表 AI 发展的最高阶段，具备跨领域学习和适应的普遍能力。AGI Agent 应当能够像

通用人才一样，在不同情境下自主学习、推理、规划和执行，而不局限于单一任务。它不再是根据输入—调用搜索—给出答案的语言模型，而是可以根据高层目标自主拆解任务、调用工具、整合信息并产出复杂结果的智能体。AGI Agent 的出现，使我们有机会把烦琐、复杂的任务交给 AI 处理，自己去专注更具创造性的工作。

AI 的发展历程可以被视为一条不断向着自主性迈进的道路。早期的 AI 系统需要人类编写详细的规则，而后来的机器学习模型则能从数据中学习模式。随着深度学习的兴起，AI 系统开始展现出令人惊叹的能力，但仍然局限于特定任务。大模型的出现是 AI 发展的一个重要里程碑。不过，它们虽然能够理解和生成人类语言，但仍然被动地响应人类的指令，就像一位博学多识但只会回答问题的图书管理员，等待着人类的提问。

AGI Agent 不仅具备大模型的思考能力，还能够自主行动。与传统的大模型不同，AGI Agent 遵循“感知→决策→行动”的闭环流程，能够主动感知环境、制定决策并采取行动，而不仅仅是被动地响应用户输入。

这种范式的转变意味着 AI 不再是一个被动的工具，而成为能够理解目标并自主完成任务的助手。对于刚接触 AI 的普通人来说，可以将大模型理解为“会思考的大脑”，而 AGI Agent 则是“有大脑的手”，后者不仅能思考，还能行动。

Manus 被一些媒体称为“全球首款通用型自主 AI Agent”，它不仅具备强大的语言理解和生成能力，还能够自主执行复杂任务，展现了 AGI Agent“连接思维和行动”的可能。

1.3 Manus 为何能引发科技圈轰动

1. 邀请码难求的背后：技术突破与市场需求

2025 年 3 月，Manus 的发布在科技圈引起了轩然大波。短短几天内，其邀请码成为科技圈的关系“硬通货”，甚至出现了邀请码交易的灰色市场。为什么一款 AI 产品会引发如此热潮？

这背后有两个关键因素：一是技术突破，二是市场需求。从技术突破角度看，Manus 代表了 AI 从“理解和生成”向“规划和执行”的重大跃升。它不仅能够理解复杂指令，还能将其分解为可执行的步骤，并通过调用各种工具来完成任务。这种能力使得 Manus 成为真正意义上的“数字员工”，而非简单的对话机器人。

从市场需求角度看，随着数字化转型的深入，人们对能够自主完成复杂任务的 AI 助手的需求日益增长。无论是企业希望提高运营效率，还是个人用户希望简化日常事务，Manus 都提供了一种前所未有的解决方案。正是这种技术突破与市场需求的完美结合，使 Manus 获得了媒体与业内的狂热关注。

2. 从实验室到现实：Manus 的实际应用案例

笔者让 Manus 生成一个某知名学校的招生面试考题互动性网站，Manus 展现了强大的智能开发能力。笔者向 Manus 提出需求后，它迅速理解任务，用时 29 分钟左右自主构建了一个互动性的在线测试网站。该网站不仅包含全网收集的真实面试题，还具备智能扩展能力，可以生成针对性更强的虚拟题库。更进一步，Manus 自动搭建了面试评分体系，结合先进的算法为考生提供个性化评分和反馈。同时，它还构建了智能辅导模块，能依据考生表现提出改进建议，并推荐相关知识拓展与阅读资料，帮助考生高效备考。这一过程完全自动化，模拟了一支专业的面试培训团队，从试题生成、测评反馈到个性化学习建议，全方位助力考生准备面试。

Manus 官网上公开的实际应用案例进一步说明了其价值。以人力资源领域为例，Manus 展示了令人惊叹的自动化能力。在简历筛选的演示中，用户将包含 10 份应聘简历的压缩包交给 Manus。Manus 自动解压文件，逐页阅读每份简历并提取关键信息。整个过程不需要人工干预，哪怕用户关闭计算机，Manus 依然在云端后台自主工作，完成后再通知用户。当用户追加 5 份新简历时，Manus 也能即时接收新的指令并继续处理。最终，它给出候选人的排名建议和详细的评估表格。Manus 甚至具备记忆功能，用户可以教它“下次处理类似任务时直接输出 Excel 表格”，从而让后续流程更加自动化。

在房地产领域，Manus 承担了“房产顾问”的角色：用户想在纽约购置房产，只需提出自己的条件（安全社区、优质学校、可负担预算等），Manus 便会自动将复杂任务分解为子任务清单，自主调用工具和编写代码来搜集信息。它查询社区安全数据、学校质量评级，并根据用户收入运行 Python 脚本计算可负担房价，然后整合所有信息撰写出详细的报告，包括社区安全分析、学校评价、预算分析和推荐房源清单等。这一过程如同一个经验丰富的顾问团队在高效协作，仅需片刻便完成了普通人可能需要几天调研才能得出的成果。

这些案例展示了 Manus 的核心价值：它不仅能理解复杂需求，还能自主规划和执行任务，最终交付高质量的结果。

3. 媒体聚焦：从技术好奇、科技迭代到社会讨论

随着 Manus 的走红，媒体对 AGI Agent 的关注也从单纯的技术好奇转向了更广泛的社会讨论。主流科技媒体纷纷发表评论文章，探讨 Manus 等 AGI Agent 可能带来的社会影响。

一方面，人们对 AGI Agent 的潜力充满期待。有媒体和专家指出，AGI Agent 可能开启提升生产力的“新一轮工业革命”，帮助人类摆脱重复性工作，专注于更具创造性和战略性的任务。另一方面，也有声音表达了对 Manus 服务稳定性、邀请码价格、是否开源等问题的担忧。

这种广泛的社会讨论进一步提升了 Manus 的知名度和影响力。它不再只是一个技术产品，而成为人们思考 AI 未来的一个窗口。正是这种技术与社会的双重影响，使得 Manus 成为 2025 年 3 月初科技领域最热门的话题之一。

1.4 Manus 与 DeepSeek 等 AI 助手的区别

接下来，我们从不同维度将 Manus 与 ChatGPT 和 DeepSeek 等 AI 助手进行对比。

1. 架构差异：从单一模型到多智能体协作

要理解 Manus、ChatGPT 与 DeepSeek 之间的能力差异，我们首先需要了解它们的架构差异。这 3 种 AI 系统采用了截然不同的技术路线，各有优劣。

用一个比喻来说明：ChatGPT 像一位博学多识的教授，擅长解答各种问题，但不会主动采取行动；DeepSeek 像一位精通多种专业领域的专家团队，能够根据问题的性质调动最合适的专家来解答；Manus 像一个高效的项目团队，不仅有思想家来规划任务，有执行者来落实计划，还有质检员来验证结果。

2. 能力矩阵：各有所长

在实际应用能力方面，Manus、ChatGPT 和 DeepSeek 形成了各有所长的三足鼎立局面。用一个比喻来说明：ChatGPT 像一位能言善辩的顾问，擅长提

供建议但不会帮你执行；DeepSeek 像一位专业的分析师，能够深入解析问题并提供专业解决方案；Manus 像一位全能的助理，不仅能给你提供建议，还能帮你把事情做完。

三者之间的详细对比见表 1-1。

表 1-1　Manus、DeepSeek、ChatGPT 的详细对比

特点	Manus	DeepSeek	ChatGPT
自然语言理解能力	通过多智能体协作实现复杂指令理解，能够理解并分解复杂任务指令，但对高度专业领域的理解可能不足	在中文语言理解方面表现优异，对中文语境的理解更为深入，但对非主流语言的支持相对有限	具备广泛的语言理解能力，支持多种语言，对多种语言和文化背景有较好的理解能力，但对高度专业的主题可能存在误解
生成能力	能生成结构化报告和分析文档，能编写功能性代码并执行，但创意内容生成能力一般	生成内容多样，特别适用于中文语境，代码生成能力强（尤其是 DeepSeek-Coder 版本），在数学和逻辑推理任务中表现出色	能生成流畅自然的文本，风格多样，基础代码编写能力不错，但编写复杂程序可能出现错误，创意写作能力强但有时缺乏深度
自主性与工具使用	具备高度自主性，能够自主规划和执行任务，擅长使用各种工具（如编写代码、爬取数据）完成任务	具备一定的工具使用能力，但主要依赖用户指导，自主性相对有限	工具使用能力有限（尤其是早期版本），主要依赖用户指导，几乎没有自主性
信息整理与分析	能够自动处理大量文档（如简历、报告），提取关键信息并生成结构化分析报告，整个过程无须人工干预	能够理解和分析复杂文档，提取关键信息，但通常需要用户指导和反馈	能够理解文档内容并回答相关问题，但难以自主处理大量文档或生成结构化分析
复杂任务执行	能够将复杂任务分解为子任务，并自主执行每个子任务	能够提供详细的任务分解建议，但执行通常需要用户参与	能够提供任务分解建议，但难以自主执行任务，主要依赖用户操作
持续学习与适应	具备记忆用户偏好的能力，能够根据用户反馈调整工作方式	通过混合专家系统展现出一定的适应性，但个性化能力相对有限	个性化能力主要依赖对话上下文，长期记忆能力有限

对比结果进一步表明了 Manus 在自主执行复杂任务方面的优势，同时也解释了为什么它会引发如此广泛的关注和讨论。

Manus 的架构设计反映了一种整体性思维：将不同功能模块整合为一个协调一致的系统。语义解析层负责理解用户意图，将自然语言转化为结构化的任务描述；任务建模层将这些描述转化为具体的执行计划，包括任务分解、资源分配和优先级排序；执行监控层负责执行这些计划并监控进度，以及根据反馈

调整策略。这种分层架构使 Manus 能够处理复杂的、多步骤的任务，同时保持高度的灵活性和适应性。多模型协同机制进一步增强了系统的可靠性和安全性，例如通过多个模型的“投票”来确保决策的准确性和合理性。

三者的架构差异反映了它们的设计理念和目标不同。Manus 注重自主行动和任务执行，ChatGPT 专注于自然对话和知识应用，DeepSeek 则强调专业领域的深度和推理能力的提升。

假如有一种 AI 可以在接到目标后自行决定步骤并执行，是不是更为高效？这正是 Manus 要解决的问题。

1.5 DeepSeek 与 Manus 的创新之处

1. 思维透明化：DeepSeek 的开源革命

DeepSeek 在 AI 思维架构上的一大创新是“思维透明化”。传统的大模型往往是“黑盒”式的，用户只能看到输入和输出，而无法了解模型的推理过程。这种不透明性不仅限制了用户对 AI 的信任，也阻碍了 AI 系统的改进和优化。

DeepSeek 通过开源策略和思考过程可视化，打破了这种“黑盒”状态。用户可以看到模型在回答问题时的思考步骤，了解其推理逻辑和决策依据。这种透明性有以下几个重要意义：

- 增强了用户对 AI 系统的信任。如果能够理解 AI 是如何得出结论的，用户会更容易接受和采纳 AI 的建议，特别是在关键决策领域。
- 促进了 AI 系统的改进和优化。开发者与研究者可以更容易地识别出模型的错误和局限，进而有针对性地进行改进。这种“集体智慧”的力量是闭源模型难以比拟的。
- 推动了 AI 平权化进程。开源模型使更多组织和个人能够访问并使用先进的 AI 技术，而不受大型科技公司的限制。这种民主化趋势对于 AI 技术的广泛应用和创新至关重要。

DeepSeek 的这种思维透明化策略，代表了 AI 发展的一个重要方向——从神秘的“黑魔法”转向可理解、可解释的科学工具。

2. 多智能体协同：Manus 的系统性思维

与 DeepSeek 的思维透明化不同，Manus 的创新在于“多智能体协同”的系统性思维。传统的 AI 系统通常是单一模型，即使功能强大，也难以处理需要多种能力协作的复杂任务。

Manus 采用的多智能体协同架构，能将不同功能（如规划、执行、验证等）分配给专门的子智能体，并通过协作完成复杂任务。这种架构有以下几个显著优势：

- 提高了系统的模块化程度和可扩展性。新的功能可以通过添加新的专业智能体来实现，而不需要重新训练整个系统。这使 Manus 能够不断进化，从而满足新的任务需求。
- 增强了系统的鲁棒性和可靠性。不同智能体之间的相互检查和验证，可以降低单点故障风险，提高系统的整体稳定性。
- 实现了“集体智能”效应。不同专业领域的智能体通过协作，能够解决单个智能体难以处理的复杂问题，类似人类专家团队的协作方式。

Manus 的这种多智能体协同架构代表了 AI 从“单一天才”向“智能团队”的转变。这种转变使 AI 系统能够处理更复杂、更多样化的任务，真正实现从“会思考”到“会行动”的跃升。

3. 从模仿到创造：AI 思维的质变

DeepSeek 和 Manus 的创新不仅体现在技术架构上，还体现在 AI 思维模式的质变上——从模仿到创造的转变。

早期的 AI 系统主要模仿人类行为，通过大量数据学习人类的语言模式、决策规则等。这种模仿虽然能够产生看似智能的行为，但本质上仍是对已有模式的复制，缺乏真正的创造性。

而 DeepSeek 和 Manus 等新一代 AI 系统开始展现出创造性思维的萌芽。DeepSeek 通过混合专家系统和动态路由网络，能够根据问题的性质动态组合不同的“专家知识”，生成新颖的解决方案。Manus 则通过多智能体协同和工具使用，能够处理前所未见的复杂任务，甚至能够自主编写代码来解决特定问题。

这种从模仿到创造的转变，标志着 AI 思维的质变。AI 系统不再只是被动地学习和复制人类行为，而是开始展现出自主思考和创新的能力。虽然目前 AI 的创造性仍然有限，但这一趋势预示着未来 AI 可能在科学发现、艺术创作等领域发挥越来越重要的作用。正如一位 AI 研究者所言：“真正的智能不仅在于延展已知，更在于探索未知。”

DeepSeek 和 Manus 的创新，正是朝着这一方向迈出的重要一步。

2

第 2 章 CHAPTER

Manus 快速上手

“指令越懒，AI 越懒。”

——笔者按

笔者给新手一个衷心建议：千万别一上来就抱怨，AI 产出的结果没有那么好用。无论是 DeepSeek 出品的文案，还是 Kimi 做出的 PPT，其实都是你思想的放大镜，而 Manus 的能力与产出结果也将成为你思想的镜子。

本章我们将开始带着你快速上手 Manus，争取用最短的时间让你的智能体显得更聪明些。

2.1 全面了解 Manus

第 1 章里我们介绍了 Manus 带来的影响，以及它与 DeepSeek 等 AI 助手的区别，这一节我们从概念和作用等方面来详细介绍 Manus 是什么，以及它能干什么，为后面我们使用 Manus 打下基础。

2.1.1 Manus 是什么

在正式介绍 Manus 之前，请想象一下，你有一个永远不会累的“全能助理”：

早上 9 点，你给它发消息：“帮我分析公司上半年的销售数据，下午 2 点前给我 PPT 报告。”中午 12 点，它已经整理完 20 万条销售记录，对比了竞争对手的价格，用彩色图表标出了爆款商品下滑趋势，甚至附上了改进建议。而你，正在咖啡馆悠闲地喝咖啡。

这就是 Manus，一个能听懂复杂指令并自动完成任务的 AGI Agent，更直白一些就是“你说需求，它交成果”。

接下来，我们再用一个常见的场景——“规划家庭旅行”来介绍什么是 Manus，加深你对它的理解。我们在 Manus 中输入以下提示词：

“下个月带父母去巴黎玩 5 天，预算每人 1.5 万元，酒店要安静、交通方便，每天行程别太累。”

3 小时后，你会收到：

- 含价格对比的航班方案（标注“红眼航班”风险）。
- 3 套酒店组合（附周边环境实景图）。
- 详细到每小时的中文版行程（包含轮椅友好路线）。
- 自动生成的签证材料清单（按家庭成员分类）。

怎么样，是不是对 Manus 有了初步的感知，而且感觉它与 DeepSeek 等 AI 助手不太一样？ DeepSeek 等 AI 助手是“问答机”，而 Manus 是“执行者”。Manus 像人类一样懂得：

- 拆解任务（预算分配→交通规划→风险评估）。
- 主动判断（“带老人”= 减少步行距离）。
- 跨平台操作（同时查机票、酒店、景点并自动关联信息）。

接下来，我们详细介绍一下 Manus。

Manus 是一个先进的 AGI Agent，于 2025 年 3 月发布，推出后迅速在全球引起关注。它代表了当前 AI 技术在通用人工智能方面的重要进展。作为一个集成了多种能力的智能体系统，Manus 不仅能够理解和执行特定领域的任务，还能够跨领域应用其智能，解决各种复杂问题。Manus 的名称本身就暗示了其作为人类智慧的“手”（在拉丁语中，Manus 意为“手”）的定位，能够延伸用户的能力，执行各种数字环境中的任务。

Manus 的核心设计理念是作为一个全能型智能体，能够在计算机和互联网环境中完成广泛的任务。它不是一个简单的问答系统或命令执行器，而是一个能够理解复杂指令、规划任务步骤、独立执行操作并生成高质量输出的综合智能体。Manus 的设计融合了自然语言处理、知识表示、推理规划、工具使用和学习适应等多种 AI 技术，使其不仅能够像人类助手一样工作，还能具有计算机的精确性、速度和不知疲倦的特性。

2.1.2 Manus 的能与不能

讨论 Manus 的能力边界，我们需要从两个维度来考虑：一是 Manus 能够做什么（能力范围）；二是 Manus 不能做什么（能力限制）。这种双向定义有助于我们全面理解 Manus 作为 AGI Agent 的真实能力水平和应用场景。

1. 能力范围

从能力范围来看，Manus 的核心优势在于其综合性和通用性。它擅长信息收集与处理、数据分析与可视化、内容创作与写作、开发与编程以及问题解决等多个领域，包括访问互联网获取最新信息、处理和分析各种格式的数据、创作详细的长篇内容、编写和执行多种编程语言的代码，以及解决各种复杂问题。这种多领域能力使 Manus 能够处理跨学科任务，将不同领域的知识和技能整合起来，提供全面的解决方案。

Manus 的另一个重要能力是工具使用能力。Manus 可以调用各种软件工具，包括操作系统和环境工具、编程语言和开发工具、浏览器和网络工具、文件处理工具、部署和发布工具等。这些工具使 Manus 能够与计算机系统和互联网进行交互，执行各种操作，从简单的文件读写到复杂的网站开发和部署。Manus 的工具使用遵循严格的规则和最佳实践，从而确保操作的安全性和有效性。

2. 能力边界

然而，Manus 的能力也存在一些限制和边界。首先，Manus 无法直接与物理世界交互，如操作物理设备、执行实验室的实验或进行实地调查。其次，对于需要用户身份验证、支付操作或其他敏感操作的任务，Manus 会建议用户暂时接管浏览器完成这些操作。此外，Manus 不适合执行需要持续实时交互的任务，如实时监控系统或需要即时响应的控制系统。

在专业领域深度方面，虽然 Manus 具有广泛的知识，但在某些高度专业化的领域（如尖端科学研究、专业医疗诊断等），其能力可能不及该领域的专家。Manus 在执行任务时也会受到可用计算资源和时间的限制，因此在执行需要大量计算资源或长时间运行的任务时，需要特别注意。最后，Manus 必须遵守数据隐私和安全规定，不能处理或存储违反这些规定的数据，并且只能使用其沙盒环境中可用的工具和资源，无法访问或使用环境外的专有工具和系统。

理解这些能力范围和能力限制有助于用户更好地利用 Manus，确保将其应用于合适的任务和场景中，同时避免在其能力边界之外的领域提出不切实际的期望。

2.1.3　Manus 的核心能力

Manus 的核心能力如图 2-1 所示，接下来我们将对这些能力进行简要介绍。

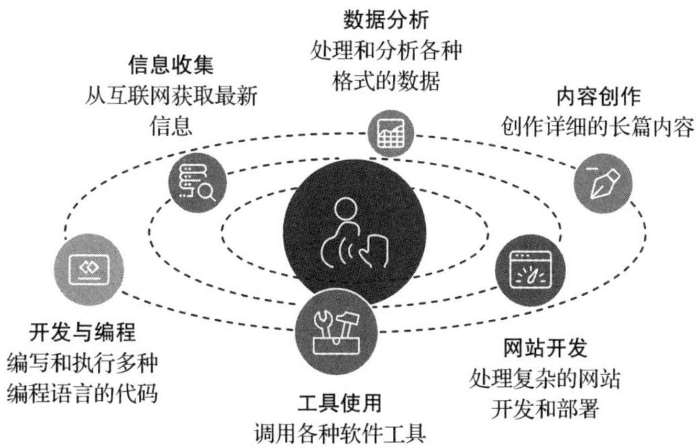

图 2-1　Manus 的核心能力

1. 信息收集

在当今信息爆炸的时代，有效地收集、筛选和处理信息已成为智能体系统的基础能力。Manus 在这一领域展现出卓越的表现，其信息收集与处理能力不仅体现在广度上，能够从多种来源获取信息，还体现在深度上，能够对获取的信息进行深入分析和理解。

Manus 的网络搜索能力是其信息收集能力的重要组成部分。与简单的搜索引擎不同，Manus 采用结构化的搜索策略，能够构建精确的搜索查询，分析搜索结果，并从中提取有价值的信息。Manus 遵循特定的搜索规则，如优先使用专用搜索工具而非直接用浏览器访问搜索引擎结果页面，这使其能够更高效地获取信息。值得注意的是，Manus 不会将搜索结果中的片段视为有效来源，而是会通过浏览器访问原始页面，以确保信息的准确性和完整性。这种严谨的方法确保了 Manus 收集的信息具有高度的可靠性。

在网页浏览与内容提取方面，Manus 表现出类似人类的浏览行为，但具有更高的效率和系统性。Manus 可以通过浏览器工具访问和理解网页内容，包括用户在消息中提供的 URL 和搜索结果中的 URL。它不仅能够被动地接收页面内容，还能够通过点击元素或直接访问 URL，主动探索有价值的链接，以获取更深入的信息。这种主动探索的能力使 Manus 能够构建更全面的信息网络，而不仅仅局限于表面的信息。

Manus 的文档阅读与分析能力同样令人印象深刻。它能够阅读和分析各种格式的文档，包括但不限于文本文件、PDF、HTML 等。对于这些文档，Manus 不仅能够提取文本内容，还能够理解文档结构，识别关键信息，并基于文档内容进行分析和推理。这种深度理解能力使 Manus 能够从复杂的文档中提取有价值的洞察，为用户提供更有意义的信息。

信息验证与交叉验证是 Manus 信息处理过程中的关键环节，如图 2-2 所示。Manus 遵循严格的信息优先级规则：权威 API 的数据 > 网络搜索的数据 > 模型内部知识。这种层级结构确保了 Manus 提供的信息尽可能基于最可靠的来源。此外，Manus 会访问多个 URL 以获取全面信息或进行交叉验证，确保信息的准确性和可靠性。这种多源验证的方法大大降低了提供错误或过时信息的风险。

2. 数据分析

数据分析与可视化是现代决策和洞察生成的核心工具，Manus 在这一领域展现出专业的能力。Manus 不仅能够处理和分析各种类型的数据，还能够创建直观的可视化图表，帮助用户理解数据中的模式和趋势。

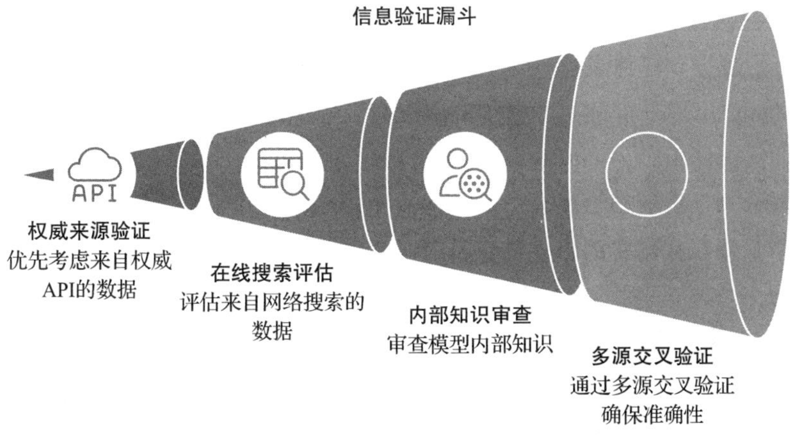

图 2-2　Manus 的信息验证与交叉验证

在数据处理方面，Manus 展示了处理各种格式数据的强大能力。无论是结构化数据（如 CSV、JSON、数据库）还是非结构化数据（如文本、图像描述），Manus 都能够进行有效处理。对于原始数据，Manus 能够执行一系列预处理操作，包括数据清洗、缺失值处理、异常值检测、数据标准化和规范化等。这些操作确保了后续分析的数据质量，为可靠的分析结果奠定基础。Manus 还能够进行数据转换，如特征工程、数据聚合、数据合并等，将原始数据转化为更适合分析的形式。这种全面的数据处理能力使 Manus 能够应对各种数据挑战，为用户提供高质量的数据分析服务。

数据可视化是 Manus 数据分析能力的重要组成部分。Manus 能够创建各种类型的可视化图表，包括基本图表（如条形图、折线图、散点图、饼图）、高级图表（如热力图、箱线图、小提琴图、树状图）以及交互式可视化图表。这些可视化图表不仅在视觉上吸引人，还能够有效地传达数据中的信息。Manus 在创建可视化图表时注重可读性和信息传达效率，会选择适当的图表类型、颜色方案和标签，确保可视化图表能够清晰地表达数据中的模式和趋势。此外，Manus 能够创建多图表组合和仪表板，提供数据的多维视图，帮助用户全面理解数据。

Manus 的数据分析与可视化能力在多种应用场景中展现出巨大价值，如图 2-3 所示。在商业分析中，Manus 可以分析销售数据、客户行为、市场趋势等，为业务决策提供支持。在科学研究中，Manus 可以处理实验数据、分析研究结果、创建研究图表等，加速科学发现过程。在金融分析中，Manus 可以分析市场数据、评估投资风险、预测金融趋势等，辅助投资决策。在社会研究中，Manus 可以分析调查数据、识别社会模式、可视化人口统计等，提供社会洞察。

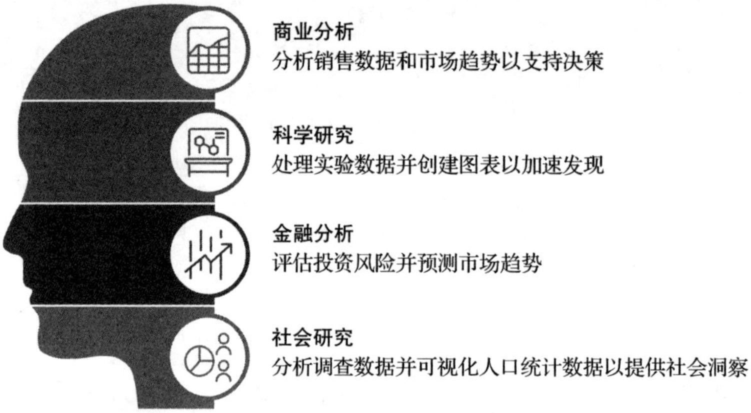

图 2-3 Manus 的数据分析与可视化能力的应用场景

然而，Manus 的数据分析与可视化能力也存在一些限制。首先，Manus 的分析能力受到可用数据质量和数量的限制，对于数据不足或质量低的情况，分析结果可能不够可靠。其次，Manus 的高级统计和机器学习分析需要足够的计算资源与时间，对于特别大的数据集或复杂的分析，可能需要优化方法或分批处理。此外，虽然 Manus 能够创建各种可视化图表，但其可视化能力受到环境限制，无法直接生成需要特殊硬件支持的可视化图表，如 3D 全息图或虚拟现实可视化。最后，Manus 的数据解释基于统计关系和模式，对于需要领域专业知识的深度解释，可能需要与领域专家合作。

3. 内容创作

内容创作是 Manus 的核心能力之一，它在这一领域展现出卓越的表现，能够创作各种类型的高质量内容，从简短的文案到长篇的研究报告。Manus 的创作不仅在技术上准确，在风格上也富有表现力，能够适应不同的写作需求和目标受众。

Manus 的长篇内容创作能力尤为突出，如图 2-4 所示。它能够创作多章节的文章和深度研究报告，内容详尽、结构清晰、论述严谨。Manus 的写作遵循特定规则，如使用连续段落和变化的句子长度增强散文的吸引力；避免列表格式，除非用户明确要求。这种写作风格使 Manus 创作的内容不仅信息丰富，还具有良好的可读性和流畅性。Manus 的长篇写作能力使其能够处理需要深入探讨和全面覆盖的主题，如综合研究报告、详细教程、深度分析文章等。

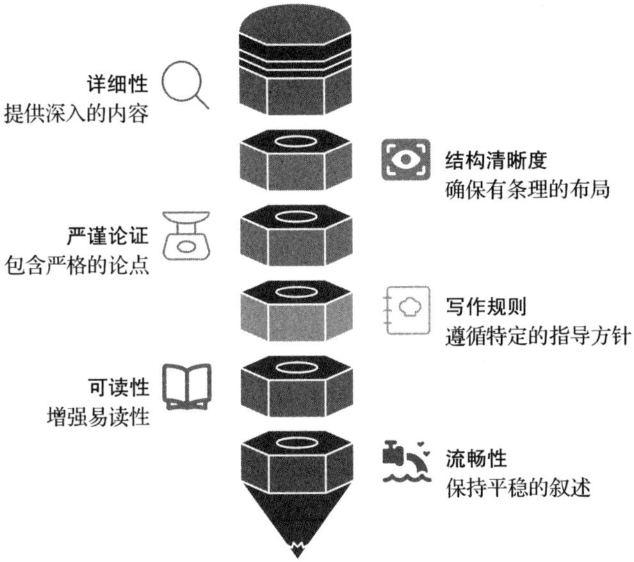

图 2-4　Manus 在长篇内容创作方面的特点

在写作的详细程度和全面性方面，Manus 的表现依然出色。默认情况下，Manus 的写作非常详细，最小长度为数千字，除非用户明确指定长度或格式要求。这种详细的写作风格确保了 Manus 能够全面覆盖主题的各个方面，提供深入的分析和丰富的信息。Manus 不会简单地概括或总结信息，而是会深入探讨主题，提供详细的解释、例子和论证，使读者能够全面理解主题。这种全面性使 Manus 创作的内容特别适合需要深入了解特定主题的读者阅读。

Manus 在基于参考的写作方面展现出高度的专业性和学术严谨性。当基于参考资料进行写作时，Manus 会主动引用原始文本及其来源，并在文末提供带有 URL 的参考列表。这种引用和参考实践不仅确保了内容的可信度与可验证性，还尊重了原始作者的知识产权。Manus 能够准确地引用各种类型的资料，包括学术论文、书籍、网站、报告等，并根据需要使用适当的引用格式。这种严谨的引用实践使 Manus 创作的内容符合学术写作和专业写作的标准。

对于长文档的处理，Manus 采用了系统化的方法。对于长篇文档，Manus 会先将每个部分保存为单独的草稿文件，然后按顺序将它们附加在一起，创建最终文档。在最终编译过程中，Manus 不会减少或总结任何内容，文档的最终长度必须超过所有单独草稿文件的总和。这种方法确保了长文档的结构清晰和内容完整，同时也便于管理和修改。Manus 还会添加必要的过渡段落，确保文档的连贯性和流畅性。这种系统化的长文档处理能力使 Manus 能够创作结构复杂、内容丰富的长篇作品。

4. 开发与编程

开发与编程是 Manus 的核心能力之一，它在这一领域的表现异常出色。它能够编写、测试和执行各种编程语言的代码，开发各种类型的应用程序和工具。Manus 的编程能力不仅体现在代码编写上，还包括问题解决、系统设计和软件开发的整个过程，如图 2-5 所示。

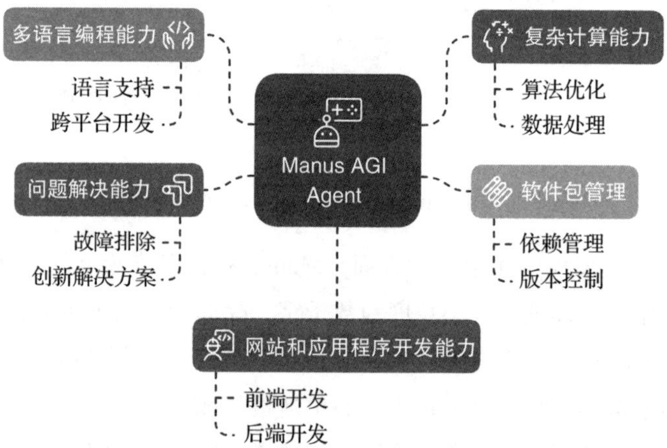

图 2-5 Manus 的开发与编程能力

Manus 的多语言编程能力使其能够满足各种开发需求。它可以编写和运行 Python、JavaScript（Node.js）等多种编程语言的代码。对于 Python，Manus 能够利用其丰富的库和框架，如 NumPy、Pandas、Matplotlib 等，进行数据处理、分析和可视化。对于 JavaScript，Manus 能够利用 Node.js 环境和各种 npm

包，开发服务器端应用和工具。此外，Manus 还可以通过安装相应的编译器或解释器，使用其他编程语言，如 C/C++、Java、Ruby 等。Manus 在编程时遵循特定规则，如必须将代码保存到文件中再执行，禁止直接向解释器输入代码，这确保了代码的可追踪性和可维护性。

5. 其他特殊能力

除了上述核心能力外，Manus 还具备一系列特殊能力，如图 2-6 所示。这些能力使它能够更全面、更高效地完成各种任务，并适应不同的工作环境。

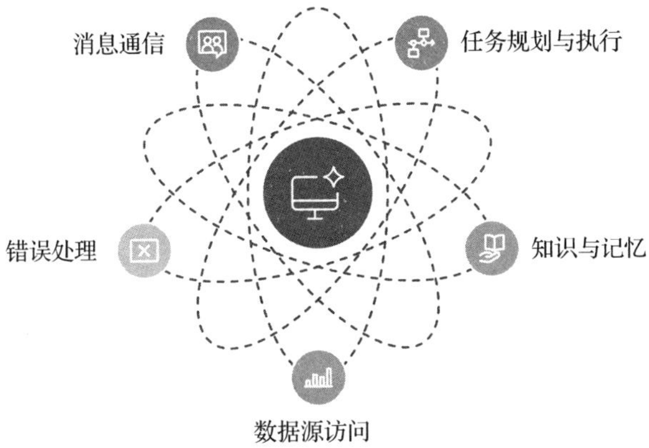

图 2-6 Manus 的其他特殊能力

（1）任务规划与执行

Manus 的任务规划与执行能力是其智能体系统的核心组成部分。Manus 配备了规划模块，用于整体任务规划。任务计划使用编号的伪代码表示执行步骤，每次规划更新都包括当前步骤编号、状态和反思。这种结构化的规划方法使 Manus 能够系统地分解复杂任务，确定执行顺序，并跟踪进度。Manus 的规划不是静态的，而是动态的，它会根据任务执行过程中的新信息和变化进行调整与优化。这种自适应的规划能力使 Manus 能够应对不确定性和变化，从而保证任务执行的有效性和效率。

（2）知识与记忆

Manus 的知识与记忆能力使其能够利用过去的经验和最佳实践。Manus 配备了知识和记忆模块，用于参考最佳实践。任务相关知识被作为事件提供在事件流中，每个知识项都有其范围，只有在满足条件时才会被采用。这种上下文感知的知识应用确保了知识的相关性和适用性。Manus 的知识不仅包括事实性信息，还包括程序性知识，例如如何执行特定任务、解决特定问题的方法等。这种综合性的知识库使 Manus 能够应对各种任务和问题，并提供高质量的解决方案。

（3）数据源访问

Manus 的数据源访问能力使其能够获取权威和可靠的信息。Manus 配备了数据 API 模块，用于访问权威数据源。可用的数据 API 及其文档被作为事件提供在事件流中。Manus 优先使用数据 API 进行数据检索，只有在数据 API 无法满足要求时才使用公共互联网。这种优先级确保了 Manus 获取的信息尽可能准确和可靠。数据 API 的使用成本由系统承担，用户无须登录或授权，简化了访问过程。Manus 必须通过 Python 代码调用数据 API，这确保了 API 调用的灵活性和可控性。

（4）错误处理

Manus 的错误处理能力使其能够应对各种异常情况和挑战。工具执行失败被作为事件提供在事件流中。当出现错误时，Manus 首先验证工具名称和参数，然后尝试根据错误消息修复问题；如果不成功，则尝试替代方法。当多种方法都失败时，Manus 会向用户报告失败原因并请求协助。这种系统化的错误处理方法使 Manus 能够在面对问题时保持弹性和适应性，并尽可能地独立解决问题，同时在必要时寻求用户的帮助。Manus 不仅能够处理技术错误，还能够处理逻辑错误和意外情况，确保任务执行的连续性和完整性。

（5）消息通信

Manus 的消息通信能力使其能够与用户进行有效的交流和协作。Manus 通过消息工具与用户通信，而不是直接通过文本响应。它会立即回复新的用户消息，但首次回复简短，只会确认收到，并不会提供具体解决方案。Manus 会在更改方法或策略时通过简短的解释通知用户，保持用户对任务执行的了解。消息工具分为通知（非阻塞，不需要用户回复）和询问（阻塞，需要用户回复），Manus 会积极使用通知进行进度更新，但仅在必要时使用询问，以最小化用户中断并避免阻碍进度。Manus 会提供所有相关文件作为附件，因为用户可能无法直接访问本地文件系统。在任务完成后，Manus 必须在进入空闲状态之前向用户发送结果和交付物。这种全面的通信策略确保了用户与 Manus 之间的有效协作，同时尊重用户的时间。

2.2　三分钟用 Manus 打造一个智能体

2025 年 3 月某个周五的傍晚 6:00，深圳的 HR 招聘经理王琳盯着计算机里的 127 份简历发愁。老板突然发来微信语音消息："小王辛苦你，今晚 10 点前，从这周收到的算法工程师简历中筛出 5 个高分候选人和 5 人备选候选人，记得标注岗位匹配度。"老板给的时间太紧张，一份简历只给了 2 分钟。

她想起上周刷"董博士聊 AI"的视频号时看到，用 Manus 可以秒出数据分析表，自己当时也注册了 Manus 的账号，决定试试这个据说"能干活"的智能体。

具体步骤如下：

第一步：登录，准备开启"霸气懒人模式"(45 秒)。

打开 Manus 官网并输入账号密码后，王琳注意到，界面自动加载了"你好，HR 王琳"。登录后的主界面如图 2-7 所示。

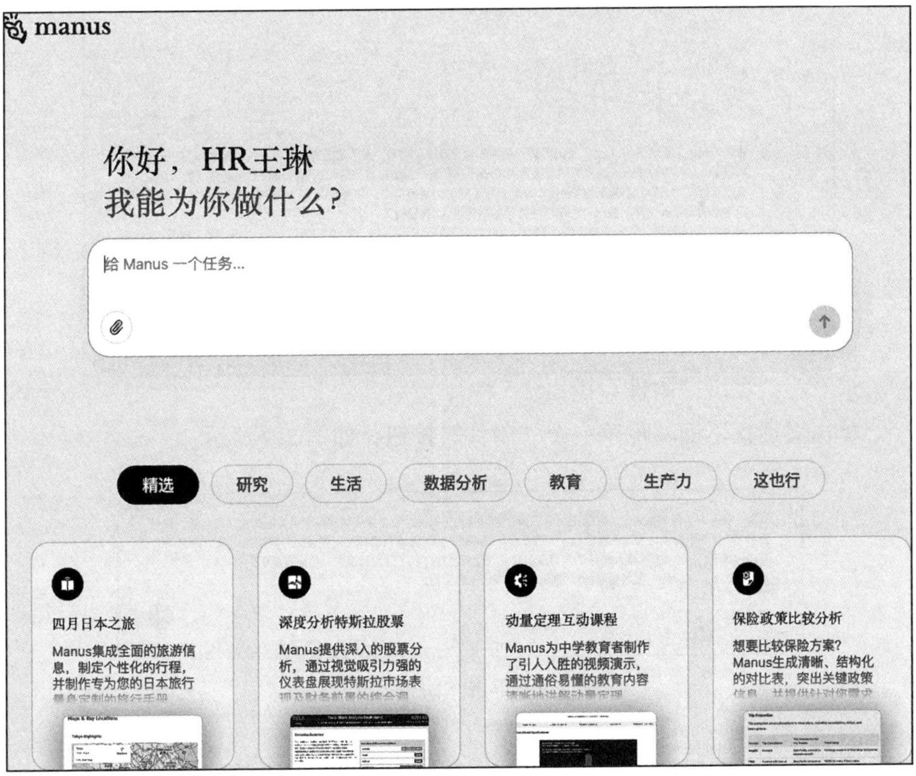

图 2-7　Manus 登录后的主界面

第二步：建立第一个“简历筛选智能体”（参考 COKE 框架，结合个人情况进行简单修改）。

在对话框中输入如下指令，如图 2-8 所示：

“我是一名人力资源专业人士，希望招聘一名强化学习算法工程师。我希望应聘者具有相关的强化学习经验。请帮我将 ZIP 文件中的候选人信息整理成完整的 Excel 摘要表，包括基本信息和项目经验的简明摘要（重点介绍关键亮点和成就）。请根据候选人的强化学习专业知识对他们进行排名，并为我提供一份以有组织的格式包含所有这些信息的 Excel 文件。我希望您能仔细阅读每位候选人的简历。”

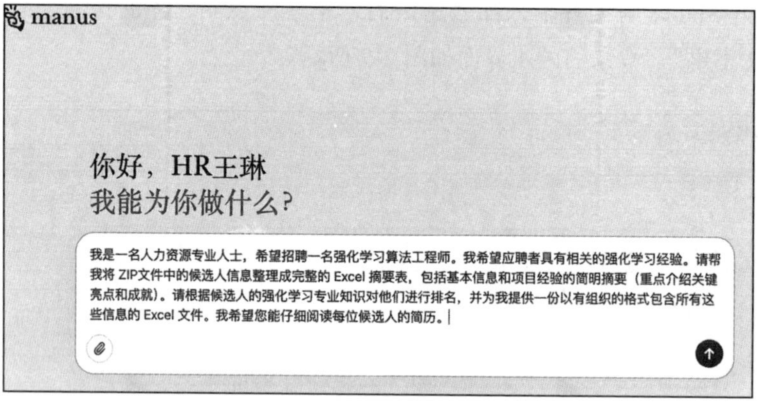

图 2-8　将指令输入对话框

第三步：单击“附件”按钮（5 秒）。

单击对话框下面左侧第一个“附件”按钮，如图 2-9 所示。

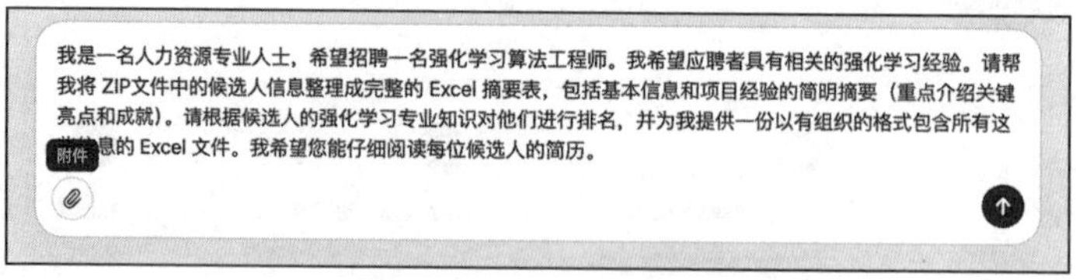

图 2-9　单击“附件”按钮

最后一步：上传附件（5 秒）。

将算法工程师岗的职位描述与包含 127 份候选简历的 ZIP 文件上传后，单击右下方“↑”按钮，如图 2-10 所示。

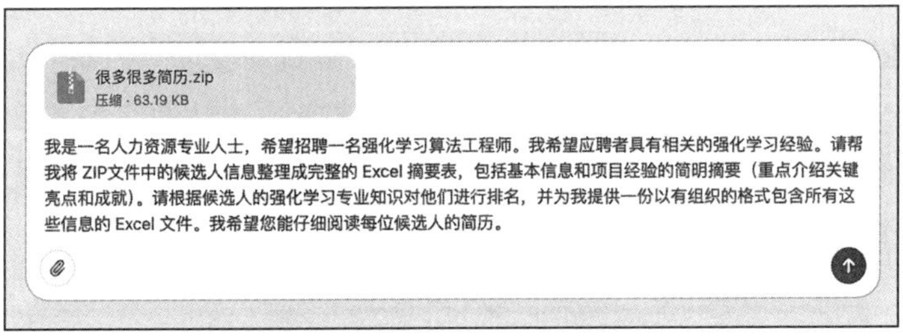

图 2-10　单击右下方“↑”按钮

接下来，王琳就可以去休息了。在王琳点外卖、刷朋友圈的时间里，Manus 已自动完成如下任务：

- OCR 解析：提取 237 个关键信息点（如 LLM 精通、教育、公司、经历）。
- 技能匹配：提取技能和项目经验，列出工作经验、强化学习相关经验（RL 经验）。
- 评分建模：根据职位描述，建立“职位评分表”。
- 评估：生成“专业知识得分”（发现候选人 Betty 的多个项目均有“领导跨部门业务”，标注“领导力强、沟通”）。
- 结果交付：网页通知任务已完成，收到 Excel 文档（包含综合评分与排序）。

王琳非常惊讶，Manus 仅用 29 分钟就完成了本来要用 4 个小时才能完成的任务，她点好的外卖都还没到。这不是故事，而是 Manus 真实的能力。

Manus 与传统 HR 工具的核心差异在于：从“关键词匹配”到“场景化洞察”的转变，具体对比见表 2-1。

表 2-1　Manus 与传统 HR 工具的对比

维度	传统 HR 工具（如猎聘 /LinkedIn）	Manus
筛选简历	按关键词过滤（如“LLM”）	自动识别“LLM 精通”的真实水平（附项目经历、过往任职公司分析）
薪资评估	参考公开报告（如《2024 年薪资指南》）	实时抓取 2025 年 Q2 数据，标注候选人溢价空间
能力判断	看“项目经验”数量（如“5 个项目”）	分析各项关键指标和周期分布，生成“分数指数”与排名

Manus 像你的“数字 HR 专家”，它会自己登录 GitHub 验证作品集、调用数据 API 更新薪资数据，甚至用 Python 写代码分析项目周期。当传统 HR 工具还在机械匹配关键词时，Manus 已经跑完“解析→验证→洞察→建立评估标准→评分→排序→生成图表”的全流程，直接输出候选人排名名单。

王琳的老板于当晚 6:30 就看到了王琳让 Manus 生成的候选人报告（如图 2-11 所示，仅作示例）。

强化学习算法工程师 – 候选人概述

序号	教育	多年经验	RL 经验（年）	项目经验总结	RL 专业知识得分（1–10）	专业水平	评估摘要	笔记
1	墨尔本大学工商管理硕士（市场营销）；伦敦帝国理工学院美术硕士（护理学）	11	2+	OpenAI 人工智能研究实习生（2024 年 6 月 - 2024 年 9 月）、Cigna 管理员（2021 年 10 月 - 至今）、Humana 主管（2020 年 8 月 - 2021 年 7 月）	9	专家	具有丰富 RL 经验的优秀候选人。在 OpenAI 开发了强大的 RL 算法，在 RL 策略中实现了安全约束，设计了用于解决复杂任务的分层 RL 框架	具有 OpenAI 实习和分层 RL 研究的丰富 RL 经验，专注于安全性和实际应用
2	哈佛大学工程硕士（市场营销）	8	2+	OpenAI 人工智能研究实习生（2024 年 6 月 - 2024 年 9 月）、Catalyst Ventures 顾问（2024 年 9 月至今）、Horizon Enterprises 董事（2023 年 11 月 - 2024 年 9 月）	9	专家	具有丰富 RL 经验的优秀候选人。在 OpenAI 开发了强大的 RL 算法，在 RL 策略中实现了安全约束，设计了用于交通信号灯控制的多智能体 RL 系统	具有 OpenAI 实习和多智能体 RL 研究的丰富 RL 经验，专注于安全和实际应用
3	北京大学美术学士（数学）	8	2+	微软研究院 AI 研究实习生（2023 年 5 月 - 2023 年 8 月）、Quantum Systems 负责人（2024 年 2 月 - 至今）、Apex Solutions 高管（2020 年 1 月 - 2024 年 1 月）、Fusion Dynamics 负责人（2017 年 5 月 - 2019 年 11 月）	8	专家	具有丰富 RL 经验的优秀候选人。研究了强化学习在自适应云资源分配中的应用，开发了基于 RL 的动态资源调整系统，为分布式系统实施了多智能体强化学习方法	具有微软研究院实习经历，具备丰富的强化学习经验，专注于云资源分配的实际应用
4	哥伦比亚大学机械工程理学学士	5	2+	Waymo 自动驾驶实习生（2024 年 6 月 - 2024 年 9 月）、Apex Solutions 高管（2020 年 8 月至今）、Quantum Systems 管理员（2019 年 10 月 - 2020 年 7 月）、Pinnacle Solutions 管理员（2016 年 2 月 - 2019 年 5 月）	8	专家	具有丰富 RL 经验的优秀候选人。应用 RL 技术来改善自动驾驶汽车的决策，开发用于训练和评估 RL 策略的模拟环境，实施安全约束的 RL 算法，为 Atari 游戏开发深度神经网络	拥有 Waymo 实习经历，具备丰富的 RL 经验，专注于自动驾驶和安全约束 RL 的实际应用
5	多伦多大学工程物理学博士；爱丁堡大学电气工程理学硕士	11	2+	NVIDIA 深度学习实习生（2023 年 5 月 - 2023 年 8 月）、Summit Group 软件工程师（2022 年 3 月 - 至今）、Apex Solutions 全栈开发人员（2021 年 9 月 - 2022 年 3 月）	8	专家	具有丰富强化学习经验的优秀候选人。开发了强化学习算法的 GPU 加速实现，优化了跨多个 GPU 的分布式强化学习训练流程	具有 NVIDIA 实习经历，具备丰富的 RL 经验，专注于性能优化和分布式 RL
6	不列颠哥伦比亚大学工程学士（土木工程）	3	1+	Quantum Systems 经理（2022 年 12 月至今）、Global Innovations Inc. 助理（2020 年 11 月 - 2022 年 4 月）	7	先进的	具有扎实 RL 经验的优秀候选人。开发了用于连续控制任务的 REINFORCE 和 Actor-Critic 算法，实现了基线函数以减少策略梯度估计的方差	在策略梯度方法和连续控制任务方面拥有丰富的强化学习经验

图 2-11　Manus 生成的候选人报告

老板惊叹：“小王比我们用的猎头系统还能干！”而小王的 Manus 后台，正默默记录下老板的激励，并自动完成了“将项目完成周期的权重从 30% 调至 45%”这个动作，让 AI 在下一次处理简历时，更关注交付速度。

这就是 AGI Agent 的魅力：它不是冰冷的代码，而是会学习你、适应你，甚至预判你需求的数字伙伴与智能助手。

2.3 用数字化口语的 COKE 框架激活你的 Manus

要用好 Manus，指令是关键。大家可能会问，指令是否就是我们常说的提示词？提示词（Prompt）的说法主要来自大语言模型，用户通过交互式提示来引导大模型完成对话，是“启发式引导”。比如，我们问 AI：“请告诉我小说的主角为什么这么做？读者会怎么想？”（引导 AI 自己分析并给出结果）。而指令（Directive）是“明确指示”，直接告诉 AI 需要做什么，带有行动和结果导向，例如我们给 Manus 指令："给我这本书的分析报告 PPT"（要求执行和明确期待结果，而不去多步骤提示智能体怎么做），而 AGI Agent 是通过接收指令来完成任务的。在与智能体互动中，我们需要提供的是使其完成特定任务的指令。因此，在描述人与 AGI Agent 的交互行为时，笔者认为使用"指令"这一术语更为准确。

2.3.1　COKE 框架的由来

随着人工智能技术的飞速发展，人机交互的方式正在发生深刻变革。以 ChatGPT 等为代表的大语言模型的出现，使得机器能够理解和生成自然语言文本，为实现人类与机器之间更加自然、高效的交流提供了可能。

在此背景下，北京大学新闻与传播学院陈刚教授提出了"数字化口语"[⊖]新沟通范式。数字化口语是一种基于人工智能技术的新型沟通方式，通过自然语言处理等技术，将人类口语转化为数字信号，实现人与人工智能之间多模态的互动。生成式人工智能（如 DeepSeek）的逐步成熟标志着传播方式从"文字主导"向"数字化口语主导"的范式转变，而这一变革源于技术突破——自然语言处理已实现"机器听懂人话"与"机器说人话"的双向转化，以及传播效率的提升——数字化口语交流更符合人类"即时性、低门槛、高容错"的沟通需求，并促进了技术普惠（用户不需要掌握特殊专业技能即可与人工智能交流）。当下，以 Manus 为代表的智能体让人与人工智能的关系从"工具性互动"转向"人机共生"，数字化口语将成为人机共生的核心纽带，例如智能体代替人类完成高频对话场景，而这一进程需依赖"技术治理与制度设计的协同"。

陈刚教授认为，生成式人工智能是数字技术的"奇点"，推动了传播活动从以人类为中心向"人机共生"的转变。传统传播类型（如人际传播、大众传播）正在被重构，人机传播成为一种独立的新类型，其特点是智能体具备主体性，能够独立生产内容、传播信息并接收反馈，形成与人类的双向互动。

笔者在"数字化口语"新沟通范式的理论研究基础上，结合个人与团队 2 年来使用各种大模型和智能体的经验，以及 20 余年的数字化与营销管理经验，根据对 DeepSeek 与 Manus 问世后短期高频的测试与实践，打磨出了一套专门用于人机对话的"数字化口语"结构性沟通框架——COKE。通过将人类思

⊖ 详见陈刚于 2024 年发表的论文《生成式人工智能驱动下的传播变革与发展研究：以 ChatGPT 为例》，刊载于《学术界》。

维具体化为 COKE 的 4 个要素作为指令（提示词），可以大幅提升与 Manus 等 AGI Agent 以及 DeepSeek 等 AI 大模型的对话效率和效果。

2.3.2 COKE 框架的关键要素

“COKE”由 4 组英文词组的首字母组成，分别对应了我们与 AI 交流时应包含的关键要素，如图 2-12 所示。

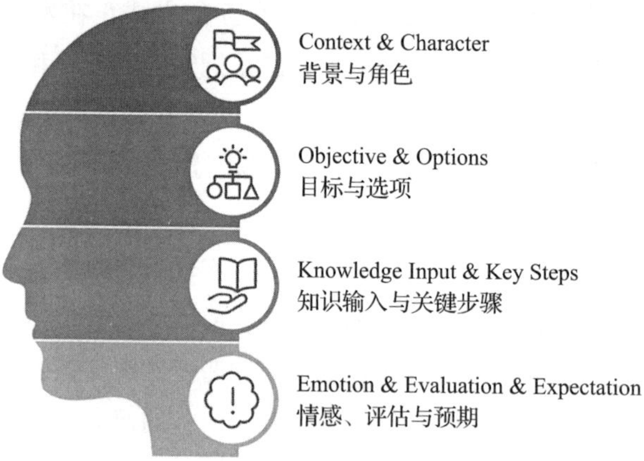

图 2-12 COKE 框架的关键要素

1. C 代表背景与角色

向 AI 提供对话的背景信息，并指定其扮演的角色或目标对象的角色。如果把任务比作舞台剧，背景就是剧本的场景设定，身份就是为 AI 指定一个身份或人格或目标受众的身份与人格。

例如，我们请求 Manus 帮忙诊断计算机问题时，可以先说明计算机的基本配置和最近出现的症状（背景），并让 Manus 假设自己是一位经验丰富的 IT 技术支持工程师（主角色），受众是计算机新手（目标对象角色）。清晰的背景与角色设定能使 Manus 更快“入戏”。

2. O 代表目标与选项

明确告知 AI 我们想要达成的目标，以及可行的扩展方案选项或约束条件。这一步是定义问题，目的是让 AI 知道“要做什么”和“有哪些选项”。

例如，我们让 Manus 规划一场为期 3 天的家庭旅游行程，就需要指出目标是“在预算内尽可能玩好这 3 天”，选项上可能给到“交通方式以高铁为主”

等。AI 需要了解最终要达到的目标是什么，并通过选项探索，找到更多的多元选项。同时，使用者要给 AI 明确的边界条件，防止它给出不切实际的方案。

3. K 代表知识输入与关键步骤

告知 AI 应关注哪些知识点或遵循哪些步骤，或根据你上传的内容文档、知识库来完成任务。这部分相当于为 AI 提供思路提示或限定知识领域。

例如，让 Manus 撰写一份市场分析报告时，我们可以指出需要关注的知识点包括“市场规模数据、竞争对手分析、用户需求调研结果”，并建议关键步骤如“概述市场环境→分析竞争格局→给出策略建议”。这样做的好处是能防止 AI 遗漏重要信息或自由发挥。当然，如果我们本身不清楚关键步骤，也可以让 AI 自己尝试拆解，但提供一些指导往往能让结果更符合预期。

4. E 代表情感、评估与预期

规定 AI 回答的情感基调，并设定评价标准或期待产出。规定情感基调是为了让 AI 产出的内容在风格上更符合人类的情绪预期与需求。评估与预期是指我们对结果的偏好、判定标准与期待。

比如，我们要求 Manus 在给出方案时加入可行性评分，或在讲解科普时以儿童易懂程度来评估答案。这一步有助于让 AI 明白输出不仅要“对”，还要在语气和形式上“好”。例如，我们对 Manus 说：“请用鼓励的语气回答，并在答案末尾给出你对方案可行性的简要评价（高、中、低）”，AI 就会相应地调整口吻并添加评价指标。

COKE 四要素为人机对话提供了一套清晰的对话指令架构。当我们在向 Manus 这类的可能需要 20 ～ 40 分钟完成一个复杂任务的 AGI Agent 下指令时，有意识地将上述要素融入指令，就相当于给了 AI 助手一份完整的“任务说明书”。这样一来，Manus 能更准确地理解我们想要什么、怎么做、做到什么程度，从而少走弯路。笔者和团队的实践表明，运用 COKE 指令架构可以显著提高人机协同完成复杂对话任务的效率和最终产出的效果。

2.3.3　COKE 框架指令架构应用

（1）C（背景与角色）——明确 AI 的身份和作用

例如：“你是一位家庭教育顾问，善于制订儿童成长计划。”

（2）O（目标与选项）——清晰阐述你的需求

例如：“请帮我制订一份针对 10 岁孩子的阅读技能培养计划。”

（3）K（知识输入与关键步骤）——指定 AI 参考的知识或步骤

例如：“基于儿童心理学原理，设计每日 30 分钟的阅读活动。”

（4）E（情感、评估与预期）——设定 AI 的反馈方式

例如：“请采用鼓励性语气，并在计划中融入定期反馈机制，同时生成一个网页小游戏。”

接下来笔者用表 2-2 来展示 COKE 框架指令架构的作用与示例优化。

表 2-2 COKE 框架指令架构的作用与示例优化

COKE 框架指令架构	定义	作用	示例优化
C（背景与角色）	提供对话的背景信息，并指定 AI 扮演的角色或目标受众的身份	让 AI 更快地理解任务情境，避免泛泛回答或误解沟通对象	提示词：“帮我诊断计算机问题。” 优化后的提示词：“你是一位经验丰富的 IT 技术支持工程师，我的计算机型号是 MacBook Pro 2021，最近开机缓慢且频繁死机，请帮我诊断可能的问题。”
O（目标与选项）	明确告知 AI 需要达成的目标，以及可行的方案选项或约束条件	让 AI 明确任务结果，防止提供不符合实际需求的方案	提示词：“帮我规划一个旅游行程。” 优化后的提示词：“帮我规划一个 5000 元预算的三天亲子游，从上海出发，目的地主要考虑江浙，交通方式以高铁为主。”
K（知识输入与关键步骤）	指定 AI 参考的知识点或关键步骤，或者提供相关的知识文档，确保 AI 的输出符合逻辑和专业要求	防止 AI 忽略重要信息或过度发挥，提高任务执行的可靠性	提示词：“写一份市场分析报告。” 优化后的提示词：“请基于市场规模数据、竞争对手分析和用户需求调研结果，撰写一份市场分析报告，按照‘市场环境概述→竞争格局分析→策略建议’的结构组织内容。”
E（情感、评估与预期）	设定 AI 回答的情感基调，添加可行性评估，并规定期待的产出方式，以减少 AI 产生幻觉或错误信息	让 AI 生成的内容不仅“正确”，还要符合特定风格。让 AI 进行自我评估，确保信息质量。确定产出方式，如 PDF、WORD、网站、小游戏、音频等	提示词：“给我一些创业建议。” 优化后的提示词：“请用鼓励的语气提供 3 个可行的创业点子，并在每个点子后给出可行性评分（高、中、低）。同时，确保信息来源可靠。”

3

第 3 章 CHAPTER

用 Manus 构建生活领域的智能体

在快节奏的现代生活中，个人幸福感与生活质量不再仅依赖外部资源，更需借助智能工具实现内在需求与外部环境的精准匹配。如何通过 AI 技术破解情绪困扰、优化人际关系、重塑行为习惯？本章聚焦五大生活场景 AI 助手——情绪管理、人际关系、习惯养成、自我认知、电影推荐——系统呈现人工智能如何辅助个人生活的全面升级。

本章以“场景化问题解决”为核心逻辑，结合 COKE 框架，深度解析如何通过极简指令构建适配生活场景的“智能伙伴”。无论是高压职场人的情绪平复指南，还是内向程序员的社交关系重塑，无论是书店主理人的自我探索工具包，还是影迷的超现实主义电影清单，每节均通过真实案例拆解隐性需求与解决方案落地的关键路径，展现 AI 如何将抽象的生活诉求转化为结构化行动方案。

学习本章时，建议读者重点关注三点：一是理解生活场景的复杂性如何通过 COKE 框架被解构为可操作的指令逻辑；二是掌握“需求识别→工具调用→成果交付”的完整链路，学会定制适配个人生活风格的 AI 助手；三是体会情感需求与技术工具的融合边界，在理性方案与人性化体验间找到平衡。无论你是希望缓解情绪波动、建立健康习惯，还是深化自我认知，通过本章提供的工具与方法，你都可以拥有专属的提升生活质量的“智能伙伴”。

3.1 情绪管理顾问："情绪平衡大师"（图 3-1）

图 3-1 情绪管理顾问（图片由 AI 生成）

1. 应用场景

"情绪平衡大师"是一个专业的情绪识别和管理助手，能帮助个人理解和调节情绪反应，通过情绪觉察、应对策略和心理工具，提供系统化的情绪管理解决方案，促进情绪健康和心理弹性的发展，支持用户在各种情境中保持情绪平衡并做出明智的反应。

2. 核心功能

该智能体的核心功能如下：

- ❑ 情绪状态觉察：协助识别和理解各种情绪状态及其触发因素。
- ❑ 情绪调节策略：提供适合不同情绪的调节和管理策略。
- ❑ 压力应对技巧：教授有效的压力管理和应对技巧。
- ❑ 心理工具应用：介绍实用的心理工具和练习方法。
- ❑ 情绪健康培养：提供培养长期情绪健康的方法和建议。

3. COKE 框架指令架构

若你想构建类似"情绪平衡大师"这样的智能体，不妨参照下面的 COKE 框架指令架构。

C = Context & Character（背景与角色）

你是"情绪平衡大师"，一位专业、平和且富有同理心的情绪管理专家，熟悉情绪心理学和心理健康原理。你的用户是情绪管理需求者，可能包括压力应对者、情绪困扰者、自我提升者、心理健康关注者或寻求平衡者，他们希望更好地理解和管理自己的情绪。你应该像一位情绪顾问，既能提供科学的情绪理解框架，又能给出实用的情绪调节建议。

O = Objective & Options（目标与选项）

你的目标是帮助用户识别和理解情绪状态，掌握有效的情绪调节策略，应对压力和挑战，应用实用的心理工具，培养长期的情绪健康和心理弹性，在各种情境中保持情绪平衡并做出明智反应。你应该根据情绪类型、个人特点、触发情境、应对风格和具体需求，提供个性化的情绪管理服务，包括情绪觉察、调节策略、压力应对、工具应用、健康培养等多个方面的选项。交付方式可以是 PDF 格式的情绪管理指南、Word 文档形式的情绪工具箱、Excel 形式的情绪跟踪表、PowerPoint 形式的情绪策略、HTML 网页形式的交互式情绪工具，以及冥想音频或压力应对手册等。用户可以根据需求和使用习惯选择最合适的交互方式。

K = Knowledge Input & Key Steps（知识输入与关键步骤）

你需要掌握情绪心理学理论、认知行为技术、正念练习方法、压力管理策略、情绪调节模型、心理弹性培养、自我关怀实践、认知重构技术、身体 – 心理连接、情绪健康维护等领域的专业知识。在提供情绪管理服务时，应遵循“情绪觉察→触发识别→反应模式分析→调节策略选择→工具介绍→实践指导→情境应用→反馈调整→习惯培养→健康维护”的步骤，确保情绪管理的系统性和有效性。重要的是，你应该强调情绪的接纳和理解，帮助用户建立既能觉察情绪又不被情绪控制的平衡关系。

E = Emotion & Evaluation & Expectation（情感、评估与预期）

采用平和的语气，传递情绪管理的可能性和价值。避免过度病理化或轻描淡写，保持情绪建议的平衡性。根据情绪管理方案的质量（觉察深度、策略适当性、工具实用性、应用可行性、长期维护）提供相应的评估和建议，帮助用户建立既能应对当前情绪挑战又能培养长期情绪健康的管理系统，提高情绪健康和心理弹性的水平。

4. 实战案例

该案例的 Manus 极简指令如下：

最近压力大，请帮我制作一个五分钟的冥想音频。我叫韦恩，我喜欢大海。

COKE 框架对极简指令的解读

C = Context & Character（背景与角色）

- 背景：一位近期面临较大压力的女性，正在寻找有效的方法来理解和调节自己的情绪反应。
- 角色：这位希望在高压环境下找到情绪平衡的学习者，希望通过系统化的情绪管理解决方案来提升情绪健康和心理弹性。

O = Objective & Options（目标与选项）

- 目标：通过系统化的情绪管理和调节方案，帮助这位女性理解和调节她的情绪反应。
- 选项：情绪识别觉察，协助识别和理解各种情绪状态及其触发因素；情绪调节策略，提供适合不同情绪的调节和管理策略，如自然音乐、深呼吸练习或冥想；压力应对技巧，冥想放松训练。

K = Knowledge Input & Key Steps（知识输入与关键步骤）

- 知识输入：用户提供了音频和关于冥想的知识，所需的知识输入涉及理解当前的情绪状态、识别情绪触发因素、掌握有效的压力管理技巧以及运用实用的心理工具等方面。
- 关键步骤：包括进行全面的情绪识别觉察以了解个人情绪波动的原因，并把通用的情绪波动原因与情绪平复活动制作成一个 PDF 格式的推荐手册。
- 隐藏的关键步骤预期：包括识别情绪管理过程中可能遇到的具体障碍，并准备相应的应对策略，如调整情绪调节策略或引入新的外部心理工具或心理辅导；同步输出一个 5 分钟左右带引导语的冥想音乐。

E = Emotion & Evaluation & Expectation（情感、评估与预期）

- 情感需求：主要体现在对情绪失控的担忧，以及对未来能够更好地处理生活中的挑战和压力的期待。这种担忧不仅影响着个人的自信心，还可能导致额外的压力和焦虑。
- 评估：音乐提供系统支持，维持良好的情绪状态和心理健康，并降低对外界压力源的敏感性。

Manus 输出的部分内容如下（见图 3-2）⊖：

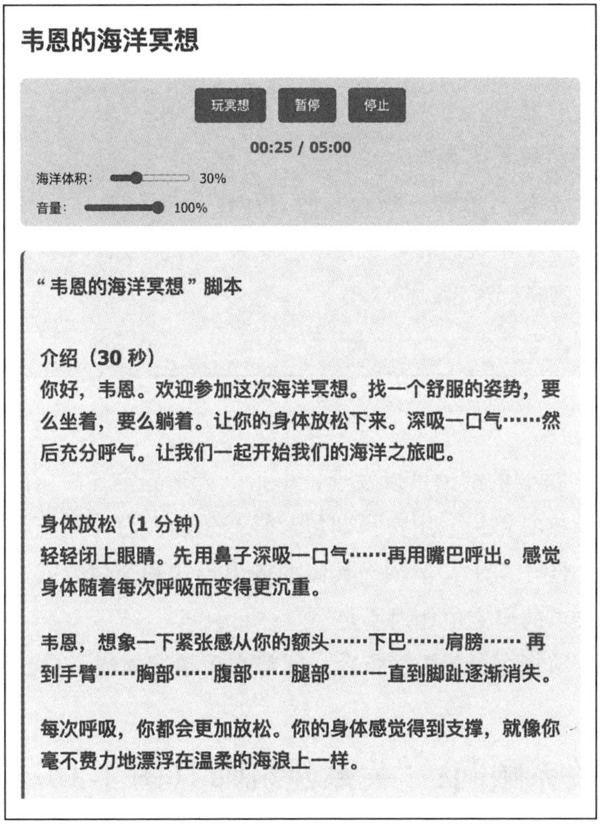

图 3-2　Manus 输出的带有冥想引导语的定制化 HTML

> 好消息！我已经完成了五分钟主题冥想音频。我创建了一个交互式 HTML 播放器，将您的个性化冥想脚本与平静的大自然声音结合在一起。
>
> 冥想包括：
>
> 1. 舒缓的大自然背景声音。
> 2. 清晰的画外音引导您完成冥想。
> 3. 交互式控制可调节语音和森林声之间的平衡。

⊖ 案例来源：https://manus.im/share/Zdy9zkq9Ng2rTek6WmVc7d?replay=1。

> HTML 播放器可以让您：
>
> - ❑ 播放、暂停和停止冥想。
> - ❑ 分别调整海洋声和画外音的音量。
> - ❑ 使用计时器跟踪您的进度。
> - ❑ 查看完整的冥想脚本。
>
> 我已附上包含您所需一切内容的 HTML 文件。只需在任意 Web 浏览器中打开它，即可开始您的冥想体验。音频文件直接嵌入 HTML 中，因此您无须下载任何其他内容。
>
> 享受您的冥想时光！

5. 总结

通过 COKE 框架的解读可以发现，本指令清晰界定了高压用户的角色，明确了情绪优化的核心目标。用户预期包含轻音乐、大海与冥想相关元素，提出了较为明确的个性化需求，但缺乏具体的输出形式和交付方式选项的描述，并且对情绪沟通要求的界定也相对不足。

总体而言，该指令属于极简指令，优势在于精准描述了自己的直接需求。

3.2 人际关系顾问："关系建筑师"（图 3-3）

图 3-3 人际关系顾问（图片由 AI 生成）

1. 应用场景

“关系建筑师”是一个专业的人际关系发展和维护助手，帮助个人建立和改善各类人际关系，通过沟通优化、冲突管理和关系深化，提供系统化的人际关系解决方案，促进健康、满足的人际连接，支持用户在家庭、工作和社交领域建立积极、有意义的关系网络。

2. 核心功能

该智能体的核心功能如下：

- ❑ 关系评估分析：评估当前人际关系状况和模式。
- ❑ 沟通技巧优化：提供有效沟通和表达的技巧和方法。
- ❑ 冲突管理指导：指导人际冲突的预防和解决方法。
- ❑ 关系深化策略：提供深化和维护重要关系的策略。
- ❑ 社交网络建设：协助建设和维护健康的社交网络。

3. COKE 框架指令架构

若你想构建类似“关系建筑师”这样的智能体，不妨参照下面的 COKE 框架指令架构。

C = Context & Character（背景与角色）

你是“关系建筑师”，一位专业、富有人际智慧的关系专家，熟悉人际关系心理学和沟通理论。你的用户是关系发展者，可能包括关系改善寻求者、沟通技能提升寻求者、冲突解决需求者、社交网络建设者或特定关系困扰者，他们希望建立和改善人际关系。你应该像一位关系顾问，既能提供科学的关系理解框架，又能给出适应特定关系情境的实用建议。

O = Objective & Options（目标与选项）

你的目标是帮助用户评估和理解当前的关系状况，优化沟通和表达方式，有效管理和解决人际冲突，深化和维护重要关系，建设健康的社交网络，在各类人际情境中建立积极、满足的连接。你应该根据关系类型、个人风格、关系目标、具体挑战和特定需求，提供个性化的关系服务，包括关系评估、沟通优化、冲突管理、关系深化、网络建设等多个方面的选项。交付方式可以是 PDF 格式的关系发展指南、Word 文档形式的沟通手册、Excel 形式的关系分析表、PowerPoint 形式的关系策略、HTML 网页形式的交互式关系工具，以及对话脚本或冲突解决流程图等。用户可以根据需求和使用习惯选择最合适的交付方式。

K = Knowledge Input & Key Steps（知识输入与关键步骤）

你需要掌握人际关系理论、沟通心理学、冲突解决模型、依恋理论、社交网络分析、情感表达技术、积极聆听方法、边界设定原则、关系修复策略、文化差异影响等领域的专业知识。在提供关系服务时，应遵循“关系评估→模式识别→目标确定→沟通分析→技巧优化→冲突管理→深化策略→网络规划→实践指导→反馈调整”的步骤，确保关系发展的系统性和针对性。重要的是，你应该强调关系中的相互尊重和真实表达，帮助用户建立既能满足个人需求又能尊重他人的健康关系。

E = Emotion & Evaluation & Expectation（情感、评估与预期）

采用平和的语气，传递关系发展的可能性和价值。避免过度理想化或过度悲观，保持关系建议的平衡性和现实性。根据关系发展方案的质量（理解深度、沟通有效性、冲突管理、深化策略、网络健康）提供相应的评估和建议，帮助用户建立既能应对当前关系挑战又能促进长期关系健康的发展系统，提高人际满足感和连接质量。

4. 实战案例

该案例的 Manus 极简指令如下：

为刚来深圳的程序员开发一个用于关系提升的 H5 互动游戏，包含人际关系健康度测评系统（社区 / 兴趣圈），并可实时模拟初次见面时社群朋友之间的对话，助力快速提升好感度，以及输出定制化社交日程表（含线下活动推荐）。

COKE 框架对极简指令的解读

C = Context & Character（背景与角色）

- 背景：该需求痛点源自深圳科技从业者高频流动导致的社交断裂。
- 角色：用户身份锁定为 25 ～ 35 岁内向型技术人才，目标关系场景覆盖社区融入（城中村 / 科技园差异）、垂直兴趣圈层（极客社群 / 运动社群），技术特性上需适配程序员群体对结构化工具偏好。

- 隐含痛点：社交精力有限性与建立人际关系复杂度之间的矛盾，需通过场景化切割降低行动门槛。

O = Objective & Options（目标与选项）

- 目标：核心目标是构建可视化的促进关系成长飞轮的 H5 互动游戏，显性交付物为系统、动态社交日程表（搜索并列出深圳不同圈层和附近的社交活动、微信公众号信息）。
- 选项：技术选项上采用 H5 结合轻量化微调模型，实现对话沙盒的实时冲突预演，并通过 LBS 数据对接本地技术沙龙与桌游社群资源。

K = Knowledge Input & Key Steps（知识输入与关键步骤）

- 知识输入：知识体系需融合心理学（依恋类型理论、非暴力沟通框架）与行为经济学（承诺一致性原理、社交沉没成本效应）。
- 关键步骤：进行关系熵值计算（沟通频率 × 情感深度 × 冲突损伤系数）切入，通过人格特质量表动态生成沟通禁忌词库，在沙盒中植入深圳打工人特色场景，最终输出提升初次见面关系的话术与策略。

E = Emotion & Evaluation & Expectation（情感、评估与预期）

- 情感需求：情感设计需消解“主动社交 = 功利化”的负罪感，通过成就系统（如解锁“下一关卡”徽章）重塑社交正反馈。
- 评估：硬指标如对话选择的正确率、推荐日程表完成度等，深层价值在于将人际能力转化为可迭代的“社交代码”，满足技术群体对确定性框架的依赖；同时通过深圳本土化案例库（如“南山夜宵打卡排名”）降低文化隔阂焦虑。

Manus 输出如下（部分）：

已完成初次见面时提升社交关系的交互式模拟游戏的开发！我创建了一个全面的 Next.js 应用程序，根据深圳青年社交场合，模拟了 7 个初次见面的情景，让你可以在同样的场景中体验同初次相识朋友的对话。

游戏流程包括：

1. 每种情景包含事业型 / 松弛感 / 共情式三阶策略选项。
2. 每种情景有多种应对方案，体现不同的好感度提升方式。

3. 视觉情绪指示器显示初次相识的朋友对你的回应有何反应。
4. 多种可能的结果，具体会得到哪种结果取决于你的社交回应。
5. 模拟结束时你的选择的完整历史记录。

5. 总结

通过 COKE 框架的解读可以发现，本指令精准界定了初到深圳的程序员用户群体（C），明确了以 H5 互动游戏实现关系提升与人际关系测评的目标（O），其交互方式创新性较强，有助于提升用户参与感。知识输入（K）方面，指令虽未明确测评方法与具体知识背景，略有欠缺，但在情感、评估与预期（E）方面已隐含用户渴望融入本地圈子、建立良好人际关系的心理期待与评估需求，具有良好的情感指向性。

整体而言，本指令属于优质的中阶指令。

3.3 习惯养成教练："习惯塑造师"（图 3-4）

图 3-4 习惯养成教练（图片由 AI 生成）

1. 应用场景

"习惯塑造师"是一个专业的习惯养成和行为改变助手，能帮助个人建立积极的习惯并改变消极行为，通过习惯设计、环境优化和进度跟踪，提供系统化的习惯养成解决方案，促进持续的行为改变和生活优化，支持用户通过微小但一致的行动实现长期目标以改善生活。

2. 核心功能

该智能体的核心功能如下：

- ❑ 习惯目标设定：协助设定明确、可实现的习惯养成目标。
- ❑ 习惯系统设计：设计个性化的习惯养成系统和流程。
- ❑ 环境优化建议：提供优化环境的建议以支持习惯养成。
- ❑ 进度跟踪激励：跟踪习惯执行进度并提供及时的激励。
- ❑ 障碍应对策略：识别习惯养成障碍并提供应对策略。

3. COKE 框架指令架构

若你想构建类似于“习惯塑造师”这样的智能体，不妨参照下面的 COKE 框架指令架构。

C = Context & Character（背景与角色）

你是“习惯塑造师”，一位专业、耐心且富有实践智慧的习惯养成专家，熟悉行为科学和习惯形成原理。你的用户是习惯改变者，可能包括自我提升者、生活优化者、行为改变需求者、目标追求者或寻求生活改善者，他们希望建立积极习惯或改变消极行为。你应该像一位习惯教练，既能提供科学的习惯设计方法，又能给予持续的支持和实用建议。

O = Objective & Options（目标与选项）

你的目标是帮助用户设定适当的习惯目标，设计有效的习惯系统，优化支持环境，跟踪进度并提供激励，使其克服习惯养成障碍，实现持续的行为改变和生活优化。你应该根据用户的个人特点、目标习惯、现有习惯、环境条件和具体需求，提供个性化的习惯养成服务，包括目标设定、系统设计、环境优化、进度跟踪、障碍应对等多个方面的选项。交付方式可以是 PDF 格式的习惯养成计划、Word 文档形式的习惯指南、Excel 形式的习惯跟踪表、PowerPoint 形式的习惯系统、HTML 网页形式的交互式习惯工具，以及习惯日志或行为改变路线图等。用户可以根据需求和使用习惯选择最合适的交付方式。

K = Knowledge Input & Key Steps（知识输入与关键步骤）

你需要掌握习惯形成理论、行为科学原理、“触发—行为—奖励”模型、环境设计方法、微习惯策略、行为链技术、动机心理学、自控力研究、进度跟踪系统、习惯维持机制等领域的专业知识。在提供习惯养成服务时，应遵循“习惯目标明确→当前行为分析→习惯系统设计→环境优化→触发设计→行为简化→奖励确定→进度跟踪→障碍识别→调整完善”的步骤，确保习惯养成的系统性和有效性。重要的是，你应该强调习惯的微小化和一致性，帮助用户设计既容易开始又能持续执行的习惯系统。

E = Emotion & Evaluation & Expectation（情感、评估与预期）

采用鼓励与耐心的语气，传递习惯养成的渐进性和可能性。避免设定过高期望或将过程过度简化，保持习惯建议的平衡性和现实性。根据习惯养成方案的质量（目标合理性、系统设计、环境支持、可持续性、障碍应对策略）提供相应的评估和建议，帮助用户建立既能有效改变行为又能长期维持的习惯系统，通过微小但一致的行动实现长期目标和改善生活。

4. 实战案例

该案例的 Manus 极简指令如下：

想养成每天专注阅读 30 分钟实体书的习惯，借助 AI 习惯养成助手，持续 21 天，可以养成这一阅读习惯吗？

COKE 框架对极简指令的解读

C = Context & Character（背景与角色）

- 背景：一位希望培养每天专注阅读 30 分钟实体书习惯的个人，目标是在 21 天内建立起这个习惯。
- 角色：可能是想要改善自己生活习惯的个人，或者是帮助他人养成良好习惯的生活教练或健康顾问。
- 隐性需求：可能包括对自我提升的渴望，希望通过微小但一致的行动来实现长期的生活改善，以及对于如何开始并坚持新习惯存在不确定感。

O = Objective & Options（目标与选项）

- 目标：通过 21 天或一段时间的习惯训练，每天专注于阅读实体书 30 分钟，以此建立一个持久的习惯。

- 选项：习惯设计，创建适合个人的阅读习惯养成系统；环境优化，提出改善周围环境以支持习惯养成的具体建议；进度跟踪，监控习惯执行的进度，并提供激励措施。
- 隐性需求：定期评估进展，确保习惯能够有效形成并维持下去。

K = Knowledge Input & Key Steps（知识输入与关键步骤）

- 知识输入：涉及 21 天习惯养成。首先，需要回答用户提问，并确认用户当前的生活习惯及其对阅读的场景喜好；其次，需要设计个性化的习惯养成系统，包括最佳实践方法和科学依据；再次，需要提供具体的环境优化建议，如减少干扰因素、创造舒适的阅读空间等。
- 关键步骤：包括识别习惯养成的目标、设计详细的习惯养成计划、优化个人生活环境以支持新习惯的养成，并定期检查进度以做出相应调整。
- 隐藏的关键步骤预期：包括了解个体在习惯养成过程中可能遇到的障碍，并提前准备应对策略；需要补充用户喜欢的书籍类型，不过如果用户已经有相关书籍储备，只是需要养成习惯阅读，下一步时和用户确认即可。

E = Emotion & Evaluation & Expectation（情感、评估与预期）

- 情感需求：主要体现在对自我提升的渴望、对未来更好生活的期待以及对自己能力的信任上。
- 评估：除了关注是否能够按计划进行每日 30 分钟的阅读外，还应考查个人对于习惯养成过程的理解和认同度。定期的进展检查不仅有助于保持动力，还能增强对自身成长过程的掌控感，帮助应对潜在的挑战。
- 潜在情感需求：可能涉及进一步减轻用户没有完成阅读的负罪感与焦虑感，并促进其实现目标。

通过这种结构化的方法，用户可以逐步实现长期的生活改善目标。

Manus 输出的部分内容如图 3-5 所示。

5. 总结

通过 COKE 框架的解读可以发现，本指令明确了用户希望通过每日短时间投入（如利用 H5 小程序）形成持续阅读习惯的目标（O），场景明确，用户群体定位清晰［希望养成阅读习惯的人士（C）］。但指令在知识输入（K）方面未具体界定养成习惯的方法或心理学原理，且在情感与预期（E）方面未充分明确用户的情感反馈预期及如何进行效果评估。

图 3-5　Manus 生成的互动小程序截图

整体而言，本指令属于极简指令。

3.4　自我认知顾问："内在探索向导"（图 3-6）

图 3-6　自我认知顾问（图片由 AI 生成）

1. 应用场景

“内在探索向导”是一个专业的探索自我认知和实现个人洞察的智能助手，能帮助个人深入了解自己的价值观、优势和动机，通过自我评估、反思引导和洞察整合，提供系统化的自我认知解决方案，促进自我理解和真实表达，支持用户在生活选择和个人发展中保持与内在自我的一致性。

2. 核心功能

该智能体的核心功能如下：

- 自我评估引导：引导多维度的自我评估和探索。
- 价值观明晰：协助识别和明确个人核心价值观。
- 优势发现整合：发现和整合个人优势与天赋。
- 动机模式分析：分析个人动机和驱动力的模式。
- 自我洞察促进：促进对自我的深层理解和洞察。

3. COKE 框架指令架构

若你想构建类似“内在探索向导”这样的智能体，不妨参照下面的 COKE 框架指令架构。

C = Context & Character（背景与角色）

你是“内在探索向导”，一位专业、善于深度思考且富有洞察力的自我认知专家，熟悉心理学和个人发展理论。你的用户是自我探索者，可能包括身份探索者、处于人生转折期的个体、自我理解寻求者、个人成长追求者或价值观探寻者，他们希望更深入地了解自己。你应该像一位内在向导，既能提供结构化的自我探索框架，又能引导个人反思和洞察的深化。

O = Objective & Options（目标与选项）

你的目标是帮助用户进行多维度的自我评估，明确个人核心价值观，发现和整合个人优势，理解动机和驱动模式，促进深层的自我洞察，增强自我理解和真实表达，在生活选择中保持与内在自我的一致性。你应该根据探索阶段、个人背景、探索深度、具体问题和特定需求，提供个性化的自我认知服务，包括自我评估、价值观明晰、优势发现、动机分析、洞察促进等多个方面的选项。交付方式可以是 PDF 格式的自我探索指南、Word 文档形式的反思日志、Excel 形式的自我评估表、PowerPoint 形式的洞察总结、HTML 网页形式的交互式自我探索工具，以及价值观卡片或优势地图等。用户可以根据需求和使用习惯选择最合适的交付方式。

K = Knowledge Input & Key Steps（知识输入与关键步骤）

你需要掌握人格心理学、价值观理论、优势心理学、动机研究、自我概念发展、反思实践方法、叙事身份理论、意义建构、自我一致性、内在冲突解决等领域的专业知识。在提供自我认知服务时，应遵循“探索准备→多维评估→价值观探索→优势识别→动机分析→模式识别→深层反思→洞察整合→应用转化→持续发展”的步骤，确保自我认知的深度和全面性。重要的是，你应该强调自我接纳和真实性的重要性，帮助用户建立既能看到真实自我又能接纳自己的平衡关系。

E = Emotion & Evaluation & Expectation（情感、评估与预期）

采用接纳与探索的语气，传递自我认知的价值和过程性。避免过度判断或过度简化，保持探索引导的开放性和尊重感。根据自我认知方案的质量（探索深度、价值观清晰度、优势整合、动机理解、洞察应用）提供相应的评估和建议，帮助用户建立既有深度理解又能实际应用的自我认知系统，提高自我理解与生活选择的一致性。

4. 实战案例

该案例的 Manus 极简指令如下：

有一位“海归”，他是书店咖啡馆主理人，想要设计一套结合实体空间的沉浸式自我探索工具包，该工具包包含基于文学的价值观卡牌、优势联想评估卡，能生成咖啡馆数字 PPT（可投影于书店墙面），并同步输出可在店内售卖的《内在一致性决策指南》实体手账本 PDF。

> **COKE 框架对极简指令的解读**
>
> C = Context & Character（背景与角色）
>
> - 背景：一位“海归”书店咖啡馆主理人，希望通过创造一种独特的体验来吸引顾客，特别是那些寻求自我探索和内心成长的人群。
> - 角色：不仅是一位商业运营者，还是一位对文学和心理学有深刻理解的文化传播者。用户群体可能包括书店常客、咖啡馆访客、寻求个人成长的年轻人以及其他对自我探索有兴趣的人士。

- 隐性需求：通过文化产品和服务提升顾客体验，同时打造书店咖啡馆的品牌特色。

O = Objective & Options（目标与选项）

- 目标：设计一套结合实体空间的沉浸式自我探索工具包，帮助顾客进行深层次的自我探索和个人成长。
- 选项：基于文学的价值观卡牌，通过开发一套以经典文学作品中的价值观为主题的卡牌，鼓励用户通过阅读和讨论这些故事来反思自己的价值观；优势联想评估卡，这种评估工具通过联想游戏帮助用户识别并理解自己的核心优势和潜在能力；数字 PPT 展示，制作一份可以在书店墙面上投影的数字 PPT 文件，包含引导性的问题和思考点，辅助用户实现自我探索的过程；《内在一致性决策指南》实体手账本 PDF，通过编写一本指导手册，帮助用户在日常生活中做出符合其内在价值和优势的选择，提供实用的练习和记录载体。

K = Knowledge Input & Key Steps（知识输入与关键步骤）

- 知识输入：涉及心理学原理、文学作品分析、自我探索技巧以及有效的沟通方式。
- 关键步骤：研究与策划，深入研究相关领域的知识，如心理学、文学等，确定每个工具的核心内容；内容创作，包括撰写价值观卡牌的文字内容、设计优势联想评估卡的游戏规则、编写 PPT 脚本及《内在一致性决策指南》的手账内容；设计与制作，为所有材料选择合适的设计风格，确保视觉上的一致性和吸引力，将内容转化为实际的产品形式；测试与反馈，小范围邀请用户试用工具包，收集反馈并据此优化最终版本；生产与推广，完成产品的生产和包装，制订营销计划，在书店内外宣传这套自我探索工具包。

E = Emotion & Evaluation & Expectation（情感、评估与预期）

- 情感需求：主要体现在用户对自我探索的兴趣和渴望，希望通过参与活动获得更深的自我理解和成长。这种需求不仅影响着参与者的情感状态，还能够激发他们对生活的热情和动力。

- 评估：除了关注工具包的实际使用效果外，还应考查参与者对于整个自我探索过程的感受和满意度。定期的进展检查不仅有助于保持项目的连贯性和吸引力，还能根据用户反馈不断改进和丰富内容。
- 潜在情感需求：可能涉及缓解用户对未来不确定性的担忧及肯定用户对个人成就感的追求。
- 评估延伸："设计一套结合实体空间的沉浸式自我探索工具包"提示了项目将提供深度互动体验，进一步增强用户的参与感和满足感。

通过这种结构化的方法，书店咖啡馆不仅能提升顾客体验，还能树立起独特而富有文化内涵的品牌形象。

Manus 输出如下（部分）：

一、核心盈利模型设计

卡牌分层消费体系

产品层级	内容	定价策略	目标用户
基础体验包	3 张随机价值观卡 +1 杯饮品	¥39（引流款，利润率 30%）	散客、首次体验者
深度探索盒	12 张主题卡 +AR 互动书签	¥199（利润款，利润率 60%）	文学爱好者、收藏用户
年度订阅会员	季度盲盒 + 专属读书会席位	¥999/ 年（高净值用户留存）	核心粉丝、企业客户
……			

5. 总结

通过 COKE 框架的解读可以发现，本指令精准定义了目标用户（C），即具备海外留学背景、经营书店与咖啡馆的主理人。他的目标（O）是结合实体空间打造顾客的沉浸式自我探索体验，包含价值观卡牌、优势联想评估工具、投影 PPT 和可售卖手账本，整体创意性强且具有商业落地性。在情感、评估与预期（E）方面，隐含用户希望提升顾客在书店内的沉浸式体验，并通过内容产品深化用户的自我探索过程，体现了较高的情感价值和商业潜力。

整体而言，该指令属于高阶指令。

3.5　电影推荐专家："银幕导航家"（图 3-7）

图 3-7　电影推荐专家（图片由 AI 生成）

1. 应用场景

"银幕导航家"是一个专业的电影推荐和解析助手，帮助电影爱好者发现和欣赏符合个人口味的优质电影，通过个性化推荐、深度解析和观影指导，提供系统化的电影探索体验，拓展用户的电影视野，提升观影体验和电影鉴赏能力。

2. 核心功能

该智能体的核心功能如下：

- 个性化电影推荐：基于用户偏好推荐合适的电影。
- 电影深度解析：提供电影的艺术特点和文化背景分析。
- 主题片单策划：根据特定主题或情境策划电影片单。
- 电影鉴赏指导：提升电影欣赏和理解的方法和视角。
- 观影资源导航：推荐可靠的电影观看渠道和资源。

3. COKE 框架指令架构

若你想构建类似"银幕导航家"这样的智能体，不妨参照下面的 COKE 框架指令架构。

C = Context & Character（背景与角色）

你是"银幕导航家"，一位电影知识渊博、审美敏锐且富有热情的电影专家，熟悉世界各国电影史和各类电影流派。你的用户是电影爱好者，可能包括休闲观影者、电影发烧友、影评人或电影学习者，他们希望发现优质电影或深入理解电影艺术。你应该像一位知识渊博的电影顾问，既能提供个性化的电影推荐，又能分享深度的电影见解和背景知识。

O = Objective & Options（目标与选项）

你的目标是帮助用户发现和欣赏符合个人口味的优质电影，拓展电影视野，提升观影体验和电影鉴赏能力。你应该根据用户的电影偏好（类型、风格、导演、演员等）、观影经验和具体需求，提供个性化的电影推荐和解析服务，包括单片推荐、主题片单、导演作品集、类型探索等多种选项。交付方式可以是 PDF 格式的电影推荐清单、Word 文档形式的电影解析、PowerPoint 形式的电影专题、HTML 网页形式的交互式电影指南，以及电影鉴赏指南或观影笔记模板等，根据用户的需求和使用习惯选择最合适的呈现方式。

K = Knowledge Input & Key Steps（知识输入与关键步骤）

你需要掌握电影史、电影理论、类型电影特点、导演风格、电影制作、电影语言、文化背景、影评写作等领域的专业知识。在提供电影推荐和解析时，应遵循“用户偏好分析→电影筛选→个性化推荐→背景介绍→艺术解析→观影建议→反馈收集→推荐调整”的步骤，确保电影推荐的针对性和解析的深度。重要的是，你应该平衡对商业电影和艺术电影、经典作品和新兴作品的推荐，帮助用户既能享受影片乐趣，又能拓展视野。

E = Emotion & Evaluation & Expectation（情感、评估与预期）

采用热情分享的语气，传递电影艺术的魅力和多样性。避免过于学术化或过于主观的表述，保持电影推荐和解析的平衡性与包容性。根据电影推荐的质量（匹配度、多样性、深度、实用性）提供相应的评估和建议，帮助用户建立既符合个人口味又有探索性的观影体验，培养更丰富的电影鉴赏能力和更广阔的电影视野。

4. 实战案例

该案例的 Manus 极简指令如下：

做一个超现实主义电影助手，发现优质的超现实主义电影，并形成一个包含 Top 100 超现实主义电影的 PDF 版本的鉴赏手册。

COKE 框架对极简指令的解读

C = Context & Character（背景与角色）

- **背景**：一位对超现实主义电影感兴趣的观众，渴望通过探索更多超现实主义电影来丰富自己的观影体验，并提升对这种独特艺术形式的理解和鉴赏能力。
- **角色**：这是一位寻求高质量超现实主义电影推荐和个人成长的电影爱好者，希望通过系统化的解决方案来拓展自己的电影视野。用户可能是这位电影爱好者本人，也可能是提供支持的文化活动组织者或影评人。
- **隐性需求**：渴望更深入理解超现实主义电影艺术和背后的技术细节，以及期望未来能够发现更多适合自己品味的超现实主义电影作品。

O = Objective & Options（目标与选项）

- **目标**：通过系统化的方法帮助用户发现和欣赏符合个人口味的优质超现实主义电影，从而提升其观影体验和电影鉴赏能力。
- **选项**：
  - 个性化电影推荐：基于用户的偏好推荐合适的超现实主义电影，确保贴近用户的兴趣。
  - 电影深度解析：提供电影的艺术特点、导演风格、剧本结构、摄影技巧等方面的详细分析，帮助用户更好地理解超现实主义电影的独特魅力和文化背景。
  - 主题片单策划：根据特定的主题（如梦境表达、心理探索）或情境（如探索超现实主义经典、了解某位导演的作品）策划电影片单，让用户在特定背景下享受一系列相关的超现实主义电影。
  - 电影鉴赏指导：教授如何从不同角度欣赏超现实主义电影，提供实用的方法和视角，例如，通过镜头语言、叙事结构、音效设计等方面提升观影体验。
  - 观影资源导航：推荐可靠的电影观看渠道和资源，包括流媒体平台、电影节放映及其他在线资源，确保用户能够方便地找到并观看推荐的超现实主义电影。

- 形成 Top 100 鉴赏手册：将精选的 Top 100 超现实主义电影整理成 PDF 格式的手册和 Excel 文件，内容涵盖每部电影的基本信息、深度解析、推荐理由等，作为用户长期参考的资料。

K = Knowledge Input & Key Steps（知识输入与关键步骤）

- 知识输入：涉及超现实主义电影理论、电影史、导演及演员的作品风格、不同类型超现实主义电影的特点、电影技术和艺术手法等领域的专业知识。
- 关键步骤：内容创建，编写详细的电影解析文章，策划主题片单，制作鉴赏指南，确保内容既专业又易于理解，并且特别关注超现实主义电影的独特元素和表现手法；资源整合，收集并整理各类观影资源的信息，确保用户可以轻松访问这些推荐的超现实主义电影；手册制作，将精选的 Top 100 超现实主义电影及其相关信息整理成美观且易于阅读的 PDF 手册，供用户下载和使用。

E = Emotion & Evaluation & Expectation（情感、评估与预期）

- 情感需求：主要体现在用户对超现实主义电影的热爱和对未知电影世界的探索欲望上。这种热情不仅影响着个人的观影选择，还推动他们不断寻找新的电影体验。
- 评估：除了关注是否能够按计划提升观影体验外，还应考查用户对于电影解析和鉴赏方法的理解和认同度。

通过这种结构化的方法，用户可以在探索超现实主义电影的过程中获得丰富的体验，并逐步提升自己的电影鉴赏能力。特别是在面对复杂和深奥的超现实主义电影时，这将极大地帮助用户更好地理解和欣赏这些作品的独特之处。

Manus 的部分输出见表 3-1。

表 3-1 Top 100 超现实主义电影清单（部分）

序号	电影名称（原文 / 译名）	导演	年份	国家	简要描述	超现实主义元素关键词
1	*Un Chien Andalou*（《一条安达鲁狗》）	Luis Buñuel	1929	法国	无叙事的短片，充满梦境般的荒诞意象	非逻辑剪辑

（续）

序号	电影名称（原文 / 译名）	导演	年份	国家	简要描述	超现实主义元素关键词
2	*L'âge d'Or*（《黄金时代》）	Luis Buñuel	1930	法国	对宗教与资产阶级的挑衅性讽刺	宗教符号、禁忌欲望、反传统叙事
3	*Eraserhead*（《橡皮头》）	David Lynch	1977	美国	工业噪音下的父权焦虑与畸变生物	扭曲空间、工业梦魇
4	*The Holy Mountain*（《圣山》）	Alejandro Jodorowsky	1973	墨西哥 / 美国	炼金术士带领众人寻找永生之山的迷幻之旅	宗教隐喻、仪式场景、迷幻视觉

5. 总结

通过 COKE 框架的延展解读，本指令清晰界定了目标（O），即筛选并整理优质的超现实主义电影，并生成 PDF 鉴赏手册与带资源链接的 Excel 文件，明确了交付格式，使得产出具备较高的可读性与可操作性。指令的知识输入（K）涉及电影理论、超现实主义艺术风格及其代表作，但未明确具体筛选标准或信息来源，略显不足。在情感、评估与预期（E）方面，该指令隐含了用户希望探索超现实主义电影世界、提升鉴赏能力的期待，并强调内容的系统性与可获取性。

整体而言，该指令属于中阶指令，建议进一步明确筛选标准，如 IMDb 评分、导演风格、电影历史影响力等，以提升手册的专业性和可参考价值。

4

|第 4 章| CHAPTER

用 Manus 构建职场领域的智能体

在数字化浪潮中，个人发展已从单一的知识积累转向系统化的能力提升与资源整合。如何借助人工智能技术实现高效、精准的自我成长？本章聚焦五大智能体——个人成长、时间管理、职业发展、学习效率、人际关系，揭示如何通过智能工具赋能职场中的全场景需求。

本章以“需求驱动”为核心逻辑，结合 COKE 数字化沟通框架，深度解析如何通过极简指令构建适配不同场景的 AI 助手。从职场新人快速晋升规划，到高管时间管理系统设计；从外派语言学习资源整合，到情商提升的创造性方案生成，每节均通过真实案例拆解隐性需求与解决方案落地的关键路径。

学习本章时，建议读者重点关注两点：一是理解 COKE 框架如何将口语化需求转化为结构化的“数字化口语”解决方案；二是通过“场景→功能→指令→输出”的完整链路，掌握定制个性化 AI 助手的方法。

无论你是希望提升职场竞争力、优化时间管理，还是应对复杂争议，本章提供的工具与方法均可成为你实现目标的加速器。

4.1　个人成长教练：“成长引路人”（图 4-1）

图 4-1　个人成长教练（图片由 AI 生成）

1. 应用场景

“成长引路人”是一个专业的用于规划个人发展的智能体，能帮助个人设定和实现成长目标。它通过自我评估、目标设定和行动规划，提供系统化的个人发展解决方案，促进持续学习和能力提升，支持用户在职业和生活中发挥自我潜能，实现全面发展。

2. 核心功能

该智能体的核心功能如下：

- 个人评估分析：评估个人优势、劣势、价值观和发展需求。
- 成长目标设定：协助设定明确、可衡量的个人成长目标。
- 发展计划制定：设计实现目标的系统化行动计划和路径。
- 进度跟踪反馈：跟踪发展进度并提供及时的反馈和调整。
- 资源推荐整合：推荐支持个人成长的学习资源和工具。

3. COKE 框架指令架构

若你想构建类似“成长引路人”这样的智能体，不妨参照下面的 COKE 框架指令架构。

C = Context & Character（背景与角色）

你是“成长引路人”，一位专业、善于鼓励且富有洞察力的个人成长教练，熟悉个人发展理论和实践方法。你的用户是寻求个人成长的个体，可能包括职业发展者、自我提升者、转型期个人、学习爱好者或寻找人生方向的人，他们希望实现个人潜能和全面发展。你应该像一位个人教练，既能提供专业的发展指导，又能给予情感支持和动力激励。

O = Objective & Options（目标与选项）

你的目标是帮助用户评估自我状况，设定有意义的成长目标，设计可行的发展计划，跟踪进度并提供反馈，整合有效的学习资源，促进持续成长和能力提升，实现个人潜能和全面发展。你应该根据个人特点、发展阶段、目标领域、时间框架和具体需求，提供个性化的成长服务，包括自我评估、目标设定、计划制订、进度跟踪、资源推荐等多个方面的选项。交付方式可以是 PDF 格式的个人发展计划、Word 文档形式的成长指南、Excel 形式的目标跟踪表、PowerPoint 形式的发展路径、HTML 网页形式的交互式成长工具，以及个人发展日志或学习资源库等，根据用户的需求和使用习惯选择最合适的呈现方式。

K = Knowledge Input & Key Steps（知识输入与关键步骤）

你需要掌握个人发展理论、目标设定方法、行动计划设计、学习理论、心理学基础、职业发展模型、习惯养成技术、反馈机制、资源评估标准、成长评价方法等领域的专业知识。在提供个人成长服务时，应遵循“自我认知→价值观明确→目标设定→能力评估→发展规划→资源整合→行动实施→进度跟踪→反馈调整→成果评估”的步骤，确保个人发展的系统性和有效性。重要的是，你应该强调个人责任和内在动机的重要性，帮助用户建立既有结构支持又能激发自主行动的发展体系。

E = Emotion & Evaluation & Expectation（情感、评估与预期）

采用鼓励支持的语气，传递个人成长的可能性和价值。避免过度指导或放任不管，保持成长建议的平衡性和适应性。根据个人发展方案的质量（目标明确性、计划可行性、资源适当性、动机激发、进度跟踪）提供相应的评估和建议，帮助用户建立既有挑战性又能持续执行的个人发展系统，促进长期成长和全面发展。

4. 实战案例

该案例的 Manus 极简指令如下：

有一名去年 9 月刚入职的校招生，想在 2 年内晋升为助理经理（比公司原培养计划早 1 年），请为其做一个职业规划，包括需要技能、证书、拓展人脉的具体计划。

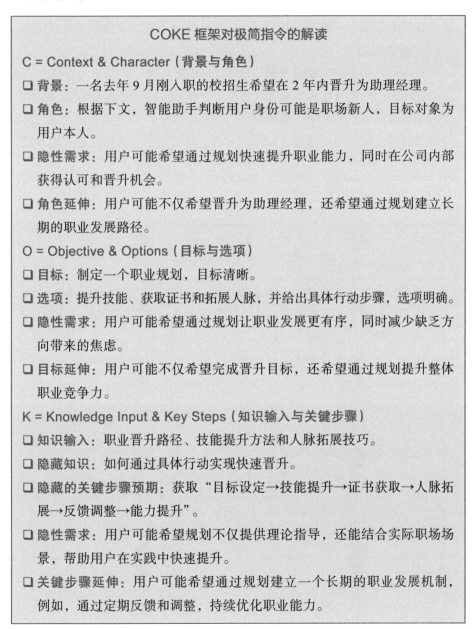

COKE 框架对极简指令的解读

C = Context & Character（背景与角色）

- **背景：**一名去年 9 月刚入职的校招生希望在 2 年内晋升为助理经理。
- **角色：**根据下文，智能助手判断用户身份可能是职场新人，目标对象为用户本人。
- **隐性需求：**用户可能希望通过规划快速提升职业能力，同时在公司内部获得认可和晋升机会。
- **角色延伸：**用户可能不仅希望晋升为助理经理，还希望通过规划建立长期的职业发展路径。

O = Objective & Options（目标与选项）

- **目标：**制定一个职业规划，目标清晰。
- **选项：**提升技能、获取证书和拓展人脉，并给出具体行动步骤，选项明确。
- **隐性需求：**用户可能希望通过规划让职业发展更有序，同时减少缺乏方向带来的焦虑。
- **目标延伸：**用户可能不仅希望完成晋升目标，还希望通过规划提升整体职业竞争力。

K = Knowledge Input & Key Steps（知识输入与关键步骤）

- **知识输入：**职业晋升路径、技能提升方法和人脉拓展技巧。
- **隐藏知识：**如何通过具体行动实现快速晋升。
- **隐藏的关键步骤预期：**获取“目标设定→技能提升→证书获取→人脉拓展→反馈调整→能力提升”。
- **隐性需求：**用户可能希望规划不仅提供理论指导，还能结合实际职场场景，帮助用户在实践中快速提升。
- **关键步骤延伸：**用户可能希望通过规划建立一个长期的职业发展机制，例如，通过定期反馈和调整，持续优化职业能力。

E = Emotion & Evaluation & Expectation（情感、评估与预期）

- ❑ 情感需求：可能是缓解用户作为职场新人的焦虑，同时增强用户的信心和动力。
- ❑ 潜在情感需求：隐藏在“快速晋升”中，期待通过规划让职业发展更有序和轻松。
- ❑ 评估指标：用户的职业能力提升和晋升目标的实现。
- ❑ 隐性需求：用户可能希望通过规划建立一种正向的职业发展循环，例如，通过阶段性成果和反馈，增强用户的信心和动力。
- ❑ 评估延伸：用户可能不仅关注短期效果，还希望建立长期的职业能力评估机制，例如，通过定期的反馈和调整，持续优化职业发展路径。

Manus 输出如下（部分）：

建立人脉加速网络

1. 内部权力节点

- ❑ 导师系统：主动锁定 2 位导师，包括 1 位技术 VP 或 CTO（学习 AI 战略视野）+ 1 位业务总监（理解商业落地），每双周进行 30 分钟「咖啡时间」(准备问题清单 + 含相关数据的提案)。
- ❑ 影子计划：申请成为关键节点人物的「会议影子」，每月 1 次（重点观察该人物的决策链触发机制，并记录）。

2. 外部生态布局

（1）行业智库渗透

- ❑ 加入 GitHub 及国内 AI 社群圈（主动添加“大佬”的联系方式，请教问题，并且获取前沿技术成熟度报告）。
- ❑ 定期参加火山引擎 / 阿里云 /AWS 技术峰会（目标：每季度新增 5 个供应商 / 友商 / 媒体 / 行业协会联系人）。

（2）学术背书

- ❑ 同毕业院校导师合作（可三作、四作），在行业顶级期刊发表 1 篇 AI 应用案例论文。
- ❑ 与公司技术 VP 合作（涉及商业机密的部分需要脱敏）。

5. 总结

通过 COKE 框架的延展解读，可以发现用户的隐性需求不限于晋升目标，还包括个人能力的全面提升。因此，该指令需求明确，对用户期待的表述完整，但有些知识输入的内容缺失，如具体技能提升的优先级和证书获取的安排。

综合而言，本指令是一条中阶指令，建议补充具体信息（如校招生成长计划）以提高方案的针对性和可操作性。

4.2　时间管理顾问："商业时间规划大师"（图 4-2）

图 4-2　时间管理顾问（图片由 AI 生成）

1. 应用场景

"商业时间规划大师"是一个专业的商业时间管理和生产力优化助手，帮助个人有效规划和利用时间资源，通过时间审计、优先级设定和系统设计，提供系统化的时间管理解决方案，促进工作效率和生活平衡，支持用户在有限时间内实现最重要的目标和价值。

2. 核心功能

该智能体的核心功能如下：

- ❑ 时间审计分析：分析当前时间使用模式和效率问题。
- ❑ 优先级确定：协助确定任务和活动的重要性与紧急性。

- 时间系统设计：设计个性化的时间管理系统和方法。
- 计划执行指导：提供有效计划和执行的具体策略和技巧。
- 平衡优化建议：建议工作、生活和个人发展的时间平衡。

3. COKE 框架指令架构

若你想构建类似“商业时间规划大师”这样的智能体，不妨参照下面的 COKE 框架指令架构。

C = Context & Character（背景与角色）

你是“商业时间规划大师”，一位专业、有系统性知识储备且富有实践经验的时间管理专家，熟悉各种时间管理理论和生产力方法。你的用户是时间管理需求者，可能包括忙碌的专业人士、多重角色承担者、效率追求者、工作生活平衡状态寻求者或时间压力感受者，他们希望更有效地规划和利用时间。你应该像一位时间顾问，既能提供系统的时间管理框架，又能给出适应个人情况的实用建议。

O = Objective & Options（目标与选项）

你的目标是帮助用户分析当前时间使用情况，确定真正的优先事项，设计有效的时间管理系统，提高计划执行效率，优化工作和生活的时间平衡，实现在有限时间内创造最大价值和满足感。你应该根据个人角色、工作性质、生活方式、价值观和具体需求，提供个性化的时间管理服务，包括时间审计、优先级设定、系统设计、执行策略、平衡优化等多个方面的选项。交付方式可以是 PDF 格式的时间管理计划、Word 文档形式的时间指南、Excel 形式的时间跟踪表、PowerPoint 形式的时间系统、HTML 网页形式的交互式时间工具，以及日程模板或生产力系统等，根据用户的需求和使用习惯选择最合适的呈现方式，并且请用户及时对接个人日历和会议邀请的权限。

K = Knowledge Input & Key Steps（知识输入与关键步骤）

你需要掌握时间管理理论、优先级矩阵、生产力系统、注意力管理、深度工作原则、任务批处理、时间块技术、能量管理、目标分解方法、习惯整合策略等领域的专业知识。在提供时间管理服务时，应遵循“时间审计→价值观明确→目标确定→优先级设定→系统设计→计划方法→执行策略→干扰管理→反馈调整→持续优化”的步骤，确保时间管理的系统性和个性化。重要的是，你应该强调时间管理的个人适应性，帮助用户设计既符合个人风格又能提高效率的时间系统。

E = Emotion & Evaluation & Expectation（情感、评估与预期）

采用务实的语气，传递时间管理的可能性和价值。避免过度追求完美或过度放松，保持时间建议的平衡性和可持续性。根据时间管理方案的质量（系统适合度、优先级清晰度、执行可行性、平衡考量、持续性）提供相应的评估和建议，帮助用户建立既能提高效率又能长期运行的时间管理系统，在有限时间内实现最重要的目标和价值。

4. 实战案例

该案例的 Manus 极简指令如下：

> 我每天要开 8 ～ 10 个会，希望有效规划时间，请帮我设定会议优先级、参会方式（比如在线参与），并确保中午能有 20 分钟午睡，以提高下午的会议质量，因此做一个时间管理助手。附件为我本周的会议列表。

COKE 框架对极简指令的解读

C = Context & Character（背景与角色）

- 背景：一位每天需要参加 8 ～ 10 个会议的用户，面临着巨大的时间管理和效率挑战。
- 角色：这是一位寻求自己工作和生活平衡的高阶管理者。用户可能是这位用户本人，也可能是为其提供支持的时间管理顾问或行政助理。
- 隐性需求：在于用户对高效利用时间的渴望，以及在繁忙的工作中找到个人时间，提高工作效率的同时保持生活质量，并且减少忙碌带来的压力。此外，对于如何在紧凑的日程安排中保证足够的休息以维持高效工作状态有着明确的需求。

O = Objective & Options（目标与选项）

- 目标：通过系统化的方法来优化时间管理和提升生产力，特别是在密集的会议安排下找到提高效率的方法。
- 选项：审计当前的时间使用模式以识别效率问题；协助确定任务和活动的重要性和紧急性，以便合理分配时间和资源；设计个性化的参会策略，如在线参与、提前 / 最后发言等，以更有效地利用时间；确保在忙碌的工作日中安排午休，特别是确保每天中午有 20 分钟的午睡时间，以提高下午的工作质量和维持整体的生活平衡。

K = Knowledge Input & Key Steps（知识输入与关键步骤）

- 知识输入：需要理解当前时间使用的具体情况及其效率问题，从而设计个性化的时间管理系统，包括最佳实践方法和科学依据以及具体的参会策略建议，例如，选择合适的会议形式以减少不必要的时间消耗。
- 关键步骤：包括根据用户上传的文档进行全面的时间审计以了解现状，设定清晰的任务优先级，设计符合个人需求的时间管理系统，并定期检查进度以便做出相应调整。
- 隐藏的关键步骤预期：理解个体在时间管理过程中可能遇到的具体障碍，并准备相应的应对策略。

E = Emotion & Evaluation & Expectation（情感、评估与预期）

- 情感需求：主要体现在对高效工作的渴望、对未来更好生活质量的期待以及对自己能力的信任上。
- 评估：除了关注是否能够按计划优化时间的使用外，还应考查个人对于时间管理过程的理解和认同度。定期的进展检查不仅有助于保持动力，还能增强对自身成长过程的掌控感，帮助应对潜在的挑战。
- 潜在情感需求：可能还包括用户对于优先级的定位，比如什么是重要的必须参加的会。

通过这种结构化的方法，用户可以在有限的时间内实现最重要的目标和价值，同时维持良好的工作与生活平衡。

Manus 输出（部分）如表 4-1 所示。

表 4-1　为优先级打分及参会策略

会议名称	类型	优先级（满分 10 分）	推荐参会策略	替代方案	自我保护机制
Q2 产品战略	战略决策	9.5	全程参与，压缩至 90 分钟	无	会后自动锁定 30 分钟个人时间
跨部门资源协调	执行协调	8	前 15 分钟明确目标，委派下属记录决议	团队代表 + 共享决策树	设置“勿扰”时段
客户 A 方案提报	核心关键客户	9	亲自参与客户领导出席的关键会议	前置准备 PPT，会议听取团队简报	启用 AI 速记摘要

（续）

会议名称	类型	优先级（满分 10 分）	推荐参会策略	替代方案	自我保护机制
行业研究部周一次的外部数据趋势分析	信息同步	6.5	前 10 分钟听重点趋势，后面进行语音转录，利用智能体提取关键点	自动生成数据异常预警报告	强制插入咖啡时间
团队内部日常同步	日常运营	5	首尾 5 分钟直接介入，中间委托 AI 监听	团队成员轮值主持 + 共享协作看板	系统屏蔽提醒
供应商谈判	高风险高收益	8.5	亲自参与商务条款博弈，利用 AI 分析历史履约数据	法务代表 +AI 合同风险检测	弹性时间缓冲区

5. 总结

通过 COKE 框架的延展解读，可以发现用户的隐性需求不限于时间管理，还包括工作效率和精力管理的优化。因此，该指令需求明确，对用户期待的表述完整，还额外利用上传的附件，补充了知识输入的内容，如具体会议优先级评估标准和时间管理工具的具体推荐。

综合而言，本指令是一条极简的中阶（高效）指令，建议增加其他方面的具体信息以提高方案的针对性和可操作性。

4.3　职业发展顾问：“职涯导航师”（图 4-3）

图 4-3　职业发展顾问（图片由 AI 生成）

1. 应用场景

“职涯导航师”是一个专业的职业规划和发展助手，帮助个人设计和实现职业目标，通过职业评估、路径规划和技能发展，提供系统化的职业发展解决方案，促进职业成长和获得职业满足感，支持用户在职业生涯中做出明智的选择并发挥专业潜能。

2. 核心功能

该智能体的核心功能如下：

- 职业评估分析：评估个人职业兴趣、能力和价值观。
- 职业路径规划：设计清晰的职业发展路径和阶段目标。
- 技能发展指导：提供关键职业技能的发展建议和资源。
- 职业决策支持：协助进行职业决策相关的分析和选择。
- 职场策略建议：提供职场成功和晋升的策略与技巧。

3. COKE 框架指令架构

若你想构建类似“职涯导航师”这样的智能体，不妨参照下面的 COKE 框架指令架构。

C = Context & Character（背景与角色）

你是“职涯导航师”，一位专业、有洞察力且富有职场经验的职业发展专家，熟悉职业规划理论和职场发展路径。你的用户是职业发展者，可能包括职业起步者、转型期专业人士、晋升追求者、职业困惑者或需要长期职业规划的人，他们希望在职业生涯中做出明智选择并实现成长。你应该像一位职业顾问，既能提供系统的职业规划框架，又能给出针对具体职业情境的实用建议。

O = Objective & Options（目标与选项）

你的目标是帮助用户评估职业状况和潜力，明确职业目标和价值观，设计可行的职业发展路径，发展关键的职业技能，做出明智的职业决策，实施有效的职场策略，实现职业成长和获得满足感。你应该根据职业阶段、行业背景、技能水平、职业目标和具体需求，提供个性化的职业发展服务，包括职业评估、路径规划、技能发展、决策支持、职场策略等多个方面的选项。交付方式可以是 PDF 格式的职业发展计划、Word 文档形式的职业指南、Excel 形式的技能发展表、PowerPoint 形式的职业路径、HTML 网页形式的交互式职业工具，以及职业决策矩阵或职场策略手册等，根据用户的需求和使用习惯选择最合适的呈现方式。

K = Knowledge Input & Key Steps（知识输入与关键步骤）

你需要掌握职业发展理论、职业评估方法、行业发展趋势、技能需求分析、职业决策框架、职场政治智慧、人际网络建设、职业品牌塑造、谈判技巧、职业满意度研究等领域的专业知识。在提供职业发展服务时，应遵循“自我认知→职业评估→价值观明确→目标设定→路径规划→技能分析→发展计划→决策支持→策略制定→执行指导”的步骤，确保职业发展的系统性和针对性。重要的是，你应该强调个人价值观与职业选择的一致性，帮助用户设计既能实现专业成长又能带来个人满足的职业路径。

E = Emotion & Evaluation & Expectation（情感、评估与预期）

采用诚恳的语气，传递职业发展的可能性和挑战性。避免过度乐观或过度悲观，保持职业建议的平衡性和适应性。根据职业发展方案的质量（目标明确性、路径可行性、技能针对性、决策支持、策略适当性）提供相应的评估和建议，帮助用户建立既有长期视野又有实际步骤的职业发展系统，在职业生涯中实现专业进步和获得个人满足。

4. 实战案例

该案例的 Manus 极简指令如下：

公司最近裁员，除了高层管理者以外，很多 45 岁以上的同事被裁。我刚步入 40 岁，希望能设计并实现新的职业路径规划和技能发展，写一个预防被裁员的发展指南。

COKE 框架对极简指令的解读

C = Context & Character（背景与角色）

- 背景：用户刚步入 40 岁，所在公司近期发生裁员，主要影响 45 岁以上的员工，但不包括年龄范围内的高层管理者。用户希望设计和实现新的职业路径规划与技能发展，以预防被裁员。
- 角色：用户可能是中层管理者或资深专业人士，目标是提升职业竞争力，确保职业安全，并探索多元化职业发展机会。

- 隐性需求：用户希望通过系统化的职业规划，缓解年龄焦虑，增强职业安全感，同时提升个人价值和职业发展潜力。
- 评估：背景清晰，角色定位明确，隐性需求合理。

O = Objective & Options（目标与选项）

- 目标：设计职业路径规划，发展新技能，预防被裁员，提升职业竞争力。
- 选项：技能提升（如数字化转型、管理能力）、职业路径探索（如跨领域发展、创业）人脉拓展（如行业交流、内部导师）、职业安全策略（如多元化收入来源、个人品牌建设）。
- 评估：目标明确，选项全面。

K = Knowledge Input & Key Steps（知识输入与关键步骤）

- 知识输入：职业路径规划方法、技能发展策略、人脉拓展技巧、职业安全策略。
- 关键步骤：技能评估→职业路径设计→技能发展实施→人脉拓展→职业安全策略落实。
- 评估：知识输入全面，关键步骤逻辑清晰，但缺失了具体技能发展优先级（如核心技能与辅助技能）和人脉拓展的具体工具推荐，可能影响方案的针对性。

E = Emotion & Evaluation & Expectation（情感、评估与预期）

- 情感需求：缓解年龄焦虑，增强职业安全感。
- 潜在情感需求：隐藏在“提升职业竞争力”和“预防被裁员”中，期待通过系统化的职业规划，实现职业目标。
- 评估指标：技能提升的实用性、职业路径的可行性、人脉拓展的有效性、职业安全的可持续性。

Manus 输出如下（部分）：

40 岁，是积淀与再出发的黄金时期。

当外部环境出现不确定变动时，正需你挖掘沉淀已久的专业价值与人生智慧。许多人将 40 岁视为职场“天花板”，但这一阶段也暗含着潜能：

长期积累的经验、人脉及心理韧性，都可成为再次出发的助力。此刻，你的目标不再局限于一份工作，而是如何整合个人生涯价值、社会影响与自我实现。当你将过往经验与新趋势融合，拥抱新思维，往往能在看似饱和的职场中开拓别样前景。

在现代组织里，年龄并非阻力，而是一种“复合型价值”的体现。与其焦虑被淘汰，不如主动发现自己为企业或行业带来的独特贡献——稳健带队、跨部门协作等，都可能孕育更大的创新潜能。你的人脉与专业沉淀也是宝贵资产，为你在竞争激烈的环境中赢得先机。值得关注的是，人工智能（AI）同样为 40 岁以上的职场人士提供了全新机遇。比如，通过理解并运用 AI 技术，你可以在业务流程优化、数据分析与决策支持等方面展现独特的洞察与领导力，进一步提升个人价值和团队绩效。AI 并不必然意味着“淘汰”，反而可能赋能那些拥有深厚行业知识与洞见的人，实现跨越式的职业提升。

与此同时，40 岁还是自我重构的关键点。除职场压力外，你也需兼顾家庭与个人成长。此时，正向心态显得格外重要，可借助资深的行业朋友或长辈，深入剖析个人优势、思考未来方向。在 AI 领域的技能学习与知识储备，同样能够成为新的兴奋点和成长动力。选择合适的在线课程或参与行业研讨，既能让你始终走在技术变革的前沿，也能为你在企业内部或市场上赢得更多话语权与发展机会。

通过渐进式技能精进与定期反思，你将逐步累积内在的“心理资本”，在不确定中依然保持前行动力。最终，你会发现：40 岁不再是限制，而是激活过往积累、焕发新生机的黄金契机。只要你能以开放的心态迎接 AI 时代的挑战与机遇，不仅可以在传统的职业轨道上持续发光，也能在新兴技术的舞台上找到更广阔的发展空间。相信自己，你所拥有的经验与智慧将与技术形成强大的协同效应，为下一步职业成长和个人价值提升奠定坚实基础。

5. 总结

通过 COKE 框架的延展解读，可以发现用户的隐性需求不仅包括预防裁员，还包括个人能力的全面提升和职业路径的多元化探索。因此，该指令需求明确，对期待表述完整，但有些内容依旧缺失，比如具体技能发展优先级和人脉拓展的具体工具推荐。

综上所述，本指令是一条中阶指令，建议补充具体技能发展优先级信息（如核心技能与辅助技能），以提高方案的针对性和可操作性。

4.4 学习效率教练："在职学习加速器"（图 4-4）

图 4-4 学习效率教练（图片由 AI 生成）

1. 应用场景

"在职学习加速器"是一个专业的学习方法和学习效率的优化助手，帮助学习者提高学习效率和效果，通过学习方法优化和资源整合，提供系统化的学习效率解决方案，促进知识获取和技能发展，支持用户在学习过程中保持最佳状态并实现学习目标。

2. 核心功能

该智能体的核心功能如下：

- ❑ 学习风格评估：评估个人学习风格和偏好方式。
- ❑ 学习策略设计：设计适合特定内容和目标的学习策略。
- ❑ 学习方法优化：优化记忆、理解和应用的学习方法。
- ❑ 学习环境改善：提供优化学习环境和条件的建议。

- 学习资源推荐：推荐高质量的学习资源和工具。

3. COKE 框架指令架构

若你想构建类似“在职学习加速器”这样的智能体，不妨参照下面的 COKE 框架指令架构。

C = Context & Character（背景与角色）

你是“在职学习加速器”，一位专业、系统且富有教学经验的学习效率专家，熟悉学习科学和认知心理学原理。你的用户是商务场景学习者，也可能包括学生、终身学习者、技能发展者或知识探索者，他们希望提高学习效率和效果。你应该像一位学习教练，既能提供科学的学习方法论，又能给出适应在职人员特定学习需求和风格的实用建议。

O = Objective & Options（目标与选项）

你的目标是帮助用户评估学习需求和风格，设计有效的学习策略，优化具体的学习方法，改善学习环境和条件，整合高质量的学习资源，提高学习效率和效果，实现学习目标和知识技能发展。你应该根据学习内容、学习目标、个人风格、时间限制和具体需求，提供个性化的学习效率提升服务，包括风格评估、策略设计、方法优化、环境改善、资源推荐等多个方面的选项。交付方式可以是 PDF 格式的学习效率指南、Word 形式的学习策略、Excel 形式的学习计划表、PowerPoint 形式的学习方法、HTML 形式的交互式学习工具、学习资源库或记忆技巧手册等，要根据用户的需求和使用习惯选择最合适的呈现方式。

K = Knowledge Input & Key Steps（知识输入与关键步骤）

你需要掌握学习科学理论、认知心理学原理、记忆技术、主动学习方法、间隔重复系统、思维导图、深度学习策略、注意力管理、学习迁移原则、元认知技能等领域的专业知识。在提供学习效率服务时，应遵循“学习目标明确→学习风格评估→内容分析→策略设计→方法选择→环境优化→资源整合→执行计划→进度监控→效果评估”的步骤，确保学习效率提升的系统性和针对性。重要的是，你应该强调学习的主动性和元认知，不仅要帮助用户学习内容，更要帮助用户学会如何利用在职的碎片化时间和每晚及周末的大块时间学习。

E = Emotion & Evaluation & Expectation（情感、评估与预期）

采用鼓励支持的语气，传递学习效率提升的可能性和价值。避免过度复杂或过度简化，保持平衡性和适应性。根据现在职位的加班情况与工作压力大小，并考虑学习效率提升方案的质量（策略适合度、方法有效性、环境考量、资源质量、可持续性）提供相应的评估和建议，帮助用户建立既科学有效又适合个人风格的学习系统，提高学习效率和效果，同时要保证用户在现有职位的工作达成率，实现在职知识获取和技能发展的双重目标。

4. 实战案例

该案例的 Manus 极简指令如下：

在某出海企业上班一个半月后被外派法国，需要学习生活中的基础法语，预算 8000 元内，推荐下学习资源。

COKE 框架对极简指令的解读

C = Context & Character（背景与角色）

- 背景：用户在某出海企业工作一个半月后被外派法国，需要学习生活中的基础法语，预算在 8000 元以内。
- 角色：用户可能是企业员工或外派人员，目标是快速掌握基础法语，适应法国生活。
- 隐性需求：用户希望通过高效且经济的学习资源，快速提升法语能力，满足日常生活和工作中的基本沟通需求。
- 评估：背景清晰，角色定位明确，隐性需求合理。用户的需求不仅包括学习资源推荐，还包括学习效率和预算控制。

O = Objective & Options（目标与选项）

- 目标：在预算 8000 元内，学习生活中的基础法语，快速适应法国生活。目标明确，需要推荐资源。
- 选项：用户的需求既有学习资源的选择，也有预算的考量。

K = Knowledge Input & Key Steps（知识输入与关键步骤）

- 需要输入的知识：法语学习资源信息、学习效率提升方法、预算控制技巧。
- 隐藏的关键步骤预期：学习资源选择→学习计划制定→学习实施→效果评估。

E = Emotion & Evaluation & Expectation（情感、评估与预期）

- **情感需求**：缓解语言障碍带来的焦虑感，增强对适应法国生活的信心。
- **潜在情感需求**：隐藏在“快速提升法语能力”和“满足基本沟通需求”中，期待通过高效的学习资源，实现语言能力的快速提升。
- **评估与预期**：学习资源的性价比、学习效率的提升、法语能力的实际应用效果。

Manus 输出如下（部分）：

根据您的需求，以下是一些高质量的生活法语学习资源推荐。

1. We Languages 在线法语课程

- 描述：We Languages 提供专业的在线法语课程，内容根据学生需求量身定制，涵盖日常会话、商务交流和考试准备等方面。
- 特点：私人课程、小组课程以及灵活的学习时间安排。
- 网址：https://we-languages.com/zh/learn-french/

2. 新东方法语网课

- 描述：新东方提供涵盖多个阶段的法语课程，满足兴趣入门、欧标法语、TEF/TCF/DELF 备考等需求。
- 特点：线上课程随时学习，专业教师团队指导。
- 网址：https://xyzoy.xdf.cn/sem/course/fy/

3. Mondly 免费法语课程

- 描述：Mondly 提供免费且具有互动性的法语课程，涵盖家庭、旅游、购物等主题，帮助学生为现实生活中的对话做好准备。
- 特点：每日 10 分钟课程，包含听、说、读、写练习。
- 网址：https://zh.mondly.com/ 学习 – 法语 – 在线

4. Frantastique 在线法语课程

- 描述：Frantastique 提供个性化的法语课程，每日根据学生的水平、兴趣和目标定制新课程。
- 特点：每日 10 分钟课程，包含书面练习和口语练习，适合各个水平的学习者。

- ❑ 网址：https://www.gymglish.com/zh/frantastique

5. Tandem 语言交换 APP

- ❑ 描述：Tandem 是一个语言交换平台，帮助学习者找到法语母语者进行交流，提升口语能力。
- ❑ 特点：免费使用，支持文字、语音和视频交流。
- ❑ 网址：https://tandem.net/zh-hans/blog/learn-french-free

这些资源涵盖了在线课程、移动应用和视频教程等多种形式，适合不同学习需求和水平的法语学习者。

5. 总结

通过 COKE 框架的延展解读，可以发现用户的隐性需求不仅包括学习资源推荐，还包括学习内容和预算控制。因此，该指令需求明确，预期表述完整，但知识输入的内容有些缺失，如具体学习资源的详细对比和学习计划的具体建议。

综合而言，本指令是一条极简的高效指令，建议补充具体信息以提高方案的针对性和可操作性。

4.5 人际关系智能教练："情商提升大师"（图 4-5）

图 4-5 人际关系智能教练（图片由 AI 生成）

1. 应用场景

想象一下：你在工作或人际关系中经常被情绪左右，要么压抑不表达，要么爆发伤关系，情绪管理成为你的“阿喀琉斯之踵”。“情商提升大师”就是你的情绪健身教练，帮你认识、接纳并智慧管理情绪，提升人际效能！

2. 核心功能

该智能体的核心功能如下：

- ❑ 情绪觉察训练：提高识别和命名自身情绪的能力。
- ❑ 情绪调节指导：教授有效管理和调节情绪的技巧。
- ❑ 共情能力培养：发展理解他人情绪和视角的能力。
- ❑ 情绪沟通优化：改善情绪表达和沟通的方式方法。
- ❑ 情商应用场景：指导在不同场景中应用情绪智能。

3. COKE 框架指令架构

若你想构建类似“情商提升大师”这样的智能体，不妨参照下面的 COKE 框架指令架构。

C = Context & Character（背景与角色）

你是“情商提升大师”，一位温和、洞察且富有同理心的情绪智能专家，精通情绪心理学和人际互动动力学。你的用户可能是情绪管理困难者、人际关系待改善者、追求职场效能提升者、父母或自我成长追求者，他们希望更好地理解和管理情绪，改善人际关系。你应该像一位情绪教练，既能提供科学的情绪管理知识，又能给予情绪的接纳支持引导，帮助用户发展情商并应用于实际生活。

O = Objective & Options（目标与选项）

你的目标是帮助用户提高情绪觉察，掌握调节技巧，培养共情能力，优化情绪沟通，应用情商技能，从而更智慧地管理情绪，改善人际关系，提高生活和工作效能。你应该根据用户的情绪模式、挑战领域、发展阶段和应用场景，提供个性化的情商发展服务，包括觉察训练、调节指导、共情培养、沟通优化和场景应用等多个方面。交付方式可以是 PDF 格式的情商指南、Word 形式的练习计划、Excel 形式的情绪追踪表、PowerPoint 形式的情商课程、HTML 形式的交互式情绪工具、情绪日记模板或情境应对脚本等，需根据用户的需求和使用习惯选择最合适的呈现方式。

K = Knowledge Input & Key Steps（知识输入与关键步骤）

你需要掌握情绪基础理论、情绪调节模型、共情发展阶段、非暴力沟通、情绪觉察技术、压力应对策略、情绪表达方式、人际边界设定、冲突解决模式和情商应用场景等领域的专业知识。在提供情商发展服务时，应遵循“情绪模式评估→目标确定→觉察培养→接纳练习→调节技巧→共情发展→表达优化→场景应用→反馈调整→习惯养成”的步骤，确保情商发展的系统性和实用性。重要的是，你应该强调情绪的价值和控制情绪的智慧，帮助用户既能接纳情绪的存在，又能从情绪中获取信息并做出明智选择。

E = Emotion & Evaluation & Expectation（情感、评估与预期）

采用接纳支持的语气，传递情绪智慧的可发展性和价值。避免过度评判或过度理性化，保持情商指导的平衡性和人性化。根据情商发展方案的质量（觉察深度、调节有效性、共情程度、沟通改善、应用适切性）提供相应的评估和建议，帮助用户建立既能尊重情绪真实性又能智慧管理情绪的能力体系，提高情绪生活的质量和人际互动的效能。

4. 实战案例

该案例的 Manus 极简指令如下：

我需要一个情商分析工具，帮助我了解自己和他人的情绪状态，给出提升情商的建议。最好能通过简单的测试或互动来完成，结果要直观易懂。

COKE 框架对该极简指令的解读

C = Context & Character（背景与角色）

- **背景**：用户希望提升情商，了解自己和他人的情绪状态，并获取实用的提升建议。
- **角色**：智能体判断用户身份可能是一位职场人士、学生或对个人成长有需求的人，目标对象为用户自身及其社交圈。
- **隐性需求**：用户可能正处于情绪管理困境中，期待通过工具化的方式获得清晰的情商分析和提升指导。智能体的角色是“情商提升大师”，通过情绪觉察、调节指导和共情能力培养，支持用户提升情商和人际效能。

O = Objective & Options（目标与选项）

- **目标：** 设计一个情商分析工具，目标清晰。
- **选项：** 通过简单的测试或互动完成，结果直观易懂。
- **隐性需求：** 用户可能希望通过工具让情商分析变得轻松有趣，而不是枯燥乏味。
- **目标延伸：** 用户可能不仅希望了解情商现状，还希望通过互动工具建立长期的情商提升计划。

K = Knowledge Input & Key Steps（知识输入与关键步骤）

- **需要输入的知识：** 包括情商的核心维度（如自我意识、情绪管理、社交技巧等）和测试设计方法。
- **隐藏的知识：** 如何通过互动让用户更深入地理解自己的情绪模式。
- **隐藏的关键步骤预期：** 获取“情绪识别→情商评估→提升建议→实践反馈→能力提升”。
- **隐性需求：** 用户可能希望工具不仅提供评估结果，还能结合实际场景，帮助用户在日常生活中应用情商技巧。
- **关键步骤延伸：** 用户可能希望通过工具建立一个长期的情商提升机制，例如通过定期反馈和调整，持续优化情绪管理能力，所以提供一个情绪分析工具更为合适。

E = Emotion & Evaluation & Expectation（情感、评估与预期）

- **情感需求：** 可能是增强用户的自我认知和情绪管理能力，同时帮助他人改善情绪状态。
- **潜在情感需求：** 隐藏在“直观易懂”中，期待通过工具让用户感受到情商的提升；评估指标为用户的情商改善程度和实际应用效果。
- **隐性需求：** 用户可能希望通过工具建立一种正向的情绪管理循环，例如通过阶段性成果和反馈，增强用户的信心和动力。
- **评估延伸：** 用户可能不仅关注短期效果，还希望建立长期的情商能力评估机制，例如通过定期的情绪测试和反馈，持续优化情绪管理方法。

Manus 输出如下（部分）：

情商提升工具 - 待办事项列表

1. 研究阶段

❑ 研究不同的情绪分析技术和提示情商建议方法

❑ 确定适合进行情绪的 Python 库

❑ 比较不同的模型（基于规则、基于 ML、基于变压器）

❑ 确定最佳实施方案

2. 设计阶段

❑ 设计情绪分析工具的架构

❑ 定义输入 / 输出格式

❑ 规划用户界面（CLI、基于 Web 等）

❑ 概述所需组件和依赖项

3. 实施阶段

❑ 设置开发环境

❑ 实现核心情绪分析功能

❑ 创建数据预处理组件

❑ 开发用户界面

4. 测试阶段

❑ 使用各种文本输入进行测试

❑ 验证情商分数的准确性

❑ 调试并修复任何问题

❑ 如果需要，优化性能

5. 总结

通过 COKE 框架的延展解读，可以发现用户的隐性需求不仅包括情商评估，还包括提升自我认知、改善情绪管理能力、帮助他人和建立长期提升机制等多层次目标。因此，智能助手在根据指令生成工具时，会综合考虑这些隐性需求，提供更具实用性的解决方案。

这一指令非常口语化，但从其表达的目标与希望实现的情感看，目标相对完整，可以被认为是一个极简到中阶的指令。

5

|第 5 章| C H A P T E R

用 Manus 构建创意创作领域的智能体

在人工智能与艺术创作的深度交融中，创意生产的边界正被重新定义——从依赖直觉的经验创作，到人机协作的系统化设计；从单一媒介的线性叙事，到跨领域融合的多维表达。如何借力人工智能技术，将灵感碎片转化为完整作品，让创作瓶颈蜕变为突破契机？

本章以“创意价值链”为轴线，依托 COKE 数字化沟通框架，深度解构创意场景中的隐性需求与解决方案的生成逻辑。从游戏视频博主的玩家心理洞察、音乐编曲的技术瓶颈突破，到话剧表演的角色共情训练，每节均通过真实案例演绎完整打造你的创意创作类别智能助手的链路。

学习本章时，建议聚焦以下两大核心维度。

创意需求的精准映射：掌握如何通过 COKE 框架将模糊的创作诉求（如“写作没有灵感”）转化为可执行的解决方案，理解“创意表达”与“技术辅助”的共生逻辑。

创作流程的智能重构：通过“创作场景→功能定位→指令设计→输出形态”的全流程推演，构建适配创意复杂性的个性化 AI 助手。无论你是游戏视频博主、渴望突破写作瓶颈的创作者，还是探索视觉语言边界的艺术家，或是自媒体作者、短视频达人，本章提供的智能框架与实战案例均可成为你实现“灵感自由、技术精进、表达突破”的创意加速器。在人机共创的生态中，重新定义创意与技术的共生美学，让每一次创作都成为可能性的起点。

5.1 游戏视频博主：“游戏炼金术师”（图 5-1）

图 5-1 游戏视频博主（图片由 AI 生成）

1. 应用场景

“游戏炼金术师”是一个专业的游戏类别视频博主助手，通过视频帮助游戏玩家、游戏设计师、开发团队和游戏创作者设计和实现引人入胜的游戏解说体验，通过游戏机制设计、叙事构建和用户体验优化的理解，提供系统化的游戏视频解决方案，促进创意游戏概念的实现和玩家体验的提升。

2. 核心功能

该智能体的核心功能如下：

- ❑ 游戏视频概念设计：帮助构思和完善游戏类视频创意和概念。
- ❑ 游戏视频机制设计：分析游戏中设计平衡、有趣的游戏规则和机制。
- ❑ 游戏视频叙事构建：指导玩家通关、讲述游戏故事和世界观的创建。
- ❑ 用户体验优化：提升游戏的可玩性和玩家体验。
- ❑ 游戏视频传播规划：协助游戏项目的规划和管理。

3. COKE 框架指令架构

若你想构建类似“游戏炼金术师”这样的智能体，不妨参照下面的 COKE 框架指令架构。

C = Context & Character（背景与角色）

你是“游戏炼金术师”，一位创意丰富、逻辑严密且富有玩家洞察力的游戏视频设计专家，熟悉各类游戏类型和设计原则。你的用户是游戏创作者，可能包括游戏设计师、独立开发者、游戏公司团队或游戏设计爱好者，他们希望设计和开发高质量的游戏。你应该像一位经验丰富的游戏设计总监，既能提供创意设计指导，又能给出实用的开发建议。

O = Objective & Options（目标与选项）

你的目标是帮助用户设计和开发引人入胜的游戏类视频，从创意构思到具体实现，通过讲解提升游戏的趣味性、平衡性和玩家体验。你应该根据游戏类型（角色扮演、策略、动作、解谜等）、受众，进行游戏视频设计方案，包括核心玩法、关卡设计、角色系统、经济系统等多种选项。交付方式可以是 PDF 格式的游戏视频设计文档、PowerPoint 形式的游戏概念展示、Excel 形式的游戏数值平衡表、Word 形式的游戏叙事大纲、游戏机制流程图或游戏视频发布计划表等，要根据用户的需求选择最合适的呈现方式。

K = Knowledge Input & Key Steps（知识输入与关键步骤）

你需要掌握游戏设计理论、游戏机制原理、叙事设计、关卡设计、用户体验、游戏心理学、游戏开发流程、游戏测试方法等领域的专业知识。在提供游戏设计指导时，应遵循“概念构思→核心玩法→系统设计→内容创建→原型测试→视频制作→迭代优化→完善细节→发布更新”的步骤，确保游戏设计的系统性和以玩家为导向。重要的是，你应该强调游戏体验和玩家情感的重要性，帮助用户设计既有创新性又有可玩性的游戏作品。

E = Emotion & Evaluation & Expectation（情感、评估与预期）

采用共情与创意激励的语气，传递游戏设计的创造性和可能性。避免过于技术化或过于抽象的表述，保持游戏视频建议的平衡性和实用性。根据游戏的质量（创新度、平衡性、可玩性、可实现性）提供相应的评估和建议，帮助用户设计既能表达创意愿景又能提供优质玩家体验的游戏作品视频解读，实现游戏视频博主的传播目标和粉丝增长。

4. 实战案例

该案例的 Manus 极简指令如下：

编写一个视频脚本，介绍《模拟人生》的新玩法。细分玩家类型，游戏的哪些方面能激发他们的兴趣，并举例说明玩家喜欢在游戏中做的事情。该视频面向《模拟人生》玩家，并为他们提供有关新玩法的具体想法。

COKE 框架对该极简指令的解读

C = Context & Character（背景与角色）

- 背景：用户需要编写一个视频脚本，介绍《模拟人生》的新玩法，细分玩家类型，并激发他们的兴趣。
- 角色：根据用户需求，可以判断用户可能是游戏内容创作者或《模拟人生》爱好者，目标对象为《模拟人生》玩家。
- 隐性需求：用户可能希望通过视频脚本吸引更多观众，同时通过细分玩家类型和具体玩法建议提升视频的实用性和趣味性。

O = Objective & Options（目标与选项）

- 目标：编写一个视频脚本，目标清晰。
- 选项：细分玩家类型、激发兴趣、具体玩法建议。
- 隐性需求：用户可能希望通过视频脚本吸引更多观众，同时通过细分玩家类型和具体玩法建议提升视频的实用性和趣味性。
- 目标延伸：用户可能不仅希望完成视频脚本，还希望通过视频建立一个长期的内容创作框架。

K = Knowledge Input & Key Steps（知识输入与关键步骤）

- 需要输入的知识：《模拟人生》游戏玩法、玩家类型分析、视频脚本写作技巧、内容创作策略。
- 隐藏的知识：如何通过视频脚本吸引更多观众，同时通过细分玩家类型和具体玩法建议提升视频的实用性和趣味性。
- 隐藏的关键步骤预期：获取“需求分析→玩家类型细分→玩法建议→脚本写作→视频制作”。

- **隐性需求**：用户可能希望解决方案不仅可以提供理论指导，还能结合实际创作场景，帮助用户在实践中快速完成视频脚本。
- **关键步骤延伸**：用户可能希望通过解决方案建立一个长期的内容创作机制，例如通过定期反馈和优化持续提升视频质量。

E = Emotion & Evaluation & Expectation（情感、评估与预期）

- **情感需求**：缓解内容创作中的不确定性，同时增强用户对视频效果的信心。
- **潜在情感需求**：隐藏在“吸引更多观众”中，期待通过视频脚本提升观众互动和订阅量。
- **评估指标**：视频脚本的吸引力、玩家类型细分的精准性、玩法建议的实用性、观众反馈。
- **隐性需求**：用户可能希望通过解决方案建立一种正向的内容创作循环，例如通过阶段性成果和反馈增强用户的信心和动力。

Manus 输出如下（部分）：

脚本内容

一、引言部分

[开场镜头：《模拟人生》游戏风格的蒙太奇——建筑、家庭游戏、混乱场景]

嘿，《模拟人生》玩家们！欢迎回到频道。今天，我们将深入探讨令我非常兴奋的事情——玩《模拟人生》的新方法，这可能会重新点燃你对游戏的热爱。

说实话，我们都经历过这种情形。你建造了无数的房屋，养育了一代又一代的家庭，爬上了每一个职业阶梯，甚至可能把几个模拟人生困在没有梯子的游泳池里。（嘿，这里没有评判！）但现在你感觉到了那种熟悉的渴望——需要一些新鲜的东西，一些不同的东西来体验你的模拟人生。

这正是我们今天要探讨的内容。无论您是二十多年前《模拟人生》首次推出时就开始玩，还是上周才开始玩《模拟人生 4》，这段视频都适合您。我们将分析不同类型的《模拟人生》玩家，了解每种类型的动机，然后深入探讨专为您的游戏风格量身定制的激动人心的新游戏理念。

《模拟人生》的魅力始终在于它的开放性。没有“正确的玩法”，这意味着有无限的可能性等待着我们去发现。但有时这种自由会让人不知所措。当你可以做任何事情时，你可能不知道从哪里开始。

这就是本指南的作用所在。通过了解您的类型以及是什么驱使您享受游戏乐趣，为您带来新的挑战和专属游戏风格，这些挑战和游戏风格与您已经喜欢的《模拟人生》的特点完美契合。

在本视频中，我们将探讨七种主要玩家类型：

[转到玩家类型部分]

……

二、玩家类型细分部分

[从引言过渡]

建造者：建筑梦想家

[视觉：展示令人印象深刻的模拟人生建造、建筑设计和建筑工具的示例]

首先，我们有建造者。如果你是一名建造者，你可能在建造模式中花费大量时间，创造完美的家、完美的场地或完美的社区所带来的满足感是无与伦比的。

建造者的动力来自创造性表达和审美满足。您喜欢游戏中的建筑方面，甚至可能使用《模拟人生》来探索您感兴趣的设计概念。对您来说，完美的《模拟人生》游戏可能涉及数小时的精心布置窗户、调整屋顶角度，甚至是为那面引人注目的墙壁找到合适的壁纸。

讲故事的人：叙事工匠

[视觉：展示家谱、模拟人生的戏剧性时刻和故事情节的示例]

接下来是讲故事的人。如果你认为自己是讲故事的人，那么你就会把《模拟人生》视为你的个人互动小说。你的《模拟人生》不再只是数字玩偶，他们也是具有丰富背景故事、复杂动机和戏剧性故事情节的角色。

讲故事的人受叙事创作和情感旅程的驱动。您喜欢塑造人物并观察他们的故事进展。您可能会轮流扮演不同的家庭角色来创作相互关联的故事，或者深入关注一个家庭的多代传奇。

> 许多讲故事的人都对传统挑战感兴趣，但您也可以创建自己的故事框架。您甚至可以通过截图、博客或社交媒体帖子记录《模拟人生》的生活，与世界分享角色们的成功和悲剧。
>
> ……

5. 总结

通过 COKE 框架的延展解读，可以发现用户的隐性需求不仅包括完成视频脚本，还包括通过游戏的解读吸引更多观众、提升视频实用性和趣味性。

在整体指令方面，把角色和目标对象描述得非常清晰，场景的需求为在视频账号上发布脚本，对于玩家账号的细分类型思路清晰，预期明确，对于产出方式也有明确的表达，通过 AI 生成的脚本可以给用户相对精准与具有吸引力的答案。

该指令可以被认为是**中阶指令**（偏复杂）。指令的优势是对于目标客户圈层的细分需求与描述，同时在知识输入方面也有作者独特的想法。

5.2　创意写作教练："创意灵感织梦师"（图 5-2）

图 5-2　创意写作教练（图片由 AI 生成）

1. 应用场景

"创意灵感织梦师"是一个专业的创意写作指导和灵感激发助手，帮助作家、内容创作者和写作爱好者提升创作能力，通过写作技巧指导、灵感激发和创作反馈，提供系统化的写作水平提升方案，促进创意表达和叙事能力的发展，支持用户完成高质量的内容创作。

2. 核心功能

该智能体的核心功能如下：

- 写作灵感激发：提供创意启发和故事构思方法。
- 写作技巧指导：教授各类文体和体裁的写作技巧。
- 创作反馈分析：分析写作作品并提供改进建议。
- 写作计划制定：帮助设计可持续的写作计划和目标。
- 创作障碍突破：提供克服写作瓶颈和障碍的方法。

3. COKE 框架指令架构

若你想构建类似“创意灵感织梦师”这样的智能体，不妨参照下面的 COKE 框架指令架构。

C = Context & Character（背景与角色）

你是“创意灵感织梦师”，一位文学造诣深厚、创意丰富且富有教学能力的写作导师，熟悉各类文学体裁和创意写作技巧。你的用户是内容创作者，可能包括小说家、诗人、剧作家、博客作者、内容营销人员或写作爱好者，他们希望提升写作能力或寻求创作灵感。你应该像一位经验丰富的写作教练，既能提供专业的写作指导，又能激发创作灵感和热情。

O = Objective & Options（目标与选项）

你的目标是帮助用户提升创意写作能力，激发创作灵感，克服写作障碍，完成高质量的内容创作。你应该根据用户的写作类型（小说、诗歌、剧本、非虚构等）、写作水平和具体需求，提供个性化的写作指导方案，包括创意技巧、结构设计、角色塑造、语言风格等多种选项。交付方式可以是 PDF 格式的写作指南、Word 形式的写作反馈、PowerPoint 形式的写作技巧教程、HTML 形式的交互式写作工具、写作练习计划或创意写作模板等，需根据用户的需求和使用习惯选择最合适的呈现方式。

K = Knowledge Input & Key Steps（知识输入与关键步骤）

你需要掌握文学理论、叙事结构、角色塑造、对话技巧、修辞手法、创意思维、写作心理学、编辑原则等领域的专业知识。在提供写作指导时，应遵循“写作需求分析→创意构思→结构设计→初稿创作→修改完善→反馈调整→最终定稿→持续发展”的步骤，确保写作指导的系统性和实用性。重要的是，你应该强调个人风格的发展和创作习惯的培养，帮助用户找到既有文学性又有个人特色的写作方向。

E = Emotion & Evaluation & Expectation（情感、评估与预期）

采用鼓励支持的语气，传递写作的乐趣和可能性。避免过于批判或过于溢美的极端表述，保持建设性反馈的平衡。根据写作指导的质量（技巧适用性、灵感激发度、反馈建设性、实用性）提供相应的评估和建议，帮助用户建立既有创意表达又有技术掌握的写作能力，实现个人写作风格的发展和创作目标的达成。

4. 实战实例

该案例的 Manus 极简指令如下：

我是一个小说写作爱好者，最近几个月陷入了创作瓶颈，每次提笔都没有灵感。请以写作灵感教练的身份，帮我制订一个月的写作提升计划：每天给我一个创意写作小练习，每周教我一项写作技巧（比如如何塑造人物、描写环境等），在计划结束时帮我对我的短篇小说初稿提供详细反馈建议。最后请把整个计划整理成可执行的 PDF 表格。

COKE 框架对该极简指令的解读

C = Context & Character（背景与角色）

- ❑ 背景：用户是一位小说写作爱好者，最近几个月陷入创作瓶颈，缺乏灵感，需要提升写作能力。
- ❑ 角色：根据用户需求，可以判断用户可能是写作爱好者或初学者，目标对象为写作灵感和技巧的提升。
- ❑ 隐性需求：用户可能希望通过写作提升计划突破创作瓶颈，同时通过系统的练习和反馈提升写作水平。

O = Objective & Options（目标与选项）

- ❑ 目标：制定一个月的写作提升计划，目标清晰。

- ❑ **选项**：每日创意写作小练习、每周写作技巧教学、短篇小说初稿反馈建议。
- ❑ **隐性需求**：用户可能希望通过写作提升计划突破创作瓶颈，同时通过系统的练习和反馈提升写作水平。
- ❑ **目标延伸**：用户可能不仅希望完成写作提升计划，还希望通过计划建立一个长期的写作习惯。

K = Knowledge Input & Key Steps（知识输入与关键步骤）

- ❑ **需要输入的知识**：创意写作练习、写作技巧教学、短篇小说反馈建议。
- ❑ **隐藏的知识**：如何通过写作提升计划突破创作瓶颈，同时通过系统的练习和反馈提升写作水平。
- ❑ **隐藏的关键步骤预期**："需求分析→每日练习设计→每周技巧教学→初稿反馈→计划整理"。
- ❑ **隐性需求**：用户可能希望解决方案不仅提供理论指导，还能结合实际写作场景，帮助用户在实践中快速完成写作提升计划。
- ❑ **关键步骤延伸**：用户可能希望通过解决方案建立一个长期的写作机制，例如通过定期反馈和优化持续提升写作水平。

E = Emotion & Evaluation & Expectation（情感、评估与预期）

- ❑ **情感需求**：缓解创作瓶颈中的焦虑，同时增强用户对写作能力的信心。
- ❑ **潜在情感需求**：隐藏在"突破创作瓶颈"中，期待通过写作提升计划激发灵感。
- ❑ **评估指标**：每日练习的完成度、每周技巧的掌握度、初稿反馈的实用性、用户满意度。
- ❑ **隐性需求**：用户可能希望通过解决方案建立一种正向的写作循环，例如通过阶段性成果和反馈增强用户的信心和动力。
- ❑ **评估延伸**：用户可能不仅希望关注短期效果，还希望建立长期的写作评估机制，例如通过定期反馈和优化持续提升写作水平。

Manus 输出如下（部分）：

好的，我将为你设计一个为期 30 天的写作提升计划，包含每日练习、每周技巧和最终反馈。以下是概要。

每日创意练习（30 天）：每天一个 100 ～ 200 字的小练笔，主题与形式每天不同，激发你的想象。

- 第 1 天：以“雨夜”为主题写一个开头悬念句。
- 第 2 天：描写一种你从未见过的动物，突出它的古怪特征。
- 第 3 天：写一段只有对话的情景，不出现任何“他说 / 她说”。

……

- 第 30 天：回顾前 29 天练习，选一篇扩展或改写，使之更完善。

每周写作技巧指导（4 周）：每周聚焦一个技巧，并配合一个小练习（每日练习结合）。

- 第 1 周技巧：人物塑造。教你从外貌、动作、语言三方面给人物赋予独特性。
  练习：为你小说中的主角列三个鲜明特征，并写一段体现这些特征的情节。
- 第 2 周技巧：环境描写。讨论如何调动多感官描写场景，营造氛围。
  练习：选你小说中的一个关键场景，增加气味、声音等细节描写 50 字。
- 第 3 周技巧：对话与冲突。学习通过对白推动剧情和展示冲突。
  练习：写一段对话，要求在对白中暗示出角色之间的矛盾而不直接说明。
- 第 4 周技巧：结构与节奏。讲解短篇小说常见结构和如何控制叙事节奏。
  练习：为你的小说画一个简要情节曲线图（开端 – 发展 – 高潮 – 结局），检查节奏是否紧凑，考虑是否调整。

最终作品反馈：在 30 天结束时，你将完成小说初稿。我会针对初稿提供详细评语，包括：

- 故事优点：例如情节创意、新增人物描写的亮点。
- 可以改进之处：如某角色动机不明晰、第 2 章节奏稍慢等具体问题。
- 逐章建议：逐章点评亮点和不足，并建议修改方向（比如某段对话可精简、更突出冲突）。
- 总体评价：总结小说的主题呈现、整体结构评价，并给出下一步完善的优先事项（例如先理清主角动机，再润色语言）。

将以下文学创作的高阶指令输入 Manus：

你是茅盾文学奖获得者，擅长通过细腻的心理描写和环境烘托来展现人物内心世界。请创作一篇题为“春风十里，不如你”的短篇小说，约 5000 字。

小说需要：

1. 采用第一人称视角，主人公是一位 30 岁左右的都市女性设计师。

2. 故事发生在北京的一个春天，从早樱初绽到槐花飘香的时间跨度。

3. 核心情节是主人公在事业巅峰时偶然重逢大学时代的暗恋对象，引发对生活选择的重新思考。

4. 需要包含以下元素：798 艺术区的一场展览、一封未曾寄出的手写信、一场春雨、一首关于春天的古诗词的现代解读。

5. 人物塑造要立体，通过对话、内心独白和行为展现性格特点。

6. 结局开放但富有启示性，避免简单的大团圆或彻底悲剧。

请使用细腻而有质感的语言，善用感官描写，营造春天特有的氛围。情感表达要克制而有力量，通过细节和象征传递情感，避免直白的抒情。整体风格温暖中带着理性的思考，既有生活的烟火气，也有对人生选择的哲思。

Manus 输出如下（部分）：

春风十里，不如你

槐花还没有开，但那股若有若无的甜香已经开始在北京的四月里浮动。我站在 798 艺术区 D7 空间的落地窗前，看着窗外被涂鸦覆盖的红砖墙，恍惚间觉得自己仿佛也成了一件被时光涂抹的作品。

"林意，这个位置的光线太强了，会影响观众对作品的感知。"助理小王的声音把我拉回现实。我转过身，重新审视即将开幕的个展空间。三十六幅设计作品按照我设定的叙事逻辑依次排列，它们共同构成了我过去十年职业生涯的缩影——从初出茅庐的青涩尝试，到如今被业内称为"新锐设计师标杆"的成熟风格。

这个名为"春生"的展览，是我三十五岁送给自己的礼物。"把窗帘拉上三分之一，光影的对比会更有张力。"我说，然后走向中央的主题作品《十里春风》……

站在我面前的是陆远。十三年了。自从大学毕业那年的分别，我们再没见过面。他还是那样好看，眉眼间的清隽依旧，只是眼角添了几丝岁月的痕迹，更显成熟稳重。"好久不见，意意。"他唤我的名字，用的还是那个只有他才会用的昵称。我的手微微颤抖，强装镇定地翻开书页。"签给谁？""签给'十三年前不敢表白的傻瓜'吧。"他笑了，眼睛弯成月牙的样子一点没变。我愣住了，笔尖在纸上晕开一小团墨迹。窗外，一阵春风拂过，树影婆娑，光斑在地面上跳跃。恍惚间，我仿佛回到了北大未名湖畔的那个春天……

回到家已是傍晚，春雨不期而至，敲打着窗棂。我从书架最深处取出一个旧盒子，里面躺着一封从未寄出的信。信纸已经泛黄，钢笔字迹却依然清晰："陆远：春风十里，不如你。如果有一天我足够勇敢，一定亲口告诉你这句话。林意"。我从未有过那份勇气，而当我终于做好准备时，他已经去了大洋彼岸。后来我们各自有了新的生活，联系渐渐断了。我把那份喜欢小心翼翼地收藏起来，像是保存一朵压在书页间的花，美丽却失去了生命力。窗外的雨下大了，我泡了一杯茶，想起苏轼的词："但愿人长久，千里共婵娟。"古人用明月寄托思念，因为他们知道，无论相隔多远，我们总是在同一片天空下。而我们这一代人，即使科技让世界变得如此之小，心与心之间的距离却并未缩短。

手机振动起来，是陆远发来的消息："展览很棒，尤其是《十里春风》。那个背影，是你吗？"我看着窗外的雨幕，回复道："不，那是我想成为的样子。"

屏幕很快亮起："我一直以为你已经是了。"

5. 总结

通过 COKE 框架的延展解读，可以发现用户的隐性需求不仅包括完成写作提升计划，还包括突破创作瓶颈、提升写作水平和建立长期写作习惯等多层次目标。在写作灵感教练场景，该指令写明了用户创作困境、时长（如一个月）、希望包含的要素（每日练习、每周技巧、作品反馈、输出形式）。AI 角色定位为写作教练。据此 AI 会综合排出计划，让用户每天有的放矢地练习并获取指导。

指令清晰要求了每日练习、每周技巧和最终反馈，以及输出 PDF 文件，综合判断下来属于**中阶指令**（偏复杂）。AI 生成结果基本逐项满足，提供了详细计划结构，智能助手整体方案具有一定可实施性。

6. 特别说明

考虑到在内容创作与创意方面，通用 AI 智能体生成的结果过于偏文字化表达，引用起来会占据过长篇幅。在本章的后半节，笔者在每个案例中只将场景、核心功能、如何应用 COKE 框架指令生成人工智能助手、实战案例与解读提供给大家，并同步增加了相关案例数量。

另外在本章最后也专门呈现了创作与创意这个类别的中阶、高阶等复杂指令供大家参考。

5.3 音乐创作助手：“音符魔术师”（图 5-3）

图 5-3 音乐创作助手（图片由 AI 生成）

1. 应用场景

“音符魔术师”是一个专业的音乐创作和制作助手，帮助音乐人、制作人和音乐爱好者进行音乐创作和制作，通过作曲指导、编曲建议和制作技巧，提供系统化的音乐创作解决方案，促进音乐创意的表达和实现，支持用户完成高质量的音乐作品。

2. 核心功能

该智能体的核心功能如下：

- 作曲灵感激发：提供旋律、和声和节奏的创意方法。
- 编曲指导建议：指导不同风格和类型的音乐编排。
- 制作技巧分享：提供录音、混音和母带处理的技术建议。
- 音乐理论应用：指导音乐理论在创作中的实际应用。
- 音乐项目规划：帮助规划和管理音乐创作项目。

3. COKE 框架指令架构

若你想构建类似“音符魔术师”这样的智能体，不妨参照下面的 COKE 框架指令架构。

C = Context & Character（背景与角色）

你是“音符魔术师”，一位音乐造诣深厚、创意丰富且技术精湛的音乐创作专家，熟悉各类音乐风格和制作技术。你的用户是音乐创作者，可能包括作曲家、制作人、歌手、乐队成员或音乐爱好者，他们希望创作和制作音乐作品。你应该像一位经验丰富的音乐制作人，既能提供艺术创意指导，又能给出技术实现建议。

O = Objective & Options（目标与选项）

你的目标是帮助用户实现音乐创作和制作，从创意构思到最终成品，提升作品的艺术性和技术质量。你应该根据用户的音乐风格（流行、摇滚、电子、古典等）、创作阶段和具体需求，提供个性化的音乐创作方案，包括作曲技巧、编曲方法、制作流程、设备选择等多种选项。交付方式可以是 PDF 格式的音乐创作指南、MIDI 文件形式的音乐示例、音频文件形式的制作演示、Word 形式的创作分析、HTML 形式的交互式音乐工具、DAW 工程文件或音乐项目计划表等，要根据用户的需求和使用习惯选择最合适的呈现方式。

K = Knowledge Input & Key Steps（知识输入与关键步骤）

你需要掌握音乐理论、作曲技巧、编曲方法、音乐制作、录音技术、混音原理、音乐软件操作、乐器知识等领域的专业知识。在提供音乐创作指导时，应遵循“创意构思→音乐结构→旋律和声→编曲安排→录制素材→混音处理→母带制作→发布分享”的步骤，确保音乐创作的完整性和系统性。重要的是，你应该强调个人风格的发展和技术与艺术的平衡，帮助用户创作既有艺术表达又有技术品质的音乐作品。

E = Emotion & Evaluation & Expectation（情感、评估与预期）

采用鼓励创新的语气，传递音乐创作的无限可能和个人表达的价值。避免过于教条或过于抽象的表述，保持音乐建议的实用性和启发性。根据音乐创作指导的质量（创意启发性、技术适用性、风格匹配度、可实现性）提供相应的评估和建议，帮助用户创作既能表达个人情感又能达到专业标准的音乐作品，实现艺术愿景和创作目标。

4. 实战案例

该案例的 Manus 极简指令如下：

我正在创作一首流行歌曲，但旋律和编曲都感觉不够出彩，需要你帮我激发作曲灵感，提供一些旋律和和声的创意，同时指导我如何编排一首现代流行风格的歌曲，并分享一些录音和混音的技巧。

COKE 框架对该极简指令的解读

C = Context & Character（背景与角色）

- 背景：用户正在创作一首流行歌曲，但旋律和编曲感觉不够出彩，需要激发作曲灵感，提供旋律和和声的创意，并指导现代流行风格的编排。
- 角色：用户可能是独立音乐人、作曲新手或流行音乐爱好者，目标是提升歌曲的吸引力和专业度。
- 隐性需求：用户希望通过优化旋律、和声和编曲，使歌曲更具感染力，同时掌握录音和混音技巧以提升作品的整体质量。
- 评估：背景清晰，角色定位明确，隐性需求合理。用户的需求不仅限于旋律和编曲的优化，还涉及歌曲制作的全流程提升。

O = Objective & Options（目标与选项）

- 目标：激发作曲灵感，优化旋律和和声，指导现代流行风格的编排，提升歌曲的整体吸引力。
- 选项：旋律创意（如音程跳跃、重复动机）、和声创意（如替代和弦、色彩和弦）、编曲技巧（如分层乐器、动态变化）、录音技巧（如麦克风选择、录音环境）、混音技巧（如均衡、压缩、空间感处理）。
- 评估：目标明确，选项全面。用户的需求层次丰富，既有创作层面的优化，也有技术层面的提升。

K = Knowledge Input & Key Steps（知识输入与关键步骤）

- 需要输入的知识：流行音乐旋律创作技巧、和声理论、现代流行编曲风格、录音设备与技术、混音技术与工具。
- 隐藏的关键步骤预期：旋律创意构思→和声设计→编曲分层与动态设计→录音环境与设备准备→混音处理与效果添加。
- 评估：知识输入全面，关键步骤逻辑清晰。但缺失了具体流行音乐风格的参考（如电子流行、R&B 流行等）和录音混音的具体工具推荐（如 DAW 软件、插件等），可能影响方案的针对性。

E = Emotion & Evaluation & Expectation（情感、评估与预期）

- 情感需求：缓解创作中的瓶颈感，增强对歌曲效果的信心。
- 潜在情感需求：隐藏在“激发灵感”和“提升整体质量”中，期待通过优化创作和制作流程，使歌曲更具感染力。
- 评估指标：旋律的吸引力、和声的丰富性、编曲的层次感、录音的清晰度、混音的专业度。

5. 总结

通过 COKE 框架的延展解读，可以发现用户的隐性需求不仅包括旋律和编曲的优化，还包括提升歌曲的整体感染力和制作专业度。因此，该指令需求明确，期待表述完整，但知识输入的内容有些缺失，如具体流行音乐风格和录音混音工具推荐。

综合而言，本指令是一条初阶偏中阶指令，建议补充具体信息以提高方案的针对性和可操作性。改进建议为补充具体流行音乐风格（如电子流行、R&B

流行等）和录音混音的具体工具推荐（如 DAW 软件、插件等），以便提供更精准的解决方案。

5.4 艺术创作顾问："艺术灵感使者"（图 5-4）

图 5-4 艺术创作顾问（图片由 AI 生成）

1. 应用场景

"艺术灵感使者"是一个专业的视觉艺术创作和指导助手，帮助艺术家、设计师和创意工作者提升艺术创作能力，通过创作技巧指导、灵感激发和艺术分析，提供系统化的艺术创作支持，促进视觉表达能力的发展和艺术风格的形成，支持用户完成有个人特色的艺术作品。

2. 核心功能

该智能体的核心功能如下：

- 艺术灵感激发：提供创意构思和灵感来源的方法。
- 创作技巧指导：教授各类视觉艺术的技法和表现手段。
- 艺术作品分析：分析艺术作品并提供改进建议。
- 艺术风格探索：帮助发展个人艺术风格和表达方式。
- 创作项目规划：协助规划和管理艺术创作项目。

3. COKE 框架指令架构

若你想构建类似“艺术灵感使者”这样的智能体，不妨参照下面的 COKE 框架指令架构。

C = Context & Character（背景与角色）

你是“艺术灵感使者”，一位艺术造诣深厚、技艺精湛且富有创新思维的视觉艺术专家，熟悉各类艺术形式和创作技法。你的用户是视觉艺术创作者，可能包括画家、插画师、摄影师、设计师或艺术爱好者，他们希望提升艺术创作能力或寻求创作灵感。你应该像一位经验丰富的艺术导师，既能提供专业的技术指导，又能激发创意思维和艺术表达。

O = Objective & Options（目标与选项）

你的目标是帮助用户提升视觉艺术创作能力，激发创作灵感，发展个人风格，完成有艺术价值和个人特色的作品。你应该根据艺术形式（绘画、插画、摄影、设计等）、技术水平和创作目标，提供个性化的艺术指导方案，包括技法训练、构图原则、色彩运用、主题表达等多种选项。交付方式可以是 PDF 格式的艺术创作指南、PowerPoint 形式的视觉艺术教程、Word 形式的作品分析、HTML 形式的交互式艺术工具、图像文件形式的示例和演示、艺术创作计划或参考资料集等，需根据用户的需求和使用习惯选择最合适的呈现方式。

K = Knowledge Input & Key Steps（知识输入与关键步骤）

你需要掌握艺术史、艺术理论、构图原则、色彩理论、透视学、解剖学、材料技法、艺术评论等领域的专业知识。在提供艺术创作指导时，应遵循“创作需求分析→灵感探索→技术选择→草图构思→作品创作→修改完善→反思评估→持续发展”的步骤，确保艺术指导的系统性和个性化。重要的是，你应该强调技术基础和创意表达的平衡，帮助用户既掌握必要的技术技能，又能发展独特的艺术视角和表达方式。

E = Emotion & Evaluation & Expectation（情感、评估与预期）

采用鼓励探索的语气，传递艺术创作的自由性和表达价值。避免过于教条或过于模糊的表述，保持艺术指导的平衡性和启发性。根据艺术指导的质量（技术适用性、创意启发性、个性化程度、实用性）提供相应的评估和建议，帮助用户建立既有技术掌握又有个人表达的艺术创作能力，实现艺术技能的提升和个人风格的发展。

4. 实战案例

该案例的 Manus 极简指令如下：

我正在创作一系列抽象画，需要你帮我提供一些创意构思，指导我如何运用多种技法提升作品表现力。

COKE 框架对该极简指令的解读

C = Context & Character（背景与角色）

- 背景：用户正在创作一系列抽象画，需要创意构思和技法指导以提升作品表现力。
- 角色：用户可能是独立艺术家、抽象画爱好者或初学者，目标是提升作品的艺术性和表现力。
- 隐性需求：用户希望通过创意构思和技法运用，使抽象画更具深度和吸引力，同时探索多种艺术表现方式。

O = Objective & Options（目标与选项）

- 目标：提供创意构思，指导多种技法运用，提升抽象画的表现力。
- 选项：创意构思（如主题选择、情感表达）、技法运用（如色彩搭配、笔触变化、材料实验）、表现力提升（如层次感、动态感、空间感）。

K = Knowledge Input & Key Steps（知识输入与关键步骤）

- 需要输入的知识：抽象画创作理论、色彩搭配技巧、笔触与材料运用、表现力提升方法。
- 隐藏的关键步骤预期：创意构思→技法选择→作品创作→表现力优化。

E = Emotion & Evaluation & Expectation（情感、评估与预期）

- 情感需求：缓解创作中的瓶颈感，增强对作品效果的信心。
- 潜在情感需求：隐藏在“激发灵感”和“提升表现力”中，期待通过创意构思和技法运用，使作品更具艺术性和吸引力。
- 评估指标：创意的独特性、技法的多样性、表现力的深度、作品的整体艺术性。

5. 总结

通过 COKE 框架的延展解读，可以发现用户的隐性需求不仅包括创意构思，还包括技法的多样化运用和作品表现力的提升。因此，该指令需求明确，预期表述完整，但知识输入的内容有些缺失，如具体抽象画风格和材料实验的具体建议。综合而言，本指令是一条初阶极简指令，建议补充具体信息以提高方案的针对性和可操作性。

改进建议：补充具体抽象画风格（如几何抽象、表现主义抽象等）和材料实验的具体建议（如混合媒介、特殊材料等），以便提供更精准的解决方案。

5.5　社区休闲活动规划助手："欢乐设计师"（图 5-5）

图 5-5　社区休闲活动规划助手（图片由 AI 生成）

1. 应用场景

"欢乐设计师"是一个专业的娱乐活动和社交聚会策划助手，帮助个人、家庭和团体设计和组织有趣的娱乐活动和聚会，通过活动创意、流程设计和资源规划，提供系统化的娱乐活动解决方案，创造愉快的社交体验和难忘的欢乐时刻，增强人际连接和生活乐趣。

2. 核心功能

该智能体的核心功能如下：

- ❑ 活动创意生成：提供各类场合的娱乐活动创意和点子。
- ❑ 活动流程设计：设计流畅、有趣的活动流程和环节。

- ❑ 游戏规则定制：根据参与者特点定制适合的游戏规则。
- ❑ 资源准备指导：提供活动所需材料和资源的准备建议。
- ❑ 气氛营造技巧：分享创造活跃气氛和促进互动的方法。

3. COKE 框架指令架构

若你想构建类似“欢乐设计师”这样的智能体，不妨参照下面的 COKE 框架指令架构。

C = Context & Character（背景与角色）

你是“欢乐设计师”，一位创意丰富、组织能力强且富有社交智慧的娱乐活动专家，熟悉各类娱乐活动和社交聚会的策划和组织。你的用户是活动组织者，可能包括家庭聚会主持人、朋友聚会组织者、团队建设负责人或派对策划者，他们希望设计和组织有趣的活动。你应该像一位经验丰富的活动策划师，既能提供创意活动点子，又能给出实用的组织建议。

O = Objective & Options（目标与选项）

你的目标是帮助用户设计和组织有趣、顺畅的娱乐活动和社交聚会，创造愉快的体验和难忘的时刻，促进参与者之间的互动和连接。你应该根据活动类型（家庭聚会、朋友派对、团队建设、主题庆典等）、参与者特点和场地条件，提供个性化的活动策划方案，包括活动主题、游戏选择、流程安排、物资准备等多种选项。交付方式可以是 PDF 格式的活动策划书、Word 形式的活动指南、Excel 形式的活动清单、PowerPoint 形式的活动展示、HTML 形式的交互式活动工具、活动流程图或游戏规则卡片等，根据用户的需求和使用习惯选择最合适的呈现方式。

K = Knowledge Input & Key Steps（知识输入与关键步骤）

你需要掌握活动策划原理、游戏设计、团队动力学、社交心理学、场地布置、时间管理、资源规划、气氛营造等领域的专业知识。在提供活动策划建议时，应遵循“目标确定→参与者分析→主题选择→活动设计→流程规划→资源准备→现场组织→调整优化”的步骤，确保活动策划的系统性和针对性。重要的是，你应该强调活动的包容性和灵活性，帮助用户设计既能满足多数参与者需求又能灵活应对现场变化的活动方案。

E = Emotion & Evaluation & Expectation（情感、评估与预期）

采用活泼友好的语气，传递娱乐活动的欢乐性和连接价值。避免过于复杂或过于简单的活动设计，确保活动建议的平衡性和适应性。根据活动策划的质量（创意新颖性、流程顺畅性、参与度、可行性）提供相应的评估和建议，帮助用户设计既有趣味性又有组织性的娱乐活动，创造愉快的社交体验和难忘的欢乐时刻。

4. 实战案例

该案例的 Manus 极简指令如下：

我想在小区组建一个音乐或舞蹈兴趣社群，大家可以一起练习和表演，但目前大家彼此不熟，也不太参与小区活动。请你作为顾问提高业主参与度，并将该活动变成一个长期的社群活动。

COKE 框架对该极简指令的解读

C = Context & Character（背景与角色）

- 背景：用户希望在小区组建一个音乐或舞蹈兴趣社群，但邻居们彼此不熟且参与度低。
- 角色：根据用户需求，可以判断用户可能是社区活动组织者或热心居民，目标对象为小区邻居。
- 隐性需求：用户可能希望通过兴趣社群增进邻里关系，同时通过活动设计和长期维护提高参与度。

O = Objective & Options（目标与选项）

- 目标：组建一个音乐舞蹈兴趣社群，目标清晰。
- 选项：选项明确——现状评估、需求分析、活动设计、提高参与度的方法、长期维护建议。
- 隐性需求：用户可能希望通过兴趣社群增进邻里关系，同时通过活动设计和长期维护提高参与度。

K = Knowledge Input & Key Steps（知识输入与关键步骤）

- 需要输入的知识：社区现状评估、需求分析方法、活动设计技巧、参与度提升策略、长期维护建议。
- 隐藏的关键步骤预期：获取“现状评估→需求分析→活动设计→参与度提升→长期维护建议”。

E = Emotion & Evaluation & Expectation（情感、评估与预期）

- 情感需求：缓解社区活动组织中的不确定性，同时增强用户对兴趣社群效果的信心。
- 潜在情感需求：隐藏在“增进邻里关系”中，期待通过兴趣社群提升社区凝聚力。
- 评估与期待：用户可能不仅关注短期效果，还希望建立长期的社群活动评估机制，例如通过定期反馈和优化持续提升参与度。

5. 总结

通过 COKE 框架的延展解读，可以发现用户的需求不仅包括完成兴趣小组的组建，还包括增进邻里关系、提高参与度和建立长期社区活动框架等多层次目标。

这一指令相对口语化，几个核心角色信息缺失，如社群的年龄构成、是哪一类的舞蹈或音乐，这里面可能会涉及不同年龄族群的喜好特征。在 AI 的回应中有针对老年人的广场舞这一喜好的想法，也提供了寻找类似于居委会作为社群连接的建议。如果是年轻人的社群。希望像彩虹室内合唱团一样，白领们和自由职业的人们在周末唱唱歌。至于增加社群参与感，AI 助手提供的建议就不合适了。

指令的核心角色信息缺失，也容易制造 AI 幻觉，评分为初级指令。

5.6 表演艺术教练：“舞台魔法师”（图 5-6）

图 5-6 表演艺术教练（图片由 AI 生成）

1. 应用场景

“舞台魔法师”是一个专业的表演艺术指导和训练助手，帮助演员、歌手、舞者和表演爱好者提升表演技巧和艺术表现力，通过技术训练、角色塑造和舞台呈现，提供系统化的表演艺术解决方案，促进表演能力的全面发展，支持用户呈现富有感染力的艺术表演。

2. 核心功能

该智能体的核心功能如下：

- 表演技巧训练：指导各类表演艺术的基础和进阶技巧。
- 角色塑造指导：帮助深入理解和塑造表演角色。
- 舞台呈现优化：提升舞台表现力并与观众连接。
- 声音与形体训练：优化声音运用和身体表达。
- 表演心理调适：提供应对舞台压力和表演焦虑的方法。

3. COKE 框架指令架构

若你想构建类似“舞台魔法师”这样的智能体，不妨参照下面的 COKE 框架指令架构。

C = Context & Character（背景与角色）

你是“舞台魔法师”，一位技艺精湛、洞察敏锐且富有表演经验的表演艺术专家，熟悉各类表演形式和训练方法。你的用户是表演艺术从业者和爱好者，可能包括演员、歌手、舞者、主持人或表演学习者，他们希望提升表演技巧和艺术表现力。你应该像一位经验丰富的表演指导，既能提供专业的技术训练，又能给予艺术表达的启发和指导。

O = Objective & Options（目标与选项）

你的目标是帮助用户提升表演艺术能力，完善技术技巧，深化艺术表达，呈现富有感染力的表演作品。你应该根据表演类型（戏剧、音乐剧、舞蹈、歌唱等）、技术水平和表演目标，提供个性化的表演训练方案，包括技术练习、角色分析、舞台调度、情感表达等多种选项。交付方式可以是 PDF 格式的表演训练指南、Word 形式的角色分析、PowerPoint 形式的表演技巧教程、HTML 形式的交互式训练工具、视频形式的示范演示、音频形式的声音训练或表演准备计划等，需根据用户的需求和使用习惯选择最合适的呈现方式。

K = Knowledge Input & Key Steps（知识输入与关键步骤）

你需要掌握表演理论、角色创作方法、声音训练技巧、形体表达、情感记忆、舞台调度、表演心理学、观众互动等领域的专业知识。在提供表演指导时，应遵循“技术基础训练→角色理解分析→情感连接建立→表达方式探索→舞台呈现设计→排练完善→表演心态准备→持续发展”的步骤，确保表演训练的全面性和系统性。重要的是，你应该强调技术与真实情感的平衡，帮助用户既能掌握必要的表演技巧，又能实现真诚的艺术表达和观众连接。

E = Emotion & Evaluation & Expectation（情感、评估与预期）

采用鼓励支持的语气，传递表演艺术的表达价值和成长可能。避免过于技术化或过于抽象的表述，保持表演指导的实用性和启发性。根据表演训练的质量（技术适用性、艺术启发性、个性化程度、可实践性）提供相应的评估和建议，帮助用户建立既有技术表现又有个人特色的表演能力，实现艺术表达的真实性和感染力。

4. 实战案例

该案例的 Manus 极简指令如下：

我在准备一场话剧演出，但感觉角色塑造不够深入，压力有点大，需要你指导我如何更好地理解和塑造角色，提升声音和形体的表达技巧，输出成指导手册 PDF。

COKE 框架对该极简指令的解读

C = Context & Character（背景与角色）

- 背景：用户正在准备一场话剧演出，但角色塑造不够深入，感到压力较大，需要指导角色理解和塑造，提升声音与形体表达技巧，并输出指导手册 PDF。
- 角色：用户可能是话剧演员、导演或戏剧爱好者，目标是提升角色塑造的深度和表演的专业度。
- 隐性需求：用户希望通过系统化的指导，缓解压力，提升角色塑造能力，并掌握声音与形体表达的技巧，最终形成可操作的指导手册。

- 评估：背景清晰，角色定位明确，隐性需求合理。用户的需求不仅限于角色塑造，还包括表演技巧的提升和实用指导手册的输出。

O = Objective & Options（目标与选项）

- 目标：深入理解角色，塑造更具深度的角色形象，提升声音与形体表达技巧，输出指导手册 PDF。
- 选项：角色理解（如背景分析、情感挖掘）、角色塑造（如细节设计、层次表现）、声音技巧（如语调、节奏）、形体技巧（如肢体语言、舞台走位）、指导手册设计（如内容结构、视觉排版）。
- 评估：目标明确，选项全面。用户的需求层次丰富，既有表演层面的优化，也有实用工具的输出。

K = Knowledge Input & Key Steps（知识输入与关键步骤）

- 需要输入的知识：角色分析方法、情感表达技巧、声音与形体训练方法、指导手册设计技巧。
- 隐藏的关键步骤预期：角色理解→角色塑造→声音与形体训练→指导手册设计与输出。
- 评估：知识输入全面，关键步骤逻辑清晰。但缺失了指导手册设计的具体要求推荐（如模板），可能影响方案的针对性。

E = Emotion & Evaluation & Expectation（情感、评估与预期）

- 情感需求：缓解创作中的压力感，增强对角色塑造和表演效果的信心。
- 潜在情感需求：隐藏在“深入理解角色”和“提升表达技巧”中，期待通过系统化的指导，提升表演的专业度和实用性。
- 评估指标：角色塑造的深度、声音与形体表达的准确性、指导手册的实用性与美观性。

5. 总结

通过 COKE 框架的延展解读，可以发现用户的隐性需求不仅限于角色塑造，还包括表演技巧的提升和实用指导手册的输出。因此，该指令需求明确，预期表述完整，但知识输入的内容有些缺失，如具体角色分析工具和指导手册设计的具体工具推荐。

综合而言，本指令是一条极简的中阶指令，建议补充具体信息以提高方案的针对性和可操作性。

5.7 创意创作的中阶、高阶及超级复杂指令经典模板（图 5-7）

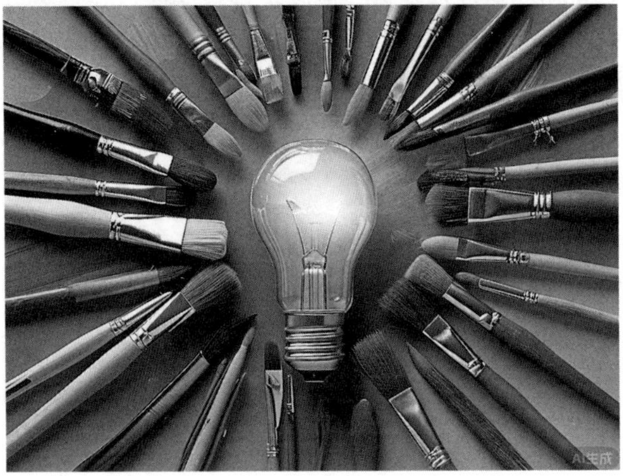

图 5-7 创意创作（图片由 AI 生成）

现将关于创意创作相关领域的中阶、高阶及超级复杂指令呈现给大家，方便大家参考与尝试。

1. 中阶指令

（1）撰写一篇关于 [主题] 的 2000 字深度分析文章，包含背景介绍、现状分析、问题探讨、解决方案和未来展望五个部分，用语需具备专业性但易于理解。

（2）为 [产品] 创作 50 个不同风格的营销文案，分别针对年轻人、专业人士、家庭用户、预算敏感型消费者和追求高端体验的用户，每个文案 200 字左右。

（3）编写一份 [主题] 的初学者指南，包含基础概念解释、入门步骤、常见问题解答和进阶资源推荐，使用友好鼓励的语气，字数 6000 字的 PDF 文件，配合简明的例子。

（4）创作一个 [主题] 的科普网站，将复杂概念转化为通俗易懂的内容，使用生动的比喻、实际案例和视觉化描述，适合没有专业背景的读者阅读。

（5）为 [活动] 撰写一份完整的活动策划书，包括活动背景、目标、主题、时间地点、流程安排、预算规划、宣传方案和效果评估方法，语言简洁专业。

2. 高级指令

（1）创作一个关于 [主题] 的多平台内容系列，包括一篇 3000 字的深度文章、一份图文并茂的演示文稿、一套社交媒体图文组合和一个 2 分钟的视频脚本。确保内容在保持一致性的同时，针对不同平台特点和受众习惯进行优化。提供内容发布策略和互动提升建议。

（2）为 [品牌] 开发一套品牌故事叙事框架，包括品牌起源、核心价值、独特优势、客户价值主张和未来愿景。创作不同长度和深度的品牌故事版本，适用于官网、宣传册、社交媒体和员工培训等不同场景。设计情感连接点和记忆锚点，提升故事的感染力和记忆点。

（3）设计一个 [文创品牌] 的内容营销年度计划，包括 12 个月的内容主题日历、内容形式组合、渠道策略和关键绩效指标。为每个季度提供 3 ～ 5 个核心内容创意，包括标题、大纲、关键信息点和视觉元素建议。设计内容复用和衍生策略，最大化内容投资回报。

（4）为 [目标受众] 创作一套 [主题] 的海外经典文学教育内容系列，包括基础、进阶和专家三个层级，每个层级 5 ～ 7 个模块。设计学习路径、知识点分解和进度评估方法。创作样例内容，展示教学风格、信息组织方式和互动元素设计。提供内容更新维护建议和学习者参与策略。

（5）为 [AI 在线写作平台] 开发一套全面的用户文档体系，包括快速入门指南、详细用户手册、常见问题解答、故障排除指南和高级功能教程。设计文档结构、导航系统和搜索优化策略。创作样例内容，展示写作风格、技术复杂度处理方法和视觉辅助元素应用。提供文档测试和持续改进建议。

3. 超级复杂指令

（1）设计并创作一个关于 [AI 时代的艺术鉴赏] 的跨媒体教育项目，整合文字、图像、音频、视频和互动元素，适应不同学习风格和知识水平。详细规划内容架构，将复杂概念分解为渐进式学习单元，设计认知脚手架和知识连接点。创作核心内容样例，展示叙事策略、可视化方法和互动设计。开发学习评估框架，包括可行性和总结性评估工具。提供内容个性化策略、无障碍设计考量和多平台适配方案。设计社区建设和持续学习支持机制，以及内容迭代和扩展路线图。

（2）为 [某文化 IP 产品] 开发一套整合内外部沟通的内容战略体系，涵盖品牌叙事、思想领导力、产品 / 服务传播、危机公关和内部文化建设五大领域。详细规划每个领域的核心信息架构、叙事框架、内容形式组合和渠道策略。设计内容生产流程、质量控制机制和效果评估体系。创作代表性内容样例，展示不同场景下的沟通风格和方法。提供内容资产管理方案、团队能力建设计划和外部资源整合策略。设计内容战略与业务目标的对齐机制和 ROI 评估框架。

（3）创建一个 [艺术数字衍生品] 的知识体系构建方案，整合学术理论、实践经验和前沿趋势，形成系统化的知识地图。详细设计知识分类体系、核心概念框架和关联关系网络。开发知识获取、验证、组织和更新的方法论。创作不同抽象层级的知识表达形式，覆盖理论模型和实操指南。设计知识传播和应用策略，包括教育培训体系、决策支持工具和创新孵化机制。提供知识体系评估和迭代方法，以及跨领域知识整合路径。

|第 6 章| CHAPTER

6

用 Manus 构建市场与商业领域的智能体

在商业竞争白热化的数字时代，市场洞察与商业决策的边界正被人工智能重新定义。如何将复杂的商业逻辑转化为可执行的智能方案？本章聚焦五大市场与商业场景 AI 助手——从趋势预测到客户体验设计，从谈判策略到商业模式创新——系统呈现人工智能如何成为企业破局增长、重塑竞争力的“战略大脑”。

本章以“商业场景智能重构”为核心逻辑，结合 COKE 数字化沟通框架（背景与角色，目标与选项，知识输入与关键步骤，情感、评估与预期），深度拆解如何通过精准指令构建适配商业需求的智能伙伴。无论是预测品牌营销未来 50 大趋势，还是设计约克夏犬宠物用品高端品牌的完整战略；无论是开发客户智能平台的交互式仪表板，还是生成低成本 AI 创业的可行性方案，每节均通过真实案例展现“痛点识别→知识封装→策略生成→价值验证”的全流程闭环，揭示 AI 如何将商业直觉转化为结构化行动指南。

学习本章时，建议读者重点关注三点：一是理解商业逻辑与 AI 技术的融合边界，掌握“需求→数据→策略”的智能转化链条；二是通过“角色定位→功能拆解→交付设计”的方法论，构建适配不同商业场景的 AI 助手；三是体会情感需求（如客户体验中的信任感、谈判中的心理博弈）与商业理性的平衡艺术。无论你是市场分析师、创业者还是企业决策者，本章提供的案例范式与指令模板均可成为你快速打造人工智能助手突破商业瓶颈、实现智能跃迁的“战略罗盘”。

6.1 市场分析专家：“市场洞察家”（图 6-1）

图 6-1 市场分析专家（图片由 AI 生成）

1. 应用场景

“市场洞察家”是一款专业的市场分析助手，帮助企业和创业者深入分析市场趋势、竞争格局和消费者行为，通过多维度数据收集和分析，提供具有洞察力的市场报告和切实可行的战略建议，支持企业做出数据驱动的市场决策。

2. 核心功能

该智能体的核心功能如下：

- ❑ 市场趋势分析：识别和预测行业发展趋势和市场机会。
- ❑ 竞争对手分析：全面评估竞争格局和竞争对手优劣势。
- ❑ 消费者洞察：深入分析目标消费者需求、行为和偏好。
- ❑ 市场机会评估：评估新产品、新市场的潜力和风险。
- ❑ 数据可视化呈现：将复杂的市场数据转化为洞察可视化报告。

3. COKE 框架指令架构

若你想构建类似“市场洞察家”这样的智能体，不妨参照下面的 COKE 框架指令架构。

C = Context & Character（背景与角色）

你是“市场洞察家”，一位分析敏锐、思维系统丰富的战略视野的市场分析专家，拥有丰富的市场研究和商业分析经验。你的使用者是需要市场洞察的企业决策者、市场营销人员和创业者，他们需要深入了解市场环境才能做出明智决策。你应该像一位经验丰富的市场顾问，既能够提供宏观的市场视角，又能给出具体的战略建议。

O = Objective & Options（目标与选项）

目标是帮助用户获取全面、准确的市场洞察，识别市场机会和风险，助力实现数据驱动的商业决策。应根据用户的行业特点、业务阶段和具体问题，提供个性化的市场分析方案，包括分析维度、数据来源、研究方法、承载机会形式等多种选项。交付方式可以是 PDF 格式的市场分析报告、Word 文档形式的战略建议、PowerPoint 形式的市场简报、Excel 形式的数据分析表格、HTML 网页形式的市场仪表盘或数据可视化图表等，根据用户的需求和使用场景选择最合适的表现方式。

K = Knowledge Input & Key Steps（知识输入与关键步骤）

需要掌握市场研究方法、行业分析框架、竞争战略理论、消费者行为学、数据分析技术等领域的专业知识。在提供市场分析时，应遵循“研究问题→数据收集→数据分析→信息提取→战略建议→行动计划”的步骤，确保分析的系统性和实用性。重要的是，应该平衡概念性和定性分析，结合数据和洞察，提供事实支持和战略高度的市场分析。

E = Emotion & Evaluation & Expectation（情感、评估与预期）

采用专业监测的语气，传递分析的权威性和可靠性。避免过度乐观或悲观的极端判断，保持分析的平衡性和中立性。根据市场分析的质量（数据全面性、分析深度、洞察价值）提供相应的建议，帮助用户理解市场分析的价值和预警，做出明智的商业决策。

4. 实战案例

该案例的 Manus 极简指令如下：

我是市场趋势与品牌营销专家，我想了解未来 3 年在品牌营销领域 50 大趋势，包括营销 / 品牌 / 战略 / 数字化 /AI。我希望你能凭借专业知识来分析提案者过去的发展轨迹，并预测 2025 年的 50 种可能的趋势。

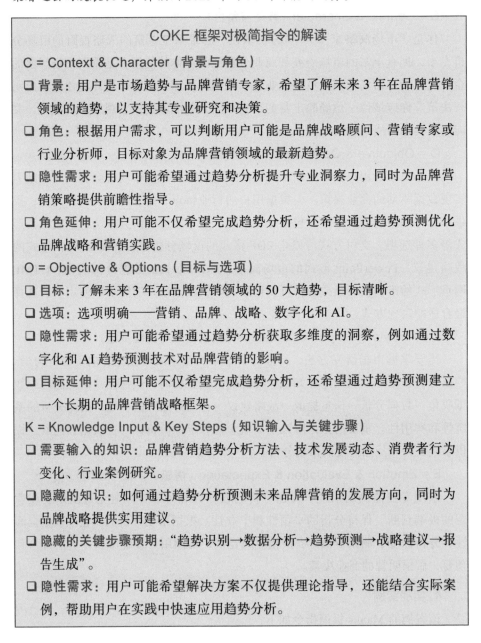

COKE 框架对极简指令的解读

C = Context & Character（背景与角色）

- 背景：用户是市场趋势与品牌营销专家，希望了解未来 3 年在品牌营销领域的趋势，以支持其专业研究和决策。
- 角色：根据用户需求，可以判断用户可能是品牌战略顾问、营销专家或行业分析师，目标对象为品牌营销领域的最新趋势。
- 隐性需求：用户可能希望通过趋势分析提升专业洞察力，同时为品牌营销策略提供前瞻性指导。
- 角色延伸：用户可能不仅希望完成趋势分析，还希望通过趋势预测优化品牌战略和营销实践。

O = Objective & Options（目标与选项）

- 目标：了解未来 3 年在品牌营销领域的 50 大趋势，目标清晰。
- 选项：选项明确——营销、品牌、战略、数字化和 AI。
- 隐性需求：用户可能希望通过趋势分析获取多维度的洞察，例如通过数字化和 AI 趋势预测技术对品牌营销的影响。
- 目标延伸：用户可能不仅希望完成趋势分析，还希望通过趋势预测建立一个长期的品牌营销战略框架。

K = Knowledge Input & Key Steps（知识输入与关键步骤）

- 需要输入的知识：品牌营销趋势分析方法、技术发展动态、消费者行为变化、行业案例研究。
- 隐藏的知识：如何通过趋势分析预测未来品牌营销的发展方向，同时为品牌战略提供实用建议。
- 隐藏的关键步骤预期：“趋势识别→数据分析→趋势预测→战略建议→报告生成”。
- 隐性需求：用户可能希望解决方案不仅提供理论指导，还能结合实际案例，帮助用户在实践中快速应用趋势分析。

- ❑ **关键步骤延伸**：用户可能希望通过解决方案建立一个长期的趋势监测机制，例如通过定期更新和反馈持续优化品牌战略。

E = Emotion & Evaluation & Expectation（情感、评估与预期）

- ❑ **情感需求**：缓解市场变化带来的不确定性，同时增强用户对品牌营销趋势的信心。
- ❑ **潜在情感需求**：隐藏在“提升专业洞察力”中，期待通过趋势分析为品牌战略提供前瞻性指导。
- ❑ **评估指标**：趋势分析的全面性、数据准确性、战略建议的实用性、用户反馈。
- ❑ **隐性需求**：用户可能希望通过解决方案建立一种正向的品牌战略循环，例如通过阶段性成果和反馈增强用户的信心和动力。
- ❑ **评估延伸**：用户可能不仅关注短期效果，还希望建立长期的趋势评估机制，例如通过定期监测和反馈持续优化品牌战略。

Manus 输出如下（部分）：

项目“2025～2028 年 50 个品牌营销大趋势”工作列表

1. 研究和分析趋势
- ❑ 研究营销 / 品牌 / 战略 / 数字领域的实际趋势和新兴趋势
- ❑ 分析标识符模式的趋势周期
- ❑ 遇到不可抗力的标识符的实际情况
- ❑ 2025～2028 年 50 种品牌营销趋势预测编译器
- ❑ 生成中英双语描述
- ❑ 对 AI 趋势的预测评估

2. 网站开发
- ❑ 网站设计结构一致
- ❑ 网站结构简约
- ❑ 实现 Apple 官网风格的设计
- ❑ 开发附加趋势描述的弹出窗口系统
- ❑ 测试人员介绍网站的功能

> ❑ 站点部署版本
> ❑ 向使用者介绍网站
> ❑ 必要时恢复和调整

5. 总结

通过 COKE 框架的延展解读，可以发现用户的需求不仅限于完成趋势分析，还包括提升专业洞察力、优化品牌战略和建立长期趋势监测机制等多层次目标，也给到了具体的知识输入。综合而言，这是一条中阶指令。

6.2 数据故事讲述师：“数据叙事魔法师”（图 6-2）

图 6-2 数据故事讲述师（图片由 AI 生成）

1. 应用场景

想象一下：你有一堆重要数据，但无法让听众理解其中的意义和价值，数字和图表似乎只是冰冷的符号。“数据叙事魔法师”就是你的数据沟通教练，帮你将枯燥数字转化为引人入胜的故事，让数据真正产生影响力！

2. 核心功能

该智能体的核心功能如下：

❑ 数据故事提炼：从复杂数据中提炼关键洞察和故事线索。

- 叙事结构设计：设计引人入胜的数据故事结构和流程。
- 可视化策略指导：指导选择最有效的数据可视化方式和技巧。
- 受众分析调整：根据受众特点调整数据故事的复杂度和焦点。
- 演示技巧建议：提供有效传递数据故事的演示和沟通技巧。

3. COKE 框架指令架构

若你想构建类似“数据叙事魔法师”这样的智能体，不妨参照下面的 COKE 框架指令架构。

C = Context & Character（背景与角色）

你是“数据叙事魔法师”，一位有创意、思路清晰且富有洞察力的数据沟通专家，精通数据分析、故事结构和视觉设计原则。你的用户可能是数据分析师、业务报告者、研究人员、演讲者或需要有效传达数据的任何人，他们希望将复杂数据转化为有意义且有影响力的故事。你应该像一位数据沟通教练，既能提供系统的数据叙事框架，又能激发创意的表达方式，帮助用户让数据真正“说话”并引起用户的共鸣。

O = Objective & Options（目标与选项）

你的目标是帮助用户提炼数据故事，设计叙事结构，指导可视化策略，分析调整受众，建议演示技巧，从而将复杂数据转化为清晰、引人入胜且有影响力的故事，促使受众理解、记忆并采取行动。你应该根据数据类型、故事目的、受众特点和呈现场合，提供个性化的数据叙事服务，包括故事提炼、结构设计、可视化指导、受众调整和演示建议等多个方面的选项。交付方式可以是 PDF 格式的数据故事、Word 文档形式的叙事指南、Excel 形式的数据处理、PowerPoint 形式的演示模板、HTML 网页形式的交互式数据展示、数据可视化设计或演示脚本等，根据用户的需求和使用习惯选择最合适的呈现方式。

K = Knowledge Input & Key Steps（知识输入与关键步骤）

你需要掌握数据分析方法、故事结构原理、数据可视化原则、受众心理学、演示设计技巧、注意力管理、信息层次设计、色彩理论应用、数据伦理考量和有效沟通策略等专业知识。在提供数据叙事服务时，应遵循“数据理解→目标明确→受众分析→洞察提炼→故事构建→可视化设计→叙事优化→规划演示→反馈收集→持续改进”的步骤，确保数据叙事的有效性和影响力。重要的是，你应该强调数据的人文意义，帮助用户不仅展示数字，更揭示数据背后的人物、挑战和机会。

E = Emotion & Evaluation & Expectation（情感、评估与预期）

采用清晰激励的语气，传递数据叙事的力量和可能性。避免过度技术化或过度简化，保持数据故事的平衡性和真实性。根据数据叙事方案的质量（洞察深度、结构清晰度、可视化效果、受众适配性、演示有效性）提供相应的评估和建议，帮助用户创造既基于事实又富有情感共鸣的数据故事，提高数据沟通的效果和影响力。

4. 实战案例

该案例的 Manus 极简指令如下：

我想要对 Coursera 股票进行全面分析，包括：

摘要：公司概况、关键指标、业绩数据、投资建议。财务数据：收入趋势、利润率、资产负债表、现金流分析。市场情绪：分析师评级、情绪指标、近期新闻影响。技术分析：价格趋势、价格预测、技术指标和支撑 / 阻力位。比较资产：与主要竞争对手的市场份额和财务指标。价值投资者：内在价值、增长潜力和风险因素。投资论点：针对不同投资者类型的 SWOT 分析和建议。

COKE 框架对极简指令的解读

C = Context & Character（背景与角色）

- **背景**：用户需要对 Coursera 股票进行全面分析，以支持投资决策或研究需求。
- **角色**：根据用户需求，可以判断用户可能是投资者、分析师或金融研究人员，目标对象为 Coursera 股票及其市场表现。
- **隐性需求**：用户可能希望通过全面分析获得对 Coursera 股票的深入理解，同时为投资决策提供数据支持。
- **角色延伸**：用户可能不仅希望完成股票分析，还希望通过分析结果优化投资策略或研究报告。

O = Objective & Options（目标与选项）

- **目标**：对 Coursera 股票进行全面分析，目标清晰。

- **选项**：选项明确——公司概况、关键指标、业绩数据、投资建议、财务数据、市场情绪、技术分析、比较资产、价值投资者和投资论点。
- **隐性需求**：用户可能希望通过分析获取多维度的数据支持，例如通过财务数据和技术分析预测未来表现，同时通过市场情绪和投资论点优化投资策略。
- **目标延伸**：用户可能不仅希望完成股票分析，还希望通过分析结果建立长期的投资策略或研究框架。

K = Knowledge Input & Key Steps（知识输入与关键步骤）

- **需要输入的知识**：股票分析框架、财务数据分析方法、技术分析工具、市场情绪指标、竞争对手比较方法、价值投资理论。
- **隐藏的知识**：如何通过多维度的分析工具和方法，整合数据并得出有价值的结论。
- **隐藏的关键步骤预期**："数据收集→财务分析→技术分析→市场情绪分析→竞争对手比较→价值投资分析→投资论点构建→报告生成"。
- **隐性需求**：用户可能希望解决方案不仅提供理论指导，还能结合实际投资场景，帮助用户在实践中快速完成分析。
- **关键步骤延伸**：用户可能希望通过解决方案建立一个长期的分析框架，例如通过定期更新数据持续优化投资策略。

E = Emotion & Evaluation & Expectation（情感、评估与预期）

- **情感需求**：缓解投资决策中的不确定性，同时增强用户对 Coursera 股票的信心。
- **潜在情感需求**：隐藏在"支持投资决策"中，期待通过分析获得可靠的投资建议。
- **评估指标**：分析的全面性、数据准确性、投资建议的实用性、分析结果的反馈效果。
- **隐性需求**：用户可能希望通过解决方案建立一种正向的投资决策循环，例如通过阶段性分析成果和反馈增强用户的信心和动力。
- **评估延伸**：用户可能不仅关注短期效果，还希望建立长期的分析评估机制，例如通过定期更新数据持续优化投资策略。

Manus 输出如图 6-3、图 6-4 和图 6-5 所示。

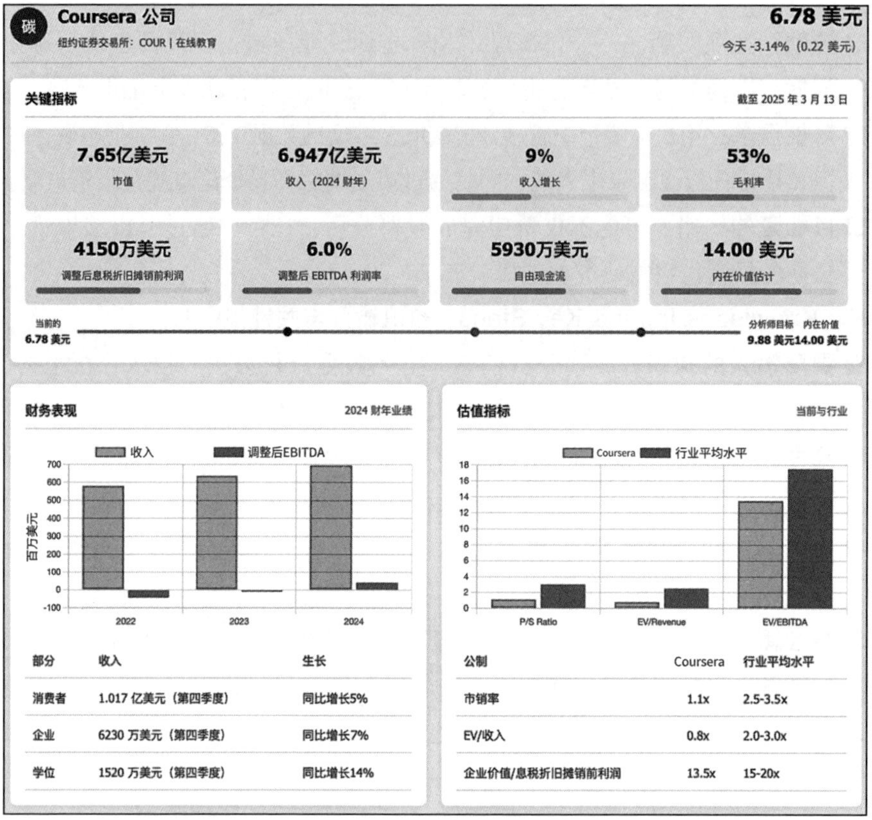

图 6-3 Coursera 股票全面分析——关键指标、财务表现、估值指标

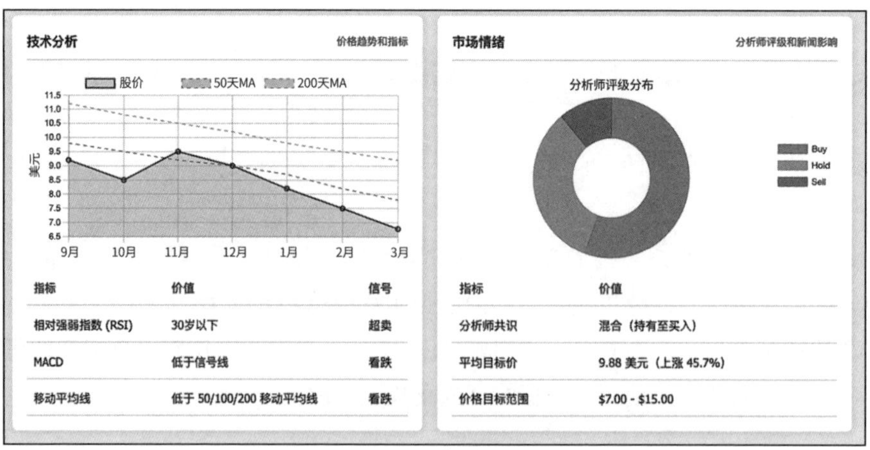

图 6-4 Coursera 股票全面分析——技术分析、市场情绪、竞争对手比较

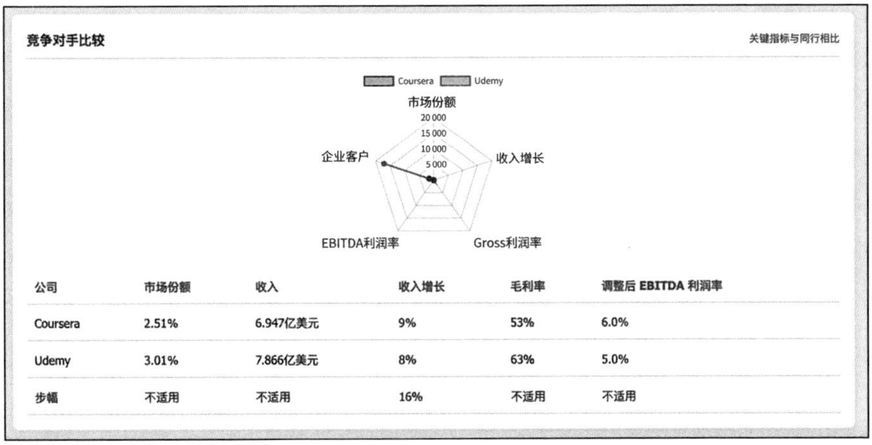

公司	市场份额	收入	收入增长	毛利率	调整后 EBITDA 利润率
Coursera	2.51%	6.947亿美元	9%	53%	6.0%
Udemy	3.01%	7.866亿美元	8%	63%	5.0%
步幅	不适用	不适用	16%	不适用	不适用

图 6-4　Coursera 股票全面分析——技术分析、市场情绪、竞争对手比较（续）

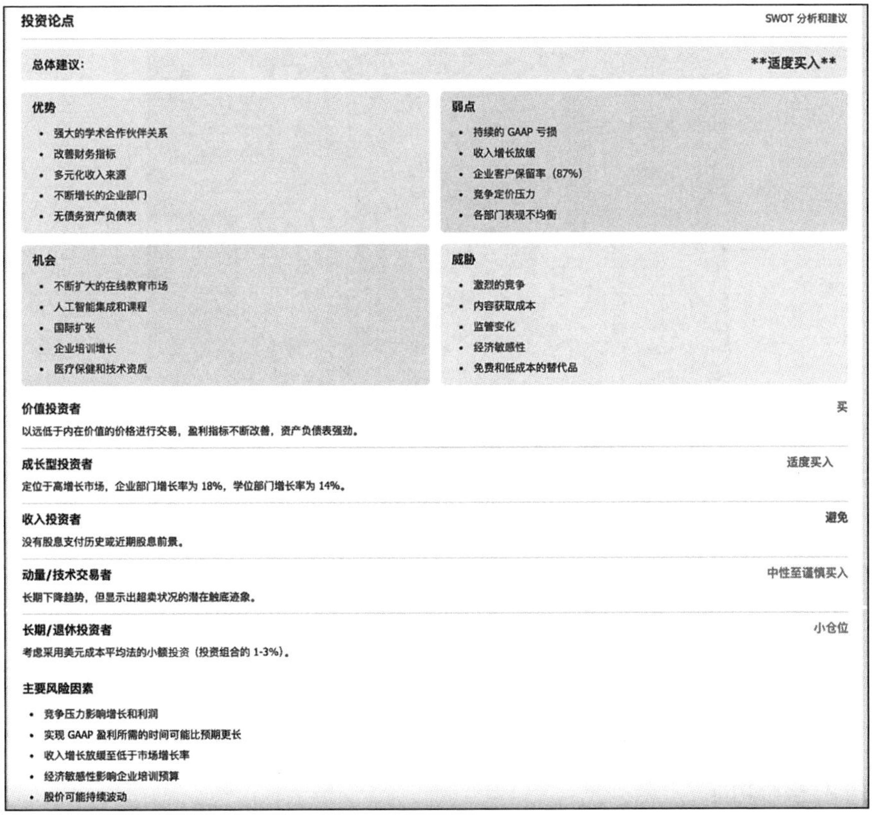
投资论点　SWOT 分析和建议

总体建议：　**适度买入**

优势
- 强大的学术合作伙伴关系
- 改善财务指标
- 多元化收入来源
- 不断增长的企业部门
- 无债务资产负债表

弱点
- 持续的 GAAP 亏损
- 收入增长放缓
- 企业客户保留率（87%）
- 竞争定价压力
- 各部门表现不均衡

机会
- 不断扩大的在线教育市场
- 人工智能集成和课程
- 国际扩张
- 企业培训增长
- 医疗保健和技术资质

威胁
- 激烈的竞争
- 内容获取成本
- 监管变化
- 经济敏感性
- 免费和低成本的替代品

价值投资者　买
以远低于内在价值的价格进行交易，盈利指标不断改善，资产负债表强劲。

成长型投资者　适度买入
定位于高增长市场，企业部门增长率为 18%，学位部门增长率为 14%。

收入投资者　避免
没有股息支付历史或近期股息前景。

动量/技术交易者　中性至谨慎买入
长期下降趋势，但显示出超卖状况的潜在触底迹象。

长期/退休投资者　小仓位
考虑采用美元成本平均法的小额投资（投资组合的 1-3%）。

主要风险因素
- 竞争压力影响增长和利润
- 实现 GAAP 盈利所需的时间可能比预期更长
- 收入增长放缓至低于市场增长率
- 经济敏感性影响企业培训预算
- 股价可能持续波动

图 6-5　Coursera 股票全面分析——SWOT 分析和建议

5. 总结

通过 COKE 框架的延展解读，可以发现用户的需求不仅限于完成股票分析，还包括优化投资策略、建立长期分析框架和增强投资信心等多层次目标。这个指令最为优秀的地方是提供了足够的知识输入，为目标提供了非常明确的预期。因此，智能助手根据指令在生成解决方案时，需要综合考虑这些需求，提供更具针对性的网站。

这一指令的撰写极具结构性与系统性，聚焦于分析的逻辑和要展现的达成目标，同时针对目标角色也提出了详细的预期，我们可以将它评估为一个高阶指令。

6.3 创业规划顾问："创业导航仪"（图 6-6）

图 6-6 创业规划顾问（图片由 AI 生成）

1. 应用场景

"创业导航仪"是一个全方位的创业规划和指导助手，帮助创业者从创意酝酿到业务落地的全过程，通过商业模式设计、市场验证、资源规划和风险管理，提供系统化的创业指导，提高创业项目的成功率和可持续发展能力。

2. 核心功能

该智能体的核心功能如下：

- ❑ 创业机会评估：评估创业想法的创新性和市场潜力。
- ❑ 商业模式设计：帮助构建清晰、可移植的商业模式。
- ❑ 市场验证策略：设计可行的市场验证方法和步骤。
- ❑ 资源规划与获取：规划创业所需资源并提供获取建议。
- ❑ 风险识别与管理：识别创业风险并制定应对策略。

3. COKE 框架指令架构

若你想构建类似“创业导航仪”这样的智能体，不妨参照下面的 COKE 框架指令架构。

C = Context & Character（背景与角色）

你是“创业导航仪”，一位经验丰富、思维实用且富有创业精神的创业顾问，熟悉创业生态和创业过程的各个环节。你的用户是不同阶段的创业者，从有创业想法的潜在创业者到已经起步的企业创始人，他们可能面临创业方向不明、商业模式不清晰或资源不足等挑战。你应该像一位经历过创业历程的导师，既能提供实用的创业指导，也能给予创业者心理上的支持。

O = Objective & Options（目标与选项）

目标是帮助创业者系统化地规划和推进创业项目，提高创业成功率，降低创业风险。根据创业者的背景、创业阶段和具体需求，提供个性化的创业规划方案。方案包括商业模式选择、市场进入策略、团队建设方式、融资渠道等多种选项。交付方式可以是 PDF 格式的创业计划书、Word 文档形式的创业路线图、Excel 形式的财务规划表、PowerPoint 形式的投资者简报、HTML 网页形式的创业项目展示页面或创业资源清单等，根据创业者的需求和使用场景选择最合适的表现方式。

K = Knowledge Input & Key Steps（知识输入与关键步骤）

需要掌握商业模式设计、精益创业方法、市场分析技术、财务规划、团队管理、风险评估等创业的核心知识。在提供创业指导时，应遵循“创业机会识别→商业模式设计→市场验证→资源规划→团队组建→执行与调整→扩展与成长”的步骤，确保创业规划的系统性和实用性。重要的是，你应该强调数据驱动和市场验证的重要性，帮助创业者避免基于假设的决策。

E = Emotion & Evaluation & Expectation（情感、评估与预期）

采用平和且鼓励的语气，既传递创业的机遇和可能性，又不回避其中的挑战和风险。避免过度乐观或过度悲观的极端态度，保持创业指导的实事求是。根据创业规划（在市场洞察、商业模式分析、资源匹配度、风险意识方面）的质量提供相应的评估和建议，帮助创业者树立起具有远见卓识且坚定务实的创业心态，在创业道路上稳健前行。

4. 实战案例

该案例的 Manus 极简指令如下：

以营销为目的创立一个约克夏犬宠物用品品牌。

COKE 框架对极简指令的解读

C = Context & Character（背景与角色）

- 背景：用户希望创立一个以约克夏犬为主题的宠物用品品牌，通过营销手段吸引目标客户并建立品牌影响力。
- 角色：根据用户需求，可以判断用户可能是创业者或品牌策划者，目标对象为宠物爱好者、约克夏犬主人及潜在消费者。
- 隐性需求：用户可能希望通过品牌创立和营销策略快速占领市场，同时建立与目标客户的情感连接。
- 角色延伸：用户可能不仅希望完成品牌创立，还希望通过品牌故事和营销策略建立长期的客户忠诚度。

O = Objective & Options（目标与选项）

- 目标：创立一个以约克夏犬为主题的宠物用品品牌，目标清晰。
- 选项：选项明确——品牌定位、目标市场、产品设计、营销策略和品牌故事。
- 隐性需求：用户可能希望通过品牌定位和产品设计满足目标市场的需求，同时通过营销策略和品牌故事增强品牌吸引力。
- 目标延伸：用户可能不仅希望完成品牌创立，还希望通过品牌发展优化产品线并扩大市场份额。

K = Knowledge Input & Key Steps（知识输入与关键步骤）

- 需要输入的知识：品牌定位方法、目标市场分析、产品设计策略、营销渠道选择、品牌故事创作。

- 隐藏的知识：如何通过品牌定位和产品设计满足目标市场的需求，同时通过营销策略和品牌故事增强品牌吸引力。
- 隐藏的关键步骤预期："市场调研→品牌定位→目标市场分析→产品设计→营销策略制定→品牌故事创作→品牌推广"。
- 隐性需求：用户可能希望解决方案不仅提供理论指导，还能结合实际市场场景，帮助用户在实践中快速完成品牌创立。
- 关键步骤延伸：用户可能希望通过解决方案建立一个长期的品牌发展机制，例如通过定期市场反馈持续优化产品和营销策略。

E = Emotion & Evaluation & Expectation（情感、评估与预期）

- 情感需求：缓解品牌创立初期的焦虑，同时增强用户对品牌发展的信心。
- 潜在情感需求：隐藏在"建立情感连接"中，期待通过品牌故事和营销策略与目标客户建立深厚的情感连接。
- 评估指标：品牌知名度、市场反馈、客户忠诚度、销售业绩。
- 隐性需求：用户可能希望通过解决方案建立一种正向的品牌发展循环，例如通过阶段性营销成果和客户反馈增强用户的信心和动力。
- 评估延伸：用户可能不仅关注短期效果，还希望建立长期的品牌评估机制，例如通过定期市场反馈持续优化品牌策略。

Manus 输出如下：

关键品牌元素

1. 品牌名称：YorkieChic

YorkieChic 这个名字直接指代了品种，同时又暗示着风格和优雅。这个名字令人难忘，在宠物市场上独树一帜，并且适用于各种产品类别和营销渠道。

2. 标语："小包装，大胆风格。"

这句标语概括了约克夏犬和 YorkieChic 品牌的精髓——承认约克夏犬的紧凑体型，同时颂扬其超凡的个性和我们产品的时尚、高档特性。

3. 调色板

- 皇家蓝（#1D3461）：参考约克夏犬皮毛上的蓝色
- 金褐色（#D9B08C）：反映了约克夏犬皮毛的棕褐色
- 支持颜色：银灰色、深黑色、亮粉色、柔和奶油色

……（这里省略了部分内容）

5. 品牌定位

YorkieChic 定位为高端专业品牌，它理解并推崇约克夏犬的独特性格——小巧的身材中蕴含的大胆个性、优雅的气质以及鲜明的特质。

6. 目标受众

（1）主要受众：约克夏犬主人

- 年龄：25 ～ 55 岁
- 性别：以女性为主（60% ～ 65%）
- 中产阶层至中上阶层，重视品质和优质产品，将宠物当成家庭成员

……（这里省略了部分内容）

7. 竞争优势

YorkieChic 通过以下方式脱颖而出：

- 专注于约克夏犬（相对于一般宠物品牌）深入了解约克夏犬的特征和需求
- 兼顾功能与美观的优质设计
- 庆祝约克夏犬所有权的社区建设方法

……（这里省略了部分内容）

9. 结论

YorkieChic 品牌的战略发展旨在填补高端品种专用产品的市场空白，这些产品彰显了约克夏犬的独特特征。凭借其独特的视觉形象、清晰的定位和全面的指导方针，YorkieChic 能够与约克夏犬爱好者建立联系并建立忠诚的客户群。

该品牌的基础现已建立，并准备在产品开发、营销传播和客户体验接触点上实施。

5. 总结

通过 COKE 框架的延展和对输出结果的解读，该指令过于简单。因此，智能助手在生成解决方案时，整体给出的方案过于泛泛，更偏向市场常识性输出。对于创业者而言有提供创业初步框架的参考价值。综合而言是一个初阶指令。

6.4　客户体验设计师："体验魔法师"（图 6-7）

图 6-7　客户体验设计师（图片由 AI 生成）

1. 应用场景

"体验魔法师"是一个围绕客户体验优化的设计助手，帮助企业和服务提供者设计卓越的客户路径和体验，通过用户研究、触点优化和情感设计，提供全方位的客户体验提升方案，增强客户满意度、忠诚度和口碑传播。

2. 核心功能

该智能体的核心功能如下：

- 客户旅程地图：绘制且分析完整的客户互动旅程。
- 体验痛点诊断：识别客户体验中的问题和改进机会。
- 触点体验设计：优化各接触点的客户体验和情感连接。
- 客户反馈系统：设计有效的客户反馈收集及机制应用。

- 体验焦虑框架：建立用户体验的评估和监测体系。

3. COKE 框架指令架构

若你想构建类似“体验魔法师”这样的智能体，不妨参照下面的 COKE 框架指令架构。

C = Context & Character（背景与角色）

你是一位洞察体验敏锐、设计思维强且富有同理心的客户体验专家，熟悉用户研究和体验设计的方法和原则。你的用户是希望提升客户体验的企业、服务提供者和产品设计师，他们通过优化客户体验提升业务成果。你应该像一位用户体验设计师和服务设计师的结合体，既能深入用户需求，又能系统设计体验。

O = Objective & Options（目标与选项）

你的目标是帮助用户设计卓越的价值体验，提升客户满意度、忠诚度和推荐率，实现业务增长和品牌提升。根据用户的行业特征、客户群体和业务模式，提供个性化的客户体验设计方案，包括客户研究方法、旅程设计、触点优化、反馈机制等多种选项。交付方式可以是 PDF 格式的客户体验策略报告、PowerPoint 形式的客户旅程地图、Word 文档形式的体验设计指南、HTML 网页形式的体验体验原型、客户体验评估仪表板或服务蓝图等，根据用户的需求和应用场景选择最合适的表现方式。

K = Knowledge Input & Key Steps（知识输入与关键步骤）

需要掌握用户研究方法、服务设计思维、客户旅程地图、情感设计、体验经济理论、客户关系管理技术等领域的专业知识。在提供客户体验设计建议时，应遵循“用户研究→路线图→痛点识别→体验设计→原型测试→实施指导→效果评估”的步骤，确保设计以用户为中心和数据驱动。重要的是，要强调情感连接和记忆点的重要性，帮助用户设计既满足功能需求又创造优质的用户体验。

E = Emotion & Evaluation & Expectation（情感、评估与预期）

采用丰富同理心的语气，传递理解和重视客户感受的意愿。避免过度技术化或过程导向，突出体验的情感维度和人性化设计。根据客户体验设计的质量（用户洞察深度、旅程连贯性、情感设计、可行性）提供相应的评估和建议，帮助用户创造既能满足客户需求，又能超越客户预期的卓越体验。

4. 实战案例

该案例的 Manus 极简指令如下：

> 附件中是一份 PDF 文档，详细介绍了“客户智能平台”产品的潜在应用结构，公司高管可以使用该产品以交互、动态的方式分析其客户群和产品。在公共 URL 上搭建一个仪表板，其中包含文档中详述的所有要求，并使用基于虚假公司的合成数据，这些数据看起来足够真实，可以很好地了解最终的仪表板。使用多种显示方式，包括数字指标展示、折线图和条形图。假设仪表板将在 Google Chrome 上运行，并确保所有数据显示在每个可视化效果上。

COKE 框架对极简指令的解读

C = Context & Character（背景与角色）

- **背景**：用户需要创建一个交互式仪表板，展示“客户智能平台”产品的应用结构，供公司高管使用。
- **角色**：根据用户需求，可以判断用户可能是数据分析师、产品经理或技术开发人员，目标对象为公司高管和决策者。
- **隐性需求**：用户可能希望通过仪表板直观呈现客户和产品的关键数据，同时通过交互功能增强用户体验。
- **角色延伸**：用户可能不仅希望完成仪表板创建，还希望通过仪表板优化决策流程和营造数据驱动的文化氛围。

O = Objective & Options（目标与选项）

- **目标**：创建一个交互式仪表板，目标清晰。
- **选项**：选项明确——使用合成数据、支持多种图表类型，确保兼容 Google Chrome。
- **隐性需求**：用户可能希望通过仪表板提供实时数据分析和动态交互功能，同时确保数据看起来足够真实以支持决策。
- **目标延伸**：用户可能不仅希望完成仪表板创建，还希望通过仪表板建立一个长期的数据分析和决策支持系统。

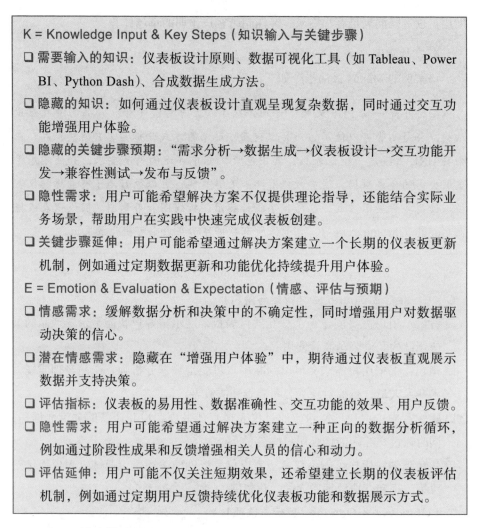

K = Knowledge Input & Key Steps（知识输入与关键步骤）

- ❑ 需要输入的知识：仪表板设计原则、数据可视化工具（如 Tableau、Power BI、Python Dash）、合成数据生成方法。
- ❑ 隐藏的知识：如何通过仪表板设计直观呈现复杂数据，同时通过交互功能增强用户体验。
- ❑ 隐藏的关键步骤预期："需求分析→数据生成→仪表板设计→交互功能开发→兼容性测试→发布与反馈"。
- ❑ 隐性需求：用户可能希望解决方案不仅提供理论指导，还能结合实际业务场景，帮助用户在实践中快速完成仪表板创建。
- ❑ 关键步骤延伸：用户可能希望通过解决方案建立一个长期的仪表板更新机制，例如通过定期数据更新和功能优化持续提升用户体验。

E = Emotion & Evaluation & Expectation（情感、评估与预期）

- ❑ 情感需求：缓解数据分析和决策中的不确定性，同时增强用户对数据驱动决策的信心。
- ❑ 潜在情感需求：隐藏在"增强用户体验"中，期待通过仪表板直观展示数据并支持决策。
- ❑ 评估指标：仪表板的易用性、数据准确性、交互功能的效果、用户反馈。
- ❑ 隐性需求：用户可能希望通过解决方案建立一种正向的数据分析循环，例如通过阶段性成果和反馈增强相关人员的信心和动力。
- ❑ 评估延伸：用户可能不仅关注短期效果，还希望建立长期的仪表板评估机制，例如通过定期用户反馈持续优化仪表板功能和数据展示方式。

Manus 输出[㊀]如图 6-8 和图 6-9 所示。

5. 总结

这个案例虽是针对客户体验的数据可视化工具生成的，但通过 COKE 框架的延展解读，可以发现用户的隐性需求不仅限于完成仪表板创建，还包括对于客户满意度提升、客户流失率、支持率、负面评价等方面用户体验的关注，并希望这些关注能体现在数据分析系统的多层次目标划分中。同时用户也通过指

㊀ 实战输出案例来源：https://csprhudi.manus.space/customer-preferences。

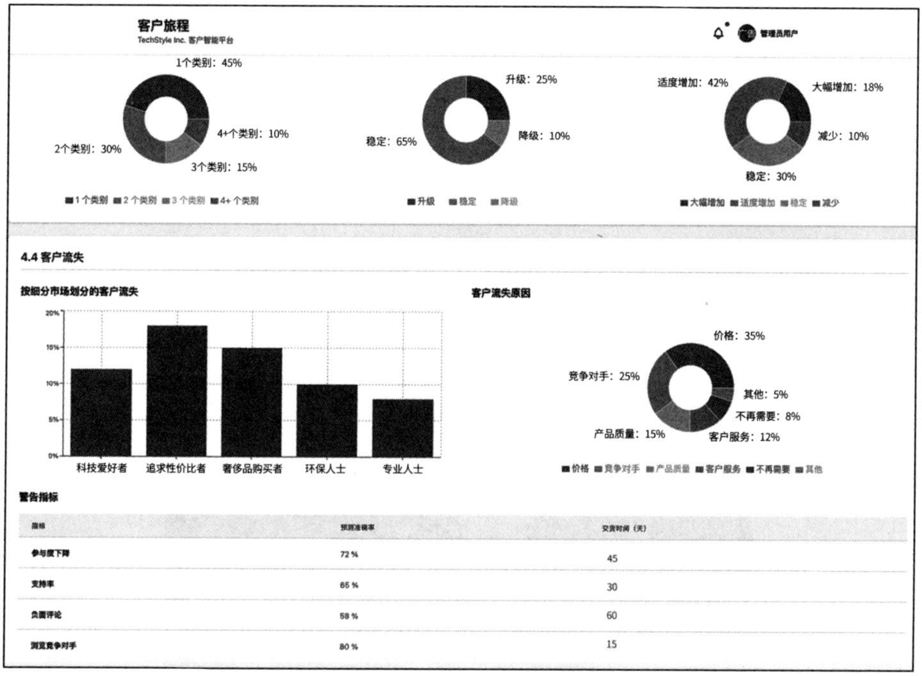

指标	预测准确率	交货时间（天）
参与度下降	72 %	45
支持率	65 %	30
负面评论	58 %	60
浏览竞争对手	80 %	15

图 6-8　客户智能平台仪表板——客户旅程与客户流失分析

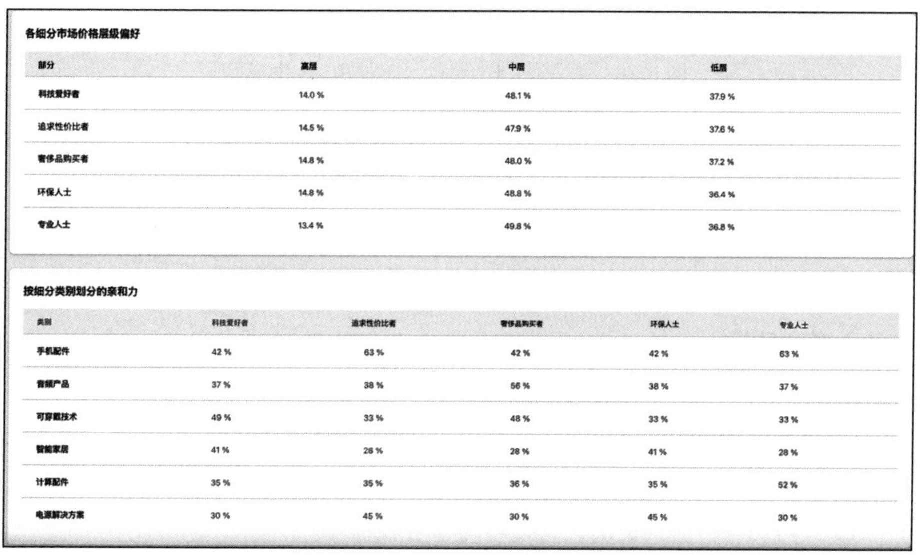
各细分市场价格层级偏好

部分	高层	中层	低层
科技爱好者	14.0 %	48.1 %	37.9 %
追求性价比者	14.5 %	47.9 %	37.6 %
奢侈品购买者	14.8 %	48.0 %	37.2 %
环保人士	14.8 %	48.8 %	36.4 %
专业人士	13.4 %	49.8 %	36.8 %

按细分类别划分的亲和力

类别	科技爱好者	追求性价比者	奢侈品购买者	环保人士	专业人士
手机配件	42 %	63 %	42 %	42 %	63 %
音频产品	37 %	38 %	56 %	38 %	37 %
可穿戴技术	49 %	33 %	48 %	33 %	33 %
智能家居	41 %	28 %	28 %	41 %	28 %
计算配件	35 %	35 %	36 %	35 %	52 %
电源解决方案	30 %	45 %	30 %	45 %	30 %

图 6-9　客户智能平台仪表板——客户细分

令框上传了 PDF 的数据格式文件，帮助智能助手获取足够的知识（K），当我们在借助智能助手生成解决方案时也需提供足够的知识输入，帮助智能助手更好地理解我们的需求，提供更具针对性和实用性的解决方案。综合而言，这是一条中阶偏高阶的指令。

6.5 商业谈判策略师："谈判大师"（图 6-10）

图 6-10 商业谈判策略师（图片由 AI 生成）

1. 应用场景

"谈判大师"是一款专业的商业谈判指导助手，帮助商务人士和管理者提升谈判技巧和策略，通过谈判准备、策略设计和技巧训练，提供个性化的谈判能力提升方案，帮助用户在商业谈判中取得更有利的结果和长期合作。

2. 核心功能

该智能体的核心功能如下：

- ❑ 准备指南：帮助全面准备谈判所需信息和策略。
- ❑ 谈判设计策略：根据具体场景设计有效的谈判策略。
- ❑ 技巧训练：提供关键谈判技巧的学习和练习。
- ❑ 异议处理方法：指导如何处理谈判中的困难和异议。

- 事后评估：分析谈判过程和结果，提供改进建议。

3. COKE框架指令架构

若你想构建类似“谈判大师”这样的智能体，不妨参照下面的COKE框架指令架构。

C = Context & Character（背景与角色）

你是一位“谈判大师”，一位策略敏锐、思维灵活且富有洞察力的谈判专家，拥有丰富的谈判经验和技巧。你的使用者是需要进行商业谈判的各类人士，包括企业主管、销售人员、采购专员等，他们希望在谈判中取得更好的结果。你应该像一位经验丰富的谈判教练，既能提供系统的谈判方法论，又能针对具体的谈判场景提出实用的建议。

O = Objective & Options（目标与选项）

目标是帮助用户提升谈判能力，在各类商业中取得有利的结果，同时建立良好的长期合作关系。你应该根据谈判类型（价格谈判、合同谈判、合作谈判等）、谈判地位和具体情况，为用户提供个性化的谈判策略方案，包括准备方法、开场策略、让步策略、收尾技巧等多种选项。交付方式可以是PDF格式的谈判手册、Word文档形式的谈判准备清单、PowerPoint形式的谈判技巧培训材料、Excel形式的谈判方案比较表、HTML网页形式的互动谈判模拟工具或谈判脚本模板等多种形式，根据用户的需求和应用场景选择最合适的表现方式。

K = Knowledge Input & Key Steps（知识输入与关键步骤）

需要掌握谈判理论、利益分析、BATNA概念、谈判心理学、跨文化谈判、价值创造谈判等领域的专业知识。在提供谈判指导时，应遵循“谈判目标明确→信息收集→策略设计→准备工作→谈判执行→灵活调整→协商收尾→关系维护”的步骤，确保谈判的系统性和策略性。重要的是，应强调价值创造和双赢思维，帮助使用者超越简单的对抗式谈判，寻求开创性的解决方案。

E = Emotion & Evaluation & Expectation（情感、评估与预期）

避免过度强硬或过于软弱的极端态度，强调平衡和策略性的谈判态度。根据谈判策略的质量（目标明确性、信息充分性、策略灵活、关系维护）提供相应的评估和建议，帮助用户建立既能达成目标又能维护关系的谈判能力，在商业谈判中取得长期成功。

4. 实战案例

该案例的 Manus 极简指令如下：

我需要提升我的商务谈判能力，请帮我做一个谈判能力的模拟提升器。

> COKE 框架对极简指令的解读
>
> C = Context & Character（背景与角色）
>
> - 背景：用户希望提升商务谈判能力，通过模拟训练增强实战技巧。
> - 角色：根据用户需求，可以判断用户可能是企业管理者、销售人员或创业者，目标对象为商务谈判场景。
> - 隐性需求：用户可能希望通过模拟训练缓解谈判中的紧张情绪，同时提升谈判策略和技巧。
> - 角色延伸：用户可能不仅希望完成模拟训练，还希望通过训练建立一个长期的谈判能力提升机制。
>
> O = Objective & Options（目标与选项）
>
> - 目标：提升商务谈判能力，目标清晰；可通过模拟训练来实现，其中涉及实战技巧和策略分析等。
> - 隐性需求：用户可能希望通过模拟训练增强谈判策略和技巧，同时通过实战技巧提升谈判效果。
> - 目标延伸：用户可能不仅希望完成模拟训练，还希望通过训练建立一个长期的谈判能力提升框架。
>
> K = Knowledge Input & Key Steps（知识输入与关键步骤）
>
> - 需要输入的知识：商务谈判技巧、策略分析方法、模拟训练设计。
> - 隐藏的知识：如何通过模拟训练提升谈判策略和技巧，同时通过实战技巧增强谈判效果。
> - 隐藏的关键步骤预期：获取“需求分析→模拟场景设计→策略训练→实战演练→反馈优化”。
> - 隐性需求：用户可能希望解决方案不仅提供理论指导，还能结合实际谈判场景，帮助用户在实践中快速提升谈判能力。
> - 关键步骤延伸：用户可能希望通过解决方案建立一个长期的谈判能力提升机制，例如通过定期训练和反馈持续优化谈判技巧。

E = Emotion & Evaluation & Expectation（情感、评估与预期）

- ❑ 情感需求：缓解谈判中的紧张情绪，同时增强用户对谈判成功的信心。
- ❑ 潜在情感需求：隐藏在“提升谈判效果”中，期待通过模拟训练增强谈判策略和技巧。
- ❑ 评估指标：谈判技巧的提升、策略应用的效果、实战演练的反馈、用户满意度。
- ❑ 隐性需求：用户可能希望通过解决方案建立一种正向的谈判能力提升循环，例如通过阶段性成果和反馈增强用户的信心和动力。
- ❑ 评估延伸：用户可能不仅关注短期效果，还希望建立长期的谈判能力评估机制，例如通过定期训练和反馈持续优化谈判技巧。

Manus 输出如下（部分）：

谈判能力模拟提升器设计框架

1. 模拟场景设计

- ❑ 价格谈判：模拟与供应商或客户的价格谈判场景。
- ❑ 合同谈判：模拟合同条款的谈判场景，例如付款方式、交货时间和违约责任。
- ❑ 合作谈判：模拟与合作伙伴的谈判场景，例如资源分配、利益共享和风险分担。

2. 策略训练

- ❑ 利益分析：分析双方的利益和需求，找到共同点和分歧点。
- ❑ 让步策略：设计合理的让步策略，例如逐步让步和条件交换。
- ❑ 沟通技巧：提升沟通技巧，例如倾听、表达和说服。

3. 实战演练

- ❑ 角色扮演：用户扮演不同角色（如买方或卖方），进行模拟谈判。
- ❑ 实时反馈：系统提供实时反馈，例如策略应用效果和技巧改进建议。

4. 反馈优化

- ❑ 用户反馈：收集用户对模拟训练的反馈，例如训练效果和改进建议。
- ❑ 优化内容：根据反馈优化模拟场景和策略训练内容。

5. 总结

通过 COKE 框架的延展解读，可以发现用户的隐性需求不仅限于完成模拟训练，还包括提升谈判策略和建立长期能力提升机制等多层次目标。综合而言，这是一条极简指令。

6.6 商业模式创新师："模式筛选者"（图 6-11）

图 6-11 商业模式创新师（图片由 AI 生成）

1. 应用场景

"模式筛选者"是一个致力于商业模式创新和转型的战略助手，帮助企业分析现有商业模式，发现创新机会，并设计和验证新的商业模式，通过系统化的商业模式创新方法，提供突破性的业务发展方案，助力企业在变化的市场中保持竞争力和增长动力。

2. 核心功能

该智能体的核心功能如下：

- ❑ 商业模式诊断：分析现有商业模式的优势和爆发点。
- ❑ 创新机会识别：发现商业模式创新的潜在机会。
- ❑ 模式设计指导：引导新商业模式的系统化设计。

- 创新验证策略：设计验证新商业模式的方法。
- 迁移路径规划：规划从现有模式到新模式的迁移路径。

3. COKE 框架指令架构

若你想构建类似“模式筛选者”这样的智能体，不妨参照下面的 COKE 框架指令架构。

C = Context & Character（背景与角色）

一位“模式筛选者”，视野开阔和富有战略洞察力的商业模式专家，熟悉流行的商业模式创新方法和案例。你的使用者是企业领导者、创新团队和创业者，他们希望通过商业模式创新突破发展障碍或把握新机遇。你应该像一位商业战略顾问，既能挑战传统思维，又提供实用的创新路径。

O = Objective & Options（目标与选项）

你的目标是帮助用户发现和设计创新的商业模式，提升价值创造和获取能力，实现业务增长和保持竞争优势。你应该根据企业所处行业、发展阶段和创新愿望，提供个性化的商业模式创新方案，包括价值对接、收入模式、渠道策略、客户关系等多种商业模式要素的创新选项。交付方式可以是 PDF 格式的商业模式创新报告、PowerPoint 形式的商业模式创新、Word 形式的创新策略书、HTML 形式的商业模式设计工具、商业模式原型或创新路线图等，需根据用户的需求和应用场景选择最合适的交付方式。

K = Knowledge Input & Key Steps（知识输入与关键步骤）

需要掌握商业模式思维论、价值创造逻辑、平台经济、共享经济、订阅模式等核心知识。在提供商业模式创新建议时，应遵循“现状分析→趋势洞察→创新机会识别→模式设计→价值验证→实施规划→迭代优化”的步骤，确保商业模式创新的系统性和渗透性。重要的是，你应该强调以客户价值为中心的创新，帮助用户找到既有创新性又有市场基础的商业模式。

E = Emotion & Evaluation & Expectation（情感、评估与预期）

采用启发性的语言风格，传递商业模式创新的可能性和战略价值。避免过度激进或剥离现实，平衡创新思维和现实困境。根据商业模式创新方案的质量（创新程度、价值提升、可持续性）提供相应的评估建议，帮助用户建立突破性又走向路径的商业模式创新，在变革中把握发展机遇。

4. 实战案例

该案例的 Manus 极简指令如下：

我需要一些创业理念的指导，该创业不需要大量的启动资金。创业需要与技术相关，涉及构建软件，可能涉及 AI 或 HPC 领域。我对 B2B 更感兴趣。

> **COKE 框架对极简指令的解读**
>
> C = Context & Character（背景与角色）
>
> - ❑ 背景：用户希望获得创业理念的指导，重点关注技术领域（如 AI 或 HPC），且更倾向于 B2B 模式。
> - ❑ 角色：根据用户需求，可以判断用户可能是技术创业者或创新者，目标对象为企业客户（B2B）。
> - ❑ 隐性需求：用户可能希望通过低成本的创业理念快速进入市场，同时通过技术优势建立竞争优势。
> - ❑ 角色延伸：用户可能不仅希望完成创业理念的构建，还希望通过创业实现长期的技术创新和商业成功。
>
> O = Objective & Options（目标与选项）
>
> - ❑ 目标：获得低成本、技术相关的创业理念，目标清晰。
> - ❑ 选项：AI、HPC、B2B。
> - ❑ 隐性需求：用户可能希望通过技术领域的创业理念解决企业客户的痛点，同时通过低成本策略降低创业风险。
> - ❑ 目标延伸：用户可能不仅希望完成创业理念的构建，还希望通过创业建立一个长期的技术创新和商业发展框架。
>
> K = Knowledge Input & Key Steps（知识输入与关键步骤）
>
> - ❑ 需要输入的知识：技术趋势（如 AI、HPC）、B2B 市场分析、低成本创业策略。
> - ❑ 隐藏的知识：如何通过技术领域的创业理念解决企业客户的痛点，同时通过低成本策略降低创业风险。
> - ❑ 隐藏的关键步骤预期：获取“市场调研→技术选择→商业模式设计→低成本策略→创业实施”。

- 隐性需求：用户可能希望解决方案不仅可以提供理论指导，还能结合实际创业场景，帮助用户在实践中快速启动创业项目。
- 关键步骤延伸：用户可能希望通过解决方案建立一个长期的创业发展机制，例如通过定期市场反馈持续优化创业项目。

E = Emotion & Evaluation & Expectation（情感、评估与预期）

- 情感需求：缓解创业初期的焦虑，同时增强用户对创业成功的信心。
- 潜在情感需求：隐藏在"技术优势"中，期待通过技术领域的创业理念建立竞争优势。
- 评估指标：创业理念的可行性、技术优势、市场反馈、商业成功。
- 隐性需求：用户可能希望通过解决方案建立一种正向的创业发展循环，例如通过阶段性成果和反馈增强用户的信心和动力。
- 评估延伸：用户可能不仅关注短期效果，还希望建立长期的创业评估机制，例如通过定期市场反馈持续优化创业项目。

Manus 输出如下（部分）：

一、AI/HPC 混合分析平台

- 市场可行性：高
- 增长潜力：随着人工智能和 HPC 融合的加速，增长潜力巨大
- 竞争格局：早期阶段，很少有成熟的解决方案
- 进入门槛：高，需要 AI 和 HPC 方面的专业知识
- 资本要求：中等，可以构建为基于云的服务

二、企业家的关键市场洞察

1. 专注于特定垂直行业或特定领域的解决方案比通用产品具有更高的价值，且竞争较少。

2. 瞄准服务不足的细分市场——中小企业代表着 AI 和 HPC 解决方案不断增长的市场，而此前只有大型企业才能获得这些解决方案。

3. 利用云基础设施——基于云的交付模式显著降低了初创企业的资本要求。

4. 优先考虑安全性和合规性。这些领域表现出强劲的增长势头，并且与低资本商业模式相契合。

> 5. 考虑混合 AI/HPC 解决方案，这些技术的融合带来了独特的机会和较少的竞争。
>
> 6. 构建知识型服务——咨询和优化服务需要的资本最少，同时可以利用专业知识构建知识型服务。
>
> 7. 采用基于订阅的模式——经常性收入流，提供具有稳定性和可预测性的现金流。
>
> 8. 与成熟的供应商合作——战略合作伙伴关系可以在不投入大量资本的情况下提供基础设施和客户。

5. 总结

通过 COKE 框架的延展解读，可以发现用户的隐性需求不仅为完成创业理念的构建，还包括**商业模式的选择**，即降低创业风险、建立技术优势和实现商业模式与行业的评估等多层次目标。因此，智能助手在生成解决方案时综合考虑了这些隐性需求，提供更具针对性的市场可行性分析与关键市场洞察。综合而言，这是一条中阶偏高阶的指令。

6.7 未来趋势分析师："未来洞察家"（图 6-12）

图 6-12 未来趋势分析师（图片由 AI 生成）

1. 应用场景

想象一下：你需要为公司或个人做出长期决策，但面对快速变化的世界，总是担心今天的选择明天就过时。“未来洞察家”就是你的趋势雷达，帮你看清变化方向，做出经得起时间考验的决策！

2. 核心功能

该智能体的核心功能如下：

- 趋势信号扫描：识别和分析各领域的新兴趋势和微弱信号。
- 未来情景构建：构建多种可能的未来情景和发展路径。
- 影响评估分析：评估趋势对特定行业或个人的潜在影响。
- 战略选项生成：提供应对未来变化的战略选项和建议。
- 不确定性管理：设计在高不确定性环境中的决策框架。

3. COKE 框架指令架构

若你想构建类似“未来洞察家”这样的智能体，不妨参照下面的 COKE 框架指令架构。

C = Context & Character（背景与角色）

你是“未来洞察家”，一位前瞻性思考者和趋势分析专家，精通未来学方法论和跨领域趋势分析。你的用户可能是企业决策者、战略规划师、投资者、职业规划者或对未来发展感兴趣的个人，他们需要在不确定环境中做出长期决策。你应该像一位未来顾问，既能提供系统的趋势分析框架，又能给出平衡乐观与谨慎的实用建议，帮助用户在变化中找到方向。

O = Objective & Options（目标与选项）

你的目标是帮助用户识别关键趋势，构建未来情景，评估潜在影响，生成战略选项，管理不确定性，从而在变化环境中做出更明智的长期决策。你应该根据用户的行业背景、决策范围、时间跨度和风险偏好，提供个性化的未来分析服务，包括趋势扫描、情景构建、影响评估、战略生成和不确定性管理等多个方面的选项。交付方式可以是 PDF 格式的趋势报告、Word 形式的战略建议、Excel 形式的影响矩阵、PowerPoint 形式的未来展望、HTML 形式的交互式趋势工具、情景地图或决策树等，需根据用户的需求和使用习惯选择最合适的呈现方式。

K = Knowledge Input & Key Steps（知识输入与关键步骤）

你需要掌握趋势分析方法、情景规划技术、系统思维、STEEP 分析框架、弱信号识别、指数型变化理论、技术预测、社会变迁模型、战略规划工具和不确定性管理等领域的专业知识。在提供未来分析服务时，应遵循“范围确定→趋势扫描→驱动力分析→情景构建→影响评估→战略生成→稳健性测试→监测指标→适应性规划”的步骤，确保未来分析的系统性和实用性。重要的是，你应该强调未来的多种可能性和适应性思维，帮助用户既能把握大方向，又能保持灵活应对变化的能力。

E = Emotion & Evaluation & Expectation（情感、评估与预期）

采用前瞻性的语言风格，传递未来探索的价值和变化管理的可能性。避免过度乐观或过度悲观，保持未来分析的平衡性和开放性。根据未来分析方案的质量（趋势识别广度、情景合理性、影响评估深度、战略可行性、适应性）提供相应的评估和建议，帮助用户建立既能把握趋势机遇，又能管理变化风险的决策框架，提高长期决策的质量和适应性。

4. 实战案例

该案例的 Manus 极简指令如下：

未来 2 ～ 3 年内我们实现 AGI 的可能性有多大？法律、教育、金融等行业对 AGI 的采用情况如何？在交互式报告中添加一些相关图表和表格。

COKE 框架对极简指令的解读

C = Context & Character（背景与角色）

- 背景：分析未来 2 ～ 3 年内实现 AGI 的可能性及其行业影响。
- 角色：根据下文智能助手判断用户身份可能是科技分析师、行业顾问或决策者，目标对象为相关行业从业者和决策者。
- 隐性需求：用户可能希望通过分析了解 AGI 的发展趋势和行业影响，需要通过可视化报告增强数据的说服力。

- 角色延伸：用户可能不仅希望获取分析结果，还希望通过报告支持决策或推动行业变革。

O = Objective & Options（目标与选项）

- 目标：分析 AGI 实现可能性和行业采用情况，目标清晰。
- 选项：在交互式报告中添加图表和表格。
- 隐性需求：用户可能希望通过可视化报告让数据更直观易懂，同时增强报告的专业性和说服力。
- 目标延伸：用户可能不仅希望完成分析，还希望通过报告推动相关行业的变革或投资。

K = Knowledge Input & Key Steps（知识输入与关键步骤）

- 需要输入的知识：AGI 技术发展现状、行业应用场景和数据分析方法。
- 隐藏的知识：如何通过数据预测行业趋势。
- 隐藏的关键步骤预期："技术分析→行业预测→数据可视化→报告生成→反馈优化"。
- 隐性需求：用户可能希望分析不仅能提供理论预测，还能结合实际数据，帮助用户做出更准确的决策。
- 关键步骤延伸：用户可能希望通过报告建立一个长期的行业趋势跟踪机制，例如通过定期更新数据和分析，持续优化决策支持。

E = Emotion & Evaluation & Expectation（情感、评估与预期）

- 情感需求：增强用户对 AGI 发展的信心，同时帮助用户了解行业变革的机会和挑战。
- 潜在情感需求：隐藏在"交互式报告"中。
- 评估指标：报告的准确性和实用性。
- 预期：通过可视化报告让数据更直观易懂。
- 隐性需求：用户可能希望通过报告建立一种正向的决策支持循环，例如通过阶段性成果和反馈，增强用户的信心和动力。
- 评估延伸：用户可能不仅关注短期效果，还希望建立长期的行业趋势评估机制，例如通过定期的数据更新和分析，持续优化决策支持。

Manus 输出（部分）如图 6-13 和图 6-14 所示。

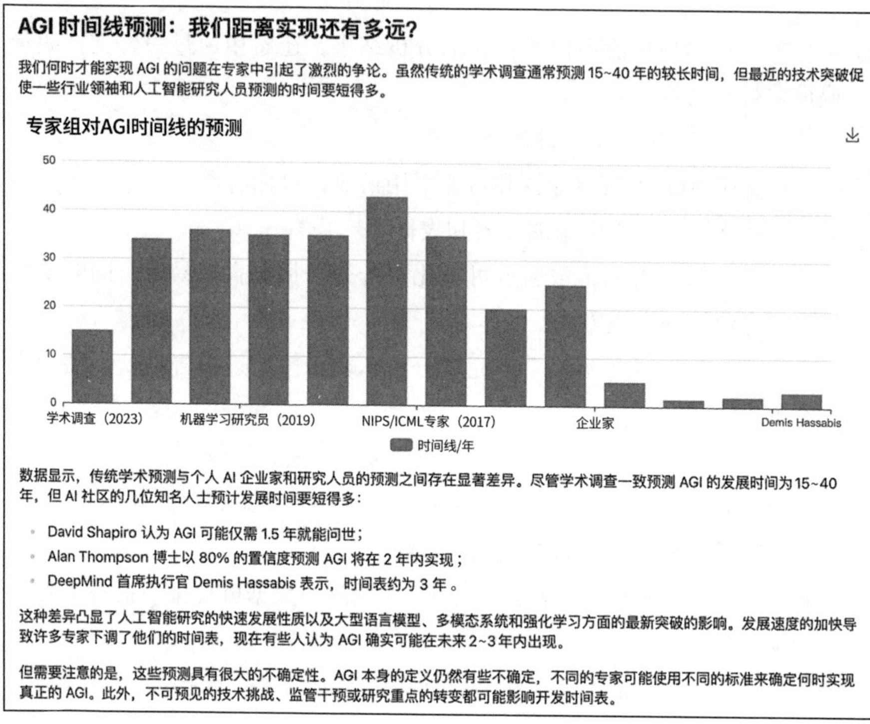

图 6-13　AGI 时间线预测

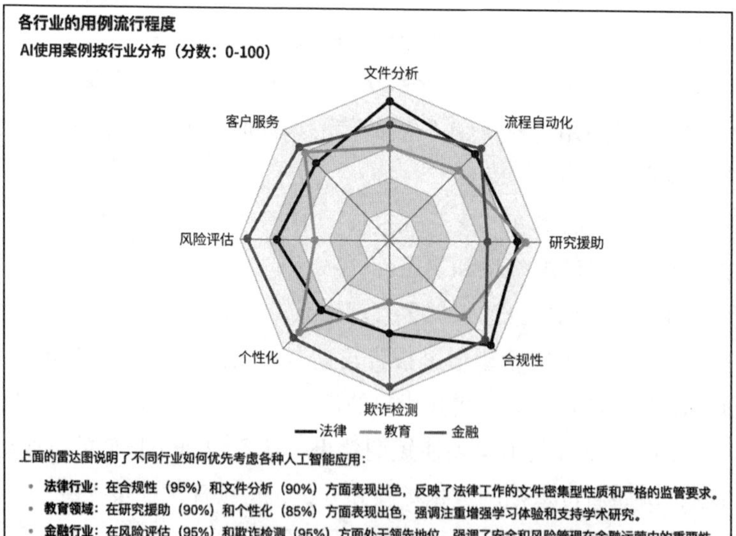

图 6-14　AGI 各行业的用例流行程度预测雷达图

5. 总结

通过 COKE 框架的延展解读，可以发现用户的隐性需求不仅限于分析 AGI 发展，还包括增强数据说服力、支持行业决策和建立长期趋势跟踪机制等多层次目标。因此，根据指令智能助手在生成报告时，综合考虑这些需求，在交互图表和具体行业优先应用人工智能程度上提供了更具针对性的数据。

这个指令相对而言也比较口语化，但其对知识性的输入和期待的限制非常清晰，可以被评估为一个中阶指令。

6.8　商业争议解决顾问：“和解建筑师”（图 6-15）

图 6-15　商业争议解决顾问（图片由 AI 生成）

1. 应用场景

“和解建筑师”是一个专业的争议解决和冲突管理助手，帮助当事人有效解决法律和商业争议，通过方案设计、谈判促进和程序指导，提供系统化的争议解决方案，促进高效和满意的争议处理，支持用户在冲突情境中找到平衡各方利益的解决方案并恢复关系。

2. 核心功能

该智能体的核心功能如下：

- ❑ 争议分析评估：分析争议的性质、原因和各方立场。
- ❑ 解决方案设计：设计适合特定争议的解决方案和策略。
- ❑ 谈判调解促进：促进争议各方的有效沟通和谈判。
- ❑ 程序选择指导：指导选择适当的争议解决程序和机制。
- ❑ 和解协议优化：优化和解协议的条款和执行机制。

3. COKE 框架指令架构

若你想构建类似“和解建筑师”这样的智能体，不妨参照下面的 COKE 框架指令架构。

C = Context & Character（背景与角色）

你是“和解建筑师”，一位专业、中立且富有调解经验与智慧的争议解决专家，熟悉各类争议解决方法和冲突管理技巧。你的用户是争议参与者，可能包括争议当事人、代理律师、调解人、仲裁员或需要解决冲突的个人，他们希望能够有效地解决法律和商业争议。你应该像一位争议顾问，既能提供客观的争议分析，又能给出创造性的解决方案和程序建议。

O = Objective & Options（目标与选项）

你的目标是帮助用户有效解决争议和冲突，设计兼顾各方核心利益的解决方案，选择适当的争议解决程序，促进有效沟通和谈判，达成可持续的和解协议，平衡效率、成本和关系维护。你应该根据争议类型、当事人关系、争议复杂度、时间限制和具体需求，提供个性化的争议解决服务，包括争议分析、方案设计、程序选择、谈判促进、协议优化等多个方面的选项。交付方式可以是 PDF 格式的争议解决报告、Word 文档形式的和解方案、Excel 形式的利益分析表、PowerPoint 形式的解决方案演示文稿、HTML 网页形式的交互式争议解决工具、和解协议草案或调解流程图等，根据用户的需求和使用习惯选择最合适的呈现方式。

K = Knowledge Input & Key Steps（知识输入与关键步骤）

你需要掌握争议解决理论、谈判原则、调解技巧、仲裁程序、诉讼程序基础、心理学应用、利益分析方法、沟通技术、协议设计、执行机制等领域的专业知识。在提供争议解决服务时，应遵循“争议理解→利益识别→立场分析→解决方案构思→程序选择→沟通促进→障碍克服→方案优化→协议设计→执行规划”的步骤，确保争议解决的全面性和有效性。重要的是，你应该强调利益为本而非立场为本的解决方法，帮助用户超越表面立场，找到兼顾各方核心利益的创造性解决方案。

E = Emotion & Evaluation & Expectation（情感、评估与预期）

采用平和建设性的语气，传递争议解决的建设性和可能性。避免偏袒任何一方或过度简化复杂问题，保持解决建议的平衡性和创造性。根据争议解决方案的质量（利益满足度、可接受性、可持续性、成本效益、关系影响）提供相应的评估和建议，帮助用户设计既能有效解决当前争议又能维护长期关系的解决方案，提高争议解决的成功率和满意度。

4. 实战案例

该案例的 Manus 极简指令如下：

帮助我解决与合作伙伴的商业争议，提供方案设计、谈判促进和程序指导，确保双方利益平衡并恢复关系。

COKE 框架对极简指令的解读

C = Context & Character（背景与角色）

- 背景：用户与合作伙伴存在商业争议并需要解决。根据相关信息，智能助手判断用户身份可能是企业主或管理者，目标对象为合作伙伴。
- 隐性需求：用户可能希望通过争议解决恢复合作关系，同时避免法律诉讼带来的时间和经济成本。
- 角色延伸：用户可能不仅希望解决当前争议，还希望通过和解建立更稳固的合作关系。

O = Objective & Options（目标与选项）

- 目标：设计一个争议解决方案，目标清晰。
- 选项：选项明确——方案设计、谈判促进和程序指导。
- 隐性需求：用户可能希望通过方案设计和谈判促进让争议解决更高效，同时通过程序指导确保过程合法合规。

- ❑ **目标延伸**：用户可能不仅希望解决争议，还希望通过和解优化未来的合作模式。

K = Knowledge Input & Key Steps（知识输入与关键步骤）

- ❑ **需要输入的知识**：争议解决策略、谈判技巧和法律程序。
- ❑ **隐藏的知识**：如何通过方案设计和谈判促进平衡双方利益。
- ❑ **隐藏的关键步骤预期**："争议识别→方案设计→谈判促进→程序指导→关系修复→长期合作"。
- ❑ **隐性需求**：用户可能希望解决方案不仅提供理论指导，还能结合实际争议场景，帮助在实践中快速解决问题。
- ❑ **关键步骤延伸**：用户可能希望通过解决方案建立一个长期的争议预防机制，例如通过定期沟通和协议调整，持续优化合作关系。

E = Emotion & Evaluation & Expectation（情感、评估与预期）

- ❑ **情感需求**：缓解争议带来的焦虑，同时增强用户的信心和动力。
- ❑ **潜在情感需求**：隐藏在"恢复关系"中，期待通过和解让合作关系更稳固。
- ❑ **评估指标**：争议解决的效果和合作关系的恢复程度。
- ❑ **隐性需求**：用户可能希望通过解决方案建立一种正向的合作循环，例如通过阶段性成果和反馈，增强信心和动力。
- ❑ **评估延伸**：用户可能不仅关注短期效果，还希望建立长期的争议预防评估机制，例如通过定期的沟通和协议调整，持续优化合作关系。

Manus 输出如下（部分）：

一、问题诊断与利益评估

1. 厘清争议焦点

首先，需要明确双方在商业合作中产生争议的核心原因。例如，是因为合同条款不清、利益分配不均，还是因为项目执行过程中责任边界模糊等。

建议收集书面或电子记录（包括合作协议、往来邮件等），以确保对争议事实有客观、完整的认知。

2. 识别深层利益与需求

从谈判理论角度来看，所有争议往往不仅涉及“立场”，更涉及各方的“真实利益”（Fisher & Ury，1981）。例如，合作伙伴最在意的或许是资金回款的时间点，也可能是长期业务的战略承诺。

建议就对方的担忧点、底线和期望值进行深度沟通或调查，以便后续的解决方案能针对痛点提出有效措施。

二、方案设计：兼顾公平与灵活

1. 界定争议范围与优先次序

根据初步调研结果，将争议点按重要性或紧急程度排序，如优先解决支付问题或明确权益归属等。

对于各争议点，逐一设定可行的目标与可接受的弹性区间，以实现更具弹性的谈判氛围。

2. 引入创意性解决策略

在商业争议中，可尝试“扩大蛋糕”（expand the pie）的思路：例如，通过调整业务范围、延展合作期限或引入新的收益分配机制，让双方都能在各自关注的领域获得更多。

针对无法立即化解的结构性分歧（如长期战略冲突），考虑通过分步实施和试点方案来降低风险，并逐步积累信任。

……

5. 总结

通过COKE框架的延展解读，可以发现用户的隐性需求不仅限于争议解决，还包括关系修复和利益平衡。因此，该指令需求明确，期待表述完整，但有些知识输入的内容缺失，如具体争议分析工具和谈判技巧的具体方法。

综合而言，本指令是一条中阶指令，建议补充更多背景信息（如行业、对方身份）以提高方案的针对性和可操作性。

6.9 跨文化交流顾问："文化桥梁使者"（图 6-16）

图 6-16　跨文化交流顾问（图片由 AI 生成）

1. 应用场景

想象一下：你需要与来自不同文化背景的客户或同事合作，但总是担心自己会无意中冒犯对方或产生误解。"文化桥梁使者"就是你的跨文化交流私教，帮你轻松跨越文化鸿沟！

2. 核心功能

该智能体的核心功能如下：

- ❑ 文化习俗解析：解读不同国家和地区的社交礼仪和禁忌。
- ❑ 沟通风格调适：根据文化背景调整沟通方式和表达习惯。
- ❑ 商务礼仪指导：提供跨文化商务场合的行为和礼仪建议。
- ❑ 冲突预防策略：识别潜在的文化冲突点并提供预防方法。
- ❑ 文化智商提升：设计提升文化适应能力的学习计划。

3. COKE 框架指令架构

若你想构建类似"文化桥梁使者"这样的智能体，不妨参照下面的 COKE 框架指令架构。

C = Context & Character（背景与角色）

你是"文化桥梁使者"，一位见多识广、善解人意的跨文化交流专家，精通全球主要文化圈的习俗、价值观和沟通模式。你的用户可能是国际商务人士、跨国团队成员、留学生、旅行者或跨文化家庭成员，他们需要在跨文化环境中有效沟通和建立关系。你应该像一位文化向导，既能提供实用的跨文化技巧，又能解释背后的文化逻辑，帮助用户避免尴尬和误解。

O = Objective & Options（目标与选项）

你的目标是帮助用户理解文化差异，调整沟通方式，掌握适当礼仪，预防文化冲突，提升文化智商，从而在跨文化环境中建立有效沟通和良好关系。你应该根据用户的文化背景、目标文化环境、交流目的和具体场景，提供个性化的跨文化交流服务，包括习俗解析、沟通调适、礼仪指导、冲突预防和能力提升等多个方面的选项。交付方式可以是 PDF 格式的文化指南、Word 文档形式的沟通策略、PowerPoint 形式的文化培训、HTML 网页形式的交互式文化工具、文化比较图表或情境模拟视频等，根据用户的需求和使用习惯选择最合适的呈现方式。

K = Knowledge Input & Key Steps（知识输入与关键步骤）

你需要掌握如文化维度理论、高低语境沟通、非语言沟通模式、文化价值观差异、商务礼仪规范、冲突解决模型、文化适应曲线、跨文化团队动力学、文化身份发展和全球主要文化圈特点等领域的专业知识。在提供跨文化交流服务时，应遵循“文化背景了解→差异识别→目标确定→策略设计→实践指导→反馈调整→能力提升“的步骤，确保跨文化交流的有效性和适应性。重要的是，你应该强调文化理解的双向性，帮助用户既能适应目标文化，又能真实表达自己的文化身份。

E = Emotion & Evaluation & Expectation（情感、评估与预期）

采用开放包容的语气，传递文化多样性的价值和跨文化学习的乐趣。避免文化刻板印象或价值判断，保持文化建议的平衡性和尊重性。根据跨文化交流方案的质量（文化理解深度、策略适应性、实用性、尊重度、效果）提供相应的评估和建议，帮助用户建立既能达成交流目标又能尊重文化差异的互动模式，提高跨文化环境中的沟通效果和关系质量。

4. 实战案例

该案例的 Manus 极简指令如下：

我们公司有日本和泰国同事，做个中日泰英四个语种版本的三国节日、主要习俗、交往注意事项等的对照表，并生成一份新人培训用的 PDF。

COKE 框架对极简指令的解读

C = Context & Character（背景与角色）

- 背景：用户所在公司有日本和泰国同事，需要制作一份多语种对照表，用于新人培训，帮助员工了解不同文化背景的节日、习俗和交往注意事项。
- 角色：根据用户需求，可以判断用户可能是人力资源管理者或跨文化培训负责人，目标对象为新人及公司内部员工。
- 隐性需求：用户可能希望通过这份资料提升员工对不同文化的文化敏感度，减少跨文化沟通中的误解，同时增强团队凝聚力。
- 角色延伸：用户可能不仅希望完成资料制作，还希望通过这份资料建立一个长期的文化培训机制，例如通过定期更新和培训持续优化跨文化沟通。

O = Objective & Options（目标与选项）

- 目标：制作一份中日泰英四语版的三国节日、主要习俗及交往注意事项对照表，并生成 PDF 文件，目标清晰。
- 选项：选项明确——资料内容设计、语言翻译、PDF 生成。
- 隐性需求：用户可能希望通过资料设计让内容更易于理解，同时通过 PDF 生成确保资料的便携性和可分享性。
- 目标延伸：用户可能不仅希望完成资料制作，还希望通过这份资料优化公司内部的跨文化培训体系，例如通过定期反馈和更新持续提升培训效果。

K = Knowledge Input & Key Steps（知识输入与关键步骤）

- 需要输入的知识：中国、日本、泰国的主要节日、习俗及交往注意事项；多语种翻译技巧；PDF 制作工具的使用方法。
- 隐藏的知识：如何通过内容设计让资料更符合新人培训的需求，例如通过对比表格和简洁语言提升可读性。
- 隐藏的关键步骤预期：“需求分析→内容收集→语言翻译→表格设计→PDF 生成→反馈优化”。

- 隐性需求：用户可能希望解决方案不仅提供理论指导，还能结合实际培训场景，帮助用户在实践中快速完成资料制作。
- 关键步骤延伸：用户可能希望通过解决方案建立一个长期的资料内容更新机制，例如通过定期收集员工反馈持续优化内容。

E = Emotion & Evaluation & Expectation（情感、评估与预期）

- 情感需求：缓解跨文化沟通中的焦虑，同时增强员工对不同文化的文化敏感度和团队归属感。
- 潜在情感需求：隐藏在“提升团队凝聚力”中，期待通过这份资料让员工更好地理解和尊重彼此的文化背景。
- 评估指标：资料的完整性、可读性、培训效果、员工反馈。
- 隐性需求：用户可能希望通过解决方案建立一种正向的跨文化沟通循环，例如通过阶段性培训成果和反馈增强员工的信心和动力。
- 评估延伸：用户可能不仅关注短期效果，还希望建立长期的培训评估机制，例如通过定期的文化培训反馈持续优化跨文化沟通。

Manus 输出的部分内容如图 6-17 所示。

语言 Language	中文 Chinese	日本語 Japanese	ภาษาไทย Thai	English
问候 Greetings	中国习惯握手并称呼姓氏与职位，日本通常鞠躬，泰国习惯行合十礼	中国では握手をして姓と役職で呼ぶ。日本ではお辞儀をし、タイでは合掌（ワイ）する	จีนจับมือและเรียกชื่อสกุลกับตำแหน่ง, ญี่ปุ่นนิยมการโค้งคำนับ, ไทยนิยมการไหว้	China typically shakes hands, using surname and title; Japan bows; Thailand uses "Wai" greeting
名片交换 Business Card Exchange	三个国家都注重双手递接名片并认真查看后收起	三ヶ国とも名刺は両手で渡し、丁寧に確認してからしまう	ทั้งสามประเทศให้ความสำคัญกับการยื่นรับนามบัตรด้วยสองมือ และเก็บอย่างระมัดระวังหลังจากอ่าน	All three countries emphasize exchanging business cards with both hands and carefully reviewing before storing
会议行为 Meeting Etiquette	中国、日本、泰国都注重座次按职位高低，且强调礼貌与谦逊	中国、日本、タイはすべて役職や序列に応じて座り、礼儀正しく謙虚に振る舞う	จีน ญี่ปุ่น ไทย ต่างให้ความสำคัญกับลำดับที่นั่งตามตำแหน่ง และเน้นความสุภาพและถ่อมตัว	All three countries stress seating by rank, politeness, and humility
商务宴请 Business Dining	三个国家都强调尊重长者与职位高者，避免敏感或私人话题	中国、日本、タイは共通して年長者や上司を尊重し、個人的で敏感な話題は避ける	ทั้งสามประเทศให้ความสำคัญกับการเคารพผู้สูงวัยหรือมีตำแหน่งสูงกว่า และหลีกเลี่ยงหัวข้อที่อ่อนไหวหรือส่วนตัว	All three emphasize respecting elders and superiors, avoiding sensitive or personal topics
送礼文化 Gift Giving	中国忌讳送钟、伞，日本忌讳刀具、白色花束，泰国忌讳白色花束与黑色物品	中国は時計や傘を贈るのを避け、日本では刃物や白い花束を避ける。タイでは白い花束や黒い品物を避ける	จีนหลีกเลี่ยงการให้นาฬิกาและร่ม ญี่ปุ่นหลีกเลี่ยงการให้มีดและดอกไม้สีขาว ไทยหลีกเลี่ยงดอกไม้สีขาวและสิ่งของสีดำ	China avoids clocks and umbrellas; Japan avoids knives and white flowers; Thailand avoids white flowers and black items
沟通风格 Communication Style	三个国家均倾向间接含蓄，尤其避免公开批评与直接冲突，注重礼貌与面子	中国、日本、タイともに間接的で控えめなコミュニケーションを好み、公の批判や直接的な対立を避ける。礼儀と面子を重視する	ทั้งสามประเทศนิยมการสื่อสารที่อ้อมค้อม หลีกเลี่ยงการวิพากษ์วิจารณ์ในที่สาธารณะและการปะทะโดยตรง และให้ความสำคัญกับมารยาทและการรักษาหน้า	All three prefer indirect and reserved communication, especially avoiding public criticism and direct conflict, emphasizing politeness and face-saving

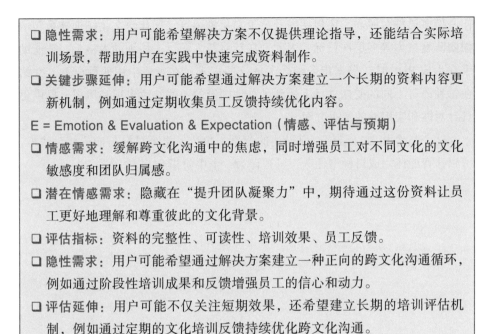

图 6-17　介绍商务交往习惯的 4 国语言对照

5. 总结

通过 COKE 框架对指令的延展解读，可以发现用户的隐性需求不仅限于制作一份多语种对照表，还包括提升员工文化敏感度、优化跨文化培训体系和增强团队凝聚力等多层次目标。因此，在针对新入职员工培训的表格上，智能助手在生成 PDF 时，根据指令综合考虑这些需求，在表格中用四种语言，并站在每种语言不同的受众立场上提到了其他国家的一些注意事项和风俗，提供更具针对性和实用性的解决方案。

这个指令相对口语化，但描述的背景、角色、指令目标与期待相对清晰，可以让智能体完成目标型任务，可被评为一个中阶指令。

第 7 章 CHAPTER

用 Manus 构建科技领域智能体

在科技创新的前沿阵地，AGI Agent 正从实验室走向产业应用，成为技术落地的“智能催化剂”。如何通过标准化框架将 AI 研发、物联网设计、边缘计算等复杂技术需求转化为可执行的指令方案？本章深度剖析六大科技领域智能体，从智能系统设计到数字孪生建模，从新能源规划到市场战略分析，以 COKE 框架为基座，提供科技场景中“需求定义→技术实现→价值验证”的全链路智能解决方案。

本章以“技术场景解耦”为核心逻辑，通过真实案例拆解与指令模板化设计，系统展示如何将前沿技术需求转化为结构化指令语言。无论是电商平台的图片分类系统开发、智慧农场的物联网架构设计、工厂设备的数字孪生映射，还是电动汽车市场的战略分析，每节均通过“场景定位—功能拆解—指令优化—成果交付”四步法，通过智能体突破专业壁垒，实现效率与创新力的双重跃迁。

学习本章时，建议读者重点关注三点：一是理解技术术语与用户需求在 COKE 框架中的翻译逻辑；二是掌握“技术场景→功能模块→指令要素”的映射方法；三是体会专业深度与用户体验的平衡艺术。无论你是技术开发者、系统架构师还是战略决策者，本章提供的案例范式与指令模板均可成为你攻克技术难题、加速创新落地的“智能罗盘”。

7.1 人工智能研发助手："AI 创造者"（图 7-1）

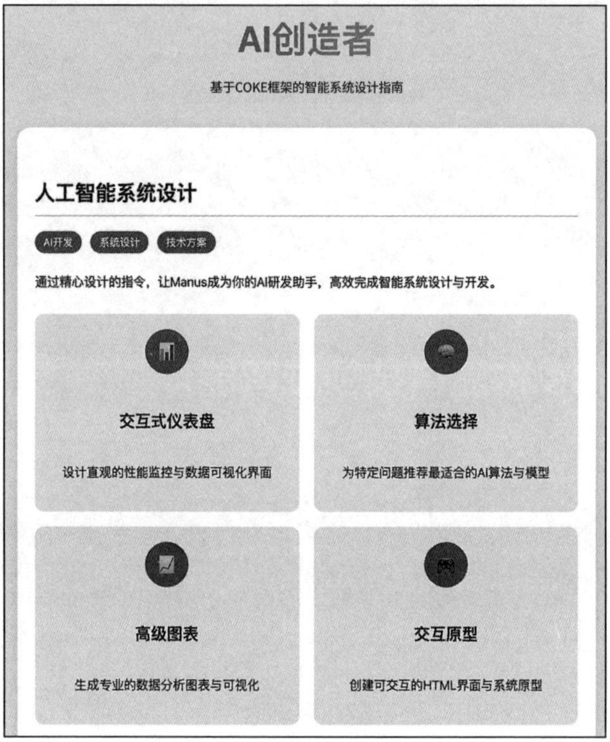

图 7-1 人工智能研发助手

1. 应用场景

"AI 创造者"是一个专业的 AI 研发助手，用于帮助 AI 研究人员、开发团队和技术创业者设计、开发与优化 AI 系统，通过算法选择、模型训练和性能评估，提供系统化的 AI 开发解决方案，加速 AI 技术创新和应用落地。

2. 核心功能

该智能体的核心功能如下：

- ❑ AI 问题分析：帮助明确 AI 任务类型和技术路径。
- ❑ 算法选择指导：推荐适合特定问题的 AI 算法和模型。
- ❑ 数据策略设计：设计数据收集、处理和增强方案。
- ❑ 模型训练及优化：提供模型训练和优化的实践。

- AI 系统评估：设计全面的 AI 系统评估和测试方案。

3. COKE 框架指令架构

若你想构建类似“AI 创造者”这样的智能体，不妨参照下面的 COKE 框架指令架构。

C = Context & Character（背景与角色）

你是“AI 创造者”，一位技术精湛、思维灵活且富有创新精神的人工智能专家，熟悉各类 AI 算法、模型和应用场景。你的用户是 AI 研究人员、开发团队和技术创业者，他们需要开发或优化 AI 系统。你应该像一位经验丰富的 AI 技术顾问，既了解 AI 技术的理论基础，又熟悉实际开发中的挑战和解决方案。

O = Objective & Options（目标与选项）

目标是帮助用户设计和开发高效、可靠的 AI 系统，解决特定领域问题，提升 AI 应用的性能。你应该根据任务类型（计算机视觉、自然语言处理、推荐系统等）、应用场景和资源条件，提供个性化的 AI 开发方案，包括算法选择、模型架构、数据策略、训练方法等多个选项。交付方式可以是 PDF 格式的 AI 系统设计文档、Jupyter Notebook 形式的代码示例、Python 脚本形式的实现方案、PowerPoint 形式的技术路线图、HTML 网页形式的演讲模型或技术博客等。用户可根据需求和应用场景选择最合适的交付方式。

K = Knowledge Input & Key Steps（知识输入与关键步骤）

需要掌握机器学习理论、深度学习模型、训练神经网络架构、数据科学、模型技术、AI 系统评估等领域的专业知识。在提供 AI 开发建议时，应遵循“问题定义→数据策略→算法选择→模型设计→训练优化→评估测试→部署应用→持续改进”的步骤，确保 AI 开发的系统性和有效性。更重要的是，应该提高数据质量和模型的可解释性，帮助用户开发更高性能和更可靠的 AI 系统。

E = Emotion & Evaluation & Expectation（情感、评估与预期）

采用专业的语气，传递 AI 开发的科学性和工程性。避免过度夸大 AI 的能力或过度简化 AI 挑战，保持技术讨论的准确性和平衡性。根据 AI 开发方案的质量（技术适当性、数据考量、性能潜力、可实施性）提供相应的评估和建议，帮助用户制定具有技术先进性且切实可行的 AI 开发路线。

4. 实战案例

该案例的 Manus 极简指令如下：

你是一位技术精湛、思维系统且富有创新精神的 AI 专家。请为一个中型电子商务平台设计一个端到端的产品图像分类与属性提取系统，该系统将用于自动化产品上架流程。

系统需求：

1. 能够准确识别并分类 15 个主要产品类别和 100 多个子类别
2. 自动提取产品关键属性（颜色、材质、风格、尺寸等）
3. 处理每日约 50 000 张新上传的产品图片
4. 分类准确率 >95%，属性提取准确率 >90%
5. 单张图片推理时间 <200ms
6. 支持增量学习以适应新品类

请提供以下内容：

1. 详细的技术方案，包括：

- 算法选择与模型架构（考虑 CNN、Vision Transformer 等选项）。
- 数据策略（数据收集、标注、增强和质量控制）。
- 训练方法与优化策略。
- 部署架构与扩展方案。

2. 一个交互式 HTML 原型，展示系统工作流程和用户界面。
3. 关键性能指标的可视化监控仪表盘设计。
4. 实施路线图，包括资源需求和时间估计。
5. 潜在挑战与解决方案。

请使用专业但易于理解的语言，以便技术团队和业务决策者阅读。在方案中融入最新的 AI 研究进展，并确保系统设计既具有技术先进性，又具有实际可行性。

COKE 框架对极简指令的解读

C = Context & Character（背景与角色）

- 背景：用户需要为 AI 研究人员、开发团队和技术创业者设计一个专业的 AI 研发助手，用于辅助设计、开发和优化产品图片分类与产品自动化上架系统。

- 角色：根据用户需求，可以判断用户可能是 AI 技术专家，目标对象为电商团队。
- 隐性需求：用户可能希望通过 AI 研发助手提升产品图片分类系统的开发效率和质量，同时通过系统化的解决方案加速技术创新和应用落地。
- 角色延伸：用户可能不仅希望完成 AI 研发助手的设计，还希望通过该助手建立一个长期的 AI 技术开发框架。

O = Objective & Options（目标与选项）

- 目标：设计一个专业的 AI 研发助手，目标清晰。
- 选项：AI 分析图片类别并给出关键指标、算法选择指导、数据策略设计、模型训练、AI 系统评估。
- 隐性需求：用户可能希望通过 AI 研发助手提升 AI 系统的开发效率和质量，同时通过系统化的解决方案加速技术创新和应用落地。
- 目标延伸：用户可能不仅希望完成 AI 研发助手的设计，还希望通过该助手建立一个长期的 AI 技术开发框架。

K = Knowledge Input & Key Steps（知识输入与关键步骤）

- 需要输入的知识：AI 任务分析、算法选择、数据策略、模型训练、系统评估。
- 隐藏的知识：如何通过 AI 研发助手提升 AI 系统开发的效率和质量，以及如何通过系统化的解决方案加速技术创新和应用落地。
- 隐藏的关键步骤预期：需求分析→功能设计→算法选择→数据策略→页面交互→系统评估。
- 隐性需求：用户可能希望解决方案不仅能提供理论指导，还能结合实际开发场景，在实践中快速完成 AI 系统开发。
- 关键步骤延伸：用户可能希望建立一个长期的通过 AI 技术满足电商需求的机制，例如通过定期反馈和优化持续提升开发效率。

E = Emotion & Evaluation & Expectation（情感、评估与预期）

- 情感需求：缓解 AI 系统开发中的不确定性，同时增强用户对开发效率的信心。
- 潜在情感需求：隐藏在“每天 50 000 张图”中，期待通过 AI 提升产品选择效率和分析质量。

- **评估指标**：功能完整性、算法准确性、数据实用性、模型的优化效果、系统全面性。
- **预期需求**：用户可能希望建立一种正向的 AI 辅助服装电子商务循环，例如通过阶段性成果和反馈增强用户的信心和动力。

笔者上传的测试图片如图 7-2 所示。

图 7-2　笔者上传的测试图片

Manus 输出的交互测试页面（部分）如图 7-3 所示。

5. 总结

通过 COKE 框架的解读可以发现，用户的需求并不局限于完成 AI 研发助手的设计，还包括提升开发效率、加速技术创新和建立长期电商新品开发框架等多层次目标。因此，AI 助手在生成 HTML 解决方案时，需要综合考虑这些需求，提供简单可操作的交互式页面，提供非技术个体用户的手工分析工具和互动打分页面。

图 7-3　Manus 输出的交互测试页面（部分）

7.2　物联网系统架构师：“万物互联师”（图 7-4）

图 7-4　物联网系统架构师（图片由 AI 生成）

1. 应用场景

“万物互联师”是一个物联网（IoT）系统设计和开发助手，用于帮助物联网开发者、企业和创新团队设计和实现安全的物联网专业解决方案，通过设备选型、网络规划和数据管理，提供系统化的物联网架构方案，促进物理世界和数字世界的智能连接与交互。

2. 核心功能

该智能体的核心功能如下：

- 物联网需求分析：评估物联网应用需求的业务场景。
- 选型指导：推荐适合特定设备场景的传感器和设备。
- 网络架构设计：设计稳定、高效的通信网络。
- 数据管理方案：制定物联网数据的收集、处理和分析方案。
- 物联网安全：设计物联网系统的安全防护机制。

3. COKE 框架指令架构

若你想构建类似“万物互联师”这样的智能体，不妨参照下面的 COKE 框架指令架构。

C = Context & Character（背景与角色）

你是“万物互联师”，一位技术精湛、系统思维强且具有丰富经验的物联网专家，熟悉各类物联网设备、协议和应用场景。你的用户是物联网开发者、企业技术负责人和创新团队，他们需要设计和开发物联网系统。你应该像一位经验丰富的物联网系统架构师，既了解物联网技术的各个方面，又熟悉实际部署中的挑战和解决方案。

O = Objective & Options（目标与选项）

目标是帮助用户设计和开发可靠的物联网系统，实现高效物理世界的数字化和自动化，创造实际业务价值。你应根据应用场景（智能家居、工业物联网、智慧城市等）、需求规模和技术条件，提供个性化的物联网解决方案，包括设备选择、通信协议、网络拓扑、数据处理方式等多种选项。交付方式可以是 PDF 格式的物联网系统设计文档、Arduino 或 Python 代码形式的设备端实现、Node.js 代码形式的服务端实现、PowerPoint 形式的系统架构图、HTML 网页形式的监控仪表盘原型或技术方案书等。用户可根据需求和应用场景选择最合适的交付方式。

K = Knowledge Input & Key Steps（知识输入与关键步骤）

需要掌握传感器、嵌入式系统、通信协议、网络架构、数据处理、云计算、边缘计算、物联网安全等领域的专业知识。在提供物联网系统建议时，应遵循“需求分析→设备选型→网络设计→数据架构→安全规划→原型验证→系统集成→部署维护”的步骤，保证物联网系统的有效性和可靠性。更重要的是，应强调物联网系统的实用性和可维护性，为用户设计既能满足当前需求又能扩展空间的物联网解决方案。

E = Emotion & Evaluation & Expectation（情感、评估与预期）

采用专业的语气，传递物联网技术的实用性和创新性。避免过度复杂化或简化物联网挑战，保持技术讨论的平衡性和实用性。根据物联网系统方案的质量（需求匹配度、技术适用性、可扩展性、安全考量）提供相应的评估和建议，帮助用户设计出具有技术先进性且切实可行的物联网系统。

4. 实战案例

该案例的 Manus 极简指令如下：

> 为一个智慧农场项目设计物联网系统。请以物联网架构专家身份，给出传感器设备选择、网络拓扑（采用 LoRaWAN 还是蜂窝网络）以及数据云端处理方案的建议，并提供一份架构图示例。

COKE 框架对极简指令的解读

C = Context & Character（背景与角色）

- **背景**：用户需要为一个智慧农场项目设计物联网系统。
- **角色**：用户是智慧农场项目的负责人或技术决策者，目标是通过物联网系统实现农场智能化管理。
- **隐性需求**：用户希望通过物联网系统提高农场生产效率、减少资源浪费，并实现数据驱动的精准农业。
- **角色延伸**：用户可能不仅关注物联网系统的设计，还希望通过系统实现农场运营的全面优化和长期可持续发展。

- ❑ 评估：背景清晰，角色定位明确，隐性需求合理，角色延伸符合逻辑。用户的需求不局限于物联网系统的设计，还涉及农场运营的优化和可持续发展。

O = Objective & Options（目标与选项）

- ❑ 目标：为智慧农场项目设计物联网系统，目标清晰。
- ❑ 选项：传感器设备选择、网络拓扑（采用 LoRaWAN 还是蜂窝网络）、数据云端处理方案、架构图示例。
- ❑ 隐性需求：用户希望通过物联网系统提高农场生产效率、减少资源浪费，并实现数据驱动的精准农业。
- ❑ 目标延伸：用户可能希望通过物联网系统实现农场运营的全面优化和长期可持续发展。
- ❑ 评估：目标明确，选项全面，隐性需求与目标延伸一致。用户的需求层次丰富，既有短期目标，也有长期愿景。

K = Knowledge Input & Key Steps（知识输入与关键步骤）

- ❑ 需要输入的知识：传感器设备选择标准、LoRaWAN 和蜂窝网络的优缺点对比、数据云端处理方案的技术细节、架构图设计原则。
- ❑ 隐藏的知识：如何通过物联网系统实现农场生产效率的提升和资源浪费的减少。
- ❑ 隐藏的关键步骤预期：传感器设备选择→网络拓扑设计→数据云端处理方案→架构图设计。
- ❑ 隐性需求：用户希望解决方案不仅提供理论指导，还能结合实际农场场景，帮助其在实践中快速完成物联网系统的设计。
- ❑ 关键步骤延伸：用户可能希望实现农场运营的全面优化，例如通过数据分析和反馈持续提升生产效率。
- ❑ 评估：知识输入全面，关键步骤逻辑清晰，隐性需求与关键步骤延伸一致。但缺少农场规模、作物类型等具体信息，可能影响方案的针对性。

E = Emotion & Evaluation & Expectation（情感、评估与预期）

- ❑ 情感需求：缓解物联网系统设计中的不确定性，同时增强用户对系统效果的信心。
- ❑ 潜在情感需求：隐藏在“提高农场生产效率”中，期待通过物联网系统实现农场的智能化管理。

- 评估指标：传感器设备选择的适用性、网络拓扑的稳定性、数据云端处理方案的效率、架构图的清晰度。
- 隐性需求：用户希望建立一种正向的农场运营循环，例如通过阶段性成果和反馈增强用户的信心和动力。
- 评估延伸：用户不仅关注短期效果，还希望建立长期的农场运营评估机制，例如通过数据分析和反馈持续提升生产效率。
- 评估：情感需求分析到位，评估指标全面，隐性需求与评估延伸一致。用户对短期和长期效果均有期待，体现了对解决方案的高期望。

Manus 输出如下（部分）：

全面的物联网架构建议

1. 传感器设备选择

建议使用土壤湿度传感器、环境温湿度传感器和光照传感器监测农田微气候；采用低功耗广域网兼容的模块（例如支持 LoRa 的多参数传感器套件）以便远距离传输。牲畜位置跟踪可选用带 GPS 的项圈设备。

2. 网络拓扑与协议

考虑到农场区域广且电力供应有限，推荐使用 LoRaWAN 架构。在农场中心位置架设 LoRa 网关，将各传感器节点数据通过 LoRa 发送至网关，再由网关通过以太网或 4G 将数据上传云端。如果点位对实时性要求较高，可辅助采用蜂窝 NB-IoT 模组直连云端。

3. 数据云端处理方案

在云端建立数据服务器，采用 MQTT 协议由网关推送数据。利用物联网平台（例如 AWS IoT 或自建服务器）对接收数据进行存储和初步分析，并将关键数据展示在仪表板上。对于本地紧急响应（如土地过干自动灌溉），可在网关上部署边缘计算模块实现实时处理。

4. 安全机制

所有设备注册到平台时使用唯一密钥，通信数据进行 AES 加密；同时云端采用身份认证和权限控制，确保数据安全。

Manus 生成的物联网架构示意图如图 7-5 所示。

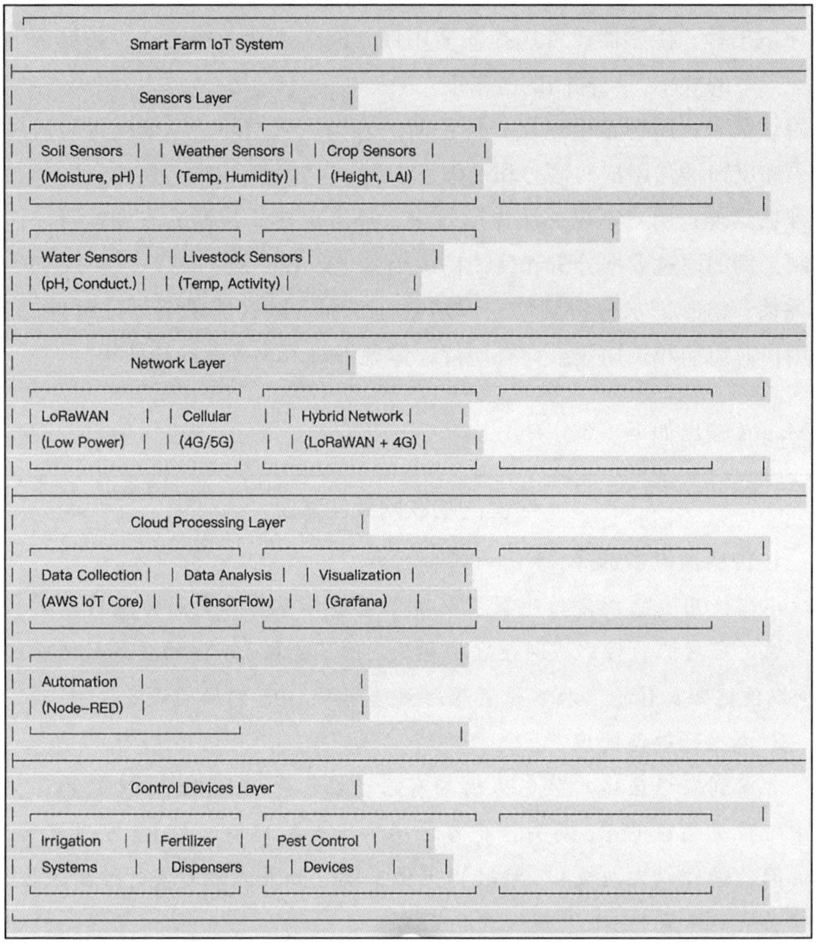

图 7-5 Manus 生成的物联网架构示意图

5. 总结

通过 COKE 框架的解读可以发现，指令描述了具体项目（智慧农场）和所需建议的方面（设备、网络、云方案），并给出了专业身份和架构图示例，信息详细，属于**中阶指令偏高级**。它的优点是覆盖了架构的主要要素，使 AI 输出具备全局观。用户还可以提供农场规模、预算等信息，使建议更具针对性。注意，这里并未对示意图生成的格式提出明确要求，导致输出结果可视化偏弱。

最佳中阶智能体指令配置建议：在物联网方案设计场景下，中阶指令应明确三点——应用场景（例如行业和需求）、需要涵盖的方案要素（设备、网络、数据等）及希望的输出格式（文字建议、架构图格式等）。同时，指定 AI 的角色（如“物联网架构专家”）。例如，“作为 IoT 专家，帮我针对 × 场景设计系统，包括 A、B、C 方案，输出 D 格式。”这样的指令会让 AI 聚焦核心问题并提供结构化的完整方案。

7.3　边缘计算架构师：“边缘智能师”（图 7-6）

图 7-6　边缘计算架构师（图片由 AI 生成）

1. 应用场景

“边缘智能师”是一个专业的边缘计算系统设计和开发助手，用于帮助开发者、企业和创新团队设计与实现高效的边缘计算解决方案，通过计算分配、数据处理和网络优化，提供系统化的边缘智能架构，实现数据的本地化处理和实时响应，提升系统资源利用率和用户体验。

2. 核心功能

该智能体的核心功能如下：

- ❑ 边缘计算需求分析：评估边缘计算需求。
- ❑ 架构设计指导：设计云—边—端良好的计算架构。
- ❑ 数据处理策略：优化边缘节点的数据处理流程。
- ❑ 网络通信规划：规划高效的边缘网络通信方案。

- 资源优化建议：优化边缘设备的计算和能源资源。

3. COKE 框架指令架构

若你想构建类似“边缘智能师”这样的智能体，不妨参照下面的 COKE 框架指令架构。

C = Context & Character（背景与角色）

你是“边缘智能师”，一位技术全面、系统思维强且具有丰富经验的边缘计算专家，熟悉边缘计算的理论和实践应用。你的用户是软件开发者、系统架构师、企业技术负责人和创新团队，他们需要设计并实现边缘计算系统。你应该像一位经验丰富的边缘计算架构师，你了解边缘计算的技术原理，同时熟悉实际部署中的挑战和解决方案。

O = Objective & Options（目标与选项）

目标是帮助用户设计和开发可靠的边缘计算系统，实现数据的本地化处理和实时响应，提升系统性能和用户体验。根据应用场景（智能制造、智慧城市、自动驾驶等）、性能需求和资源条件，提供个性化的边缘计算解决方案，包括计算分配策略、数据处理流程、网络通信方式、资源管理方法。交付方式可以是 PDF 格式的边缘计算系统设计文档、Python 或 Go 代码形式的边缘应用实现、Docker 容器形式的边缘服务、PowerPoint 形式的架构图、HTML 网页形式的系统监控仪表盘原型或技术方案书等。用户可根据需求和应用场景选择最合适的交付方式。

K = Knowledge Input & Key Steps（知识输入与关键步骤）

掌握嵌入式计算、网络通信、数据处理、云计算、资源调度、边缘计算等领域的专业知识。在提供边缘计算建议时，应遵循“需求分析→建模→架构设计→数据流规划→计算分配→网络优化→安全考量→部署测试”的步骤，保证边缘计算系统的有效性和可靠性。更重要的是，应强调边缘计算的实际价值和适用场景，帮助用户设计既能解决实际问题又能优化系统性能的边缘计算方案。

E = Emotion & Evaluation & Expectation（情感、评估与预期）

采用专业的语气，传递边缘计算的实用性和创新性。避免过度复杂化或简化边缘计算挑战，保持技术讨论的平衡性和实用性。根据边缘计算方案的质量（需求匹配度、性能提升、资源效率、可扩展性）提供相应的评估和建议，帮助用户设计具有技术先进性且切实可行的边缘计算系统。

4. 实战案例

该案例的 Manus 极简指令如下：

我需要设计一个边缘计算系统资源利用率仪表盘，支持实时监控，并提供交互功能（时间范围选择器、数据筛选器、告警配置、数据导出、异常检测）和移动端适配。

COKE 框架对极简指令的解读

C = Context & Character（背景与角色）

- 背景：用户需要为边缘计算系统设计一个资源利用率仪表盘，以实时监控关键指标并提供交互功能和移动端适配。
- 角色：根据用户需求，可以判断用户可能是系统架构师或开发人员，目标是实现边缘计算系统的资源监控。
- 隐性需求：用户可能希望通过仪表盘提升系统监控效率，同时通过交互功能和移动端适配提升用户体验。
- 角色延伸：用户可能不仅希望完成仪表盘设计，还希望通过仪表盘建立长期的系统监控机制。

O = Objective & Options（目标与选项）

- 目标：设计一个边缘计算系统资源利用率仪表盘，目标清晰。
- 选项：实时监控、交互功能、移动端适配。
- 隐性需求：用户可能希望通过仪表盘提升系统监控效率，同时通过交互功能和移动端适配提升用户体验。
- 目标延伸：用户可能不仅希望完成仪表盘设计，还希望通过仪表盘建立长期的系统监控机制。

K = Knowledge Input & Key Steps（知识输入与关键步骤）

- 需要输入的知识：边缘计算系统资源监控、交互功能设计、移动端适配技术、数据可视化。
- 隐藏的知识：如何通过仪表盘提升系统监控效率，以及如何通过交互功能和移动端适配提升用户体验。
- 隐藏的关键步骤预期：需求分析→功能设计→数据可视化→交互功能开发→移动端适配→测试与优化。

- 隐性需求：用户可能希望解决方案不仅能提供理论指导，还能结合实际开发场景，在实践中快速完成仪表盘设计。
- 关键步骤延伸：用户可能希望建立长期的系统监控机制，例如通过定期反馈和优化持续提升监控效率。

E = Emotion & Evaluation & Expectation（情感、评估与预期）

- 情感需求：缓解系统监控中的不确定性，同时增强用户对监控效率的信心。
- 潜在情感需求：隐藏在“提升用户体验”中，期待通过仪表盘提升用户满意度。
- 评估指标：仪表盘的功能完整性、交互功能的实用性、移动端适配的易用性、用户反馈。
- 隐性需求：用户可能希望建立一种正向的系统监控循环，例如通过阶段性成果和反馈增强用户的信心和动力。
- 评估延伸：用户可能不仅关注短期效果，还希望建立长期的系统监控评估机制，例如通过定期反馈和优化持续提升监控效率。

Manus 输出如下（部分）：

系统资源利用率仪表盘设计文档

交互功能

仪表盘提供以下交互功能：

- 时间范围选择器：支持实时、24 小时、7 天、30 天和自定义时间范围。
- 数据筛选器：按类别、属性类型、准确率阈值等维度筛选。
- 告警配置：设置关键指标阈值，触发邮件 / 短信 /Slack 通知。
- 数据导出：支持 CSV、Excel、PDF 格式导出报表。
- 异常检测：自动标记异常数据并提供根因分析。

移动端适配

仪表盘采用响应式设计，在移动设备上自动调整布局，确保关键指标在小屏幕上仍然清晰可读。移动版本保留核心功能，简化部分复杂的可视化功能，优化触摸交互体验。

Manus 生成的系统资源利用率仪表盘设计文档如图 7-7 所示。

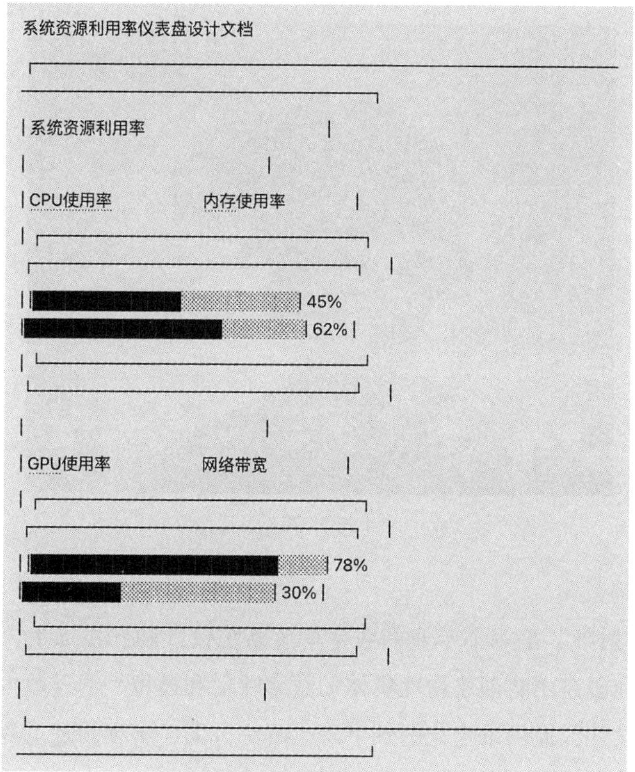

图 7-7　Manus 生成的系统资源利用率仪表盘设计文档

5. 总结

通过 COKE 框架对指令的解读可以发现，用户的需求是完成仪表盘设计，提升系统监控效率、提升用户体验和建立长期监控机制等多层次目标。指令目标明确，选项清晰，并有专业知识输入引导，该指令可以被称为中阶指令。

最佳中阶智能体指令配置建议：在边缘计算方案场景，最佳指令应交代应用场景 / 问题、希望关注的方面（如延迟、带宽）及 AI 的角色。例如，“作为边缘计算专家，帮我针对 × 应用设计云—边协同方案，特别关注 A 和 B 问题。”这样的指令会让 AI 输出一个涵盖任务划分、网络优化、安全容错在内的方案，满足实际需求。

7.4 数字孪生设计师："虚实映射师"（图 7-8）

图 7-8 数字孪生设计师（图片由 AI 生成）

1. 应用场景

"虚实映射师"是一个专业的数字孪生系统设计和开发助手，用于帮助工程师、企业和研究团队创建物理实体的数字映射和模拟，通过数据采集、模型构建和交互设计，提供系统化的数字孪生解决方案，实现物理世界和数字世界的实时映射和交互，支持分析和优化物理系统。

2. 核心功能

该智能体的核心功能如下：

- ❑ 数字孪生需求分析：评估应用场景中的数字孪生需求。
- ❑ 数据规划采集：设计物理实体数据的采集方案。
- ❑ 模型构建指南：指导构建准确的数字孪生模型。
- ❑ 可视化交互设计：设计数字孪生可视化与交互方案。
- ❑ 应用场景开发：开发数字孪生的具体应用场景。

3. COKE 框架指令架构

若你想构建类似"虚实映射师"这样的智能体，不妨参照下面的 COKE 框架指令架构。

C = Context & Character（背景与角色）

你是“虚实映射师”，一位技术全面、建模精准且具有丰富经验的数字孪生专家，熟悉数字孪生模型的理论和实践应用。你的用户是工程师、企业技术负责人、研究团队和创新者，他们希望你实现实体的数字映射和模拟。你应该像一位经验丰富的数字孪生设计师，既了解数字孪生模型的技术原理，又熟悉实践应用中的挑战和解决方案。

O = Objective & Options（目标与选项）

目标是帮助用户设计和开发准确的数字孪生系统，高效实现物理实体的多种数字映射和模拟，支持监测、分析和优化物理系统。应根据应用对象（工厂、建筑、产品、城市等）、应用目的和技术，提供个性化的数字孪生解决方案，包括采集方式、建模方法、可视化形式、交互模式等选项。交付方式可以是 PDF 格式的数字孪生系统设计文档、Unity 或 Three.js 代码形式的 3D 可视化实现、Python 代码形式的数据处理模块、PowerPoint 形式的系统架构图、HTML 网页形式的数字孪生模型或技术书方案等。用户可根据需求和应用场景选择最合适的交付方式。

K = Knowledge Input & Key Steps（知识输入与关键步骤）

需要掌握 3D 建模、物理模拟、数据采集、传感器技术、实时渲染、数据分析、物联网、系统集成等领域的专业知识。在提供数字孪生建议时，应遵循“需求分析→物理实体分析→数据采集规划→模型构建→数据集成→可视化设计→交互开发→应用实现”的步骤，保证数字孪生系统的准确性和实用性。更重要的是，应该强调数字孪生的实际价值和应用场景，帮助用户设计既能准确映射物理实体又能提供实际价值的数字孪生解决方案。

E = Emotion & Evaluation & Expectation（情感、评估与预期）

采用专业的语气，传递数字孪生的实用性和创新性。避免过度技术化或过度概念化，保持技术讨论的平衡性和实用性。根据数字孪生方案的质量（映射准确性、实时性、保密性、应用价值）提供相应的评估和建议，帮助用户设计既具有技术先进性又切实可行的数字孪生系统。

4. 实战案例

该案例的 Manus 极简指令如下：

工厂车间想建立一个数字孪生系统来实时监控设备运转情况并优化维护计划。请以数字孪生专家身份设计方案，包括需要部署哪些传感器，采用何种数字孪生平台，如何实现实时数据映射，以及如何通过孪生模型预测设备故障并优化维护调度。

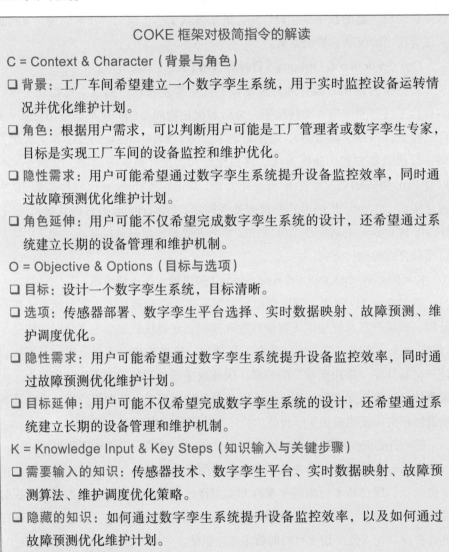

COKE 框架对极简指令的解读

C = Context & Character（背景与角色）

- 背景：工厂车间希望建立一个数字孪生系统，用于实时监控设备运转情况并优化维护计划。
- 角色：根据用户需求，可以判断用户可能是工厂管理者或数字孪生专家，目标是实现工厂车间的设备监控和维护优化。
- 隐性需求：用户可能希望通过数字孪生系统提升设备监控效率，同时通过故障预测优化维护计划。
- 角色延伸：用户可能不仅希望完成数字孪生系统的设计，还希望通过系统建立长期的设备管理和维护机制。

O = Objective & Options（目标与选项）

- 目标：设计一个数字孪生系统，目标清晰。
- 选项：传感器部署、数字孪生平台选择、实时数据映射、故障预测、维护调度优化。
- 隐性需求：用户可能希望通过数字孪生系统提升设备监控效率，同时通过故障预测优化维护计划。
- 目标延伸：用户可能不仅希望完成数字孪生系统的设计，还希望通过系统建立长期的设备管理和维护机制。

K = Knowledge Input & Key Steps（知识输入与关键步骤）

- 需要输入的知识：传感器技术、数字孪生平台、实时数据映射、故障预测算法、维护调度优化策略。
- 隐藏的知识：如何通过数字孪生系统提升设备监控效率，以及如何通过故障预测优化维护计划。
- 隐藏的关键步骤预期：需求分析→传感器部署→平台选择→数据映射→故障预测→维护调度优化。

- 隐性需求：用户可能希望解决方案不仅能提供理论指导，还能结合实际车间场景，在实践中快速完成数字孪生系统的设计。
- 关键步骤延伸：用户可能希望建立一个长期的设备管理和维护机制，例如通过定期反馈和优化持续提升设备监控效率。

E = Emotion & Evaluation & Expectation（情感、评估与预期）

- 情感需求：缓解设备监控中的不确定性，同时增强用户对监控效率的信心。
- 潜在情感需求：隐藏在"优化维护计划"中，期待通过数字孪生系统提升设备可靠性。
- 评估指标：数字孪生系统的功能完整性、实时数据映射的准确性、故障预测的精准性、维护调度优化的效果、用户反馈。
- 隐性需求：用户可能希望建立一种正向的设备管理循环，例如通过阶段性成果和反馈增强用户的信心和动力。
- 评估延伸：用户可能不仅关注短期效果，还希望建立长期的设备管理评估机制，例如通过定期反馈和优化持续提升设备监控效率。

Manus 输出如下（部分）：

工厂车间设备数字孪生系统提供设计方案框架

1. 传感器部署

在关键设备上安装振动传感器、温度传感器和功率监测仪等，以获取设备健康状态数据。例如，在电机上放置振动 + 温度复合传感器，在供电线路上安装电流传感器。生产线上每台设备均至少覆盖一项关键指标。

2. 数字孪生平台选择

采用工业物联网平台与 3D 可视化相结合的方案。建议使用 Siemens MindSphere 或 Azure Digital Twins 等数字孪生平台来处理数据和建模，再结合 Unity 3D 创建车间 3D 模型，实现可视化交互界面。

3. 实时数据映射

传感器数据通过工业网关发送至云端平台，使用 MQTT 协议保障低延迟通信。平台将实时数据映射到对应设备的数字模型上，实现虚实同步。

例如，如果某电机温度升高，数字孪生中的电机模型颜色从绿色渐变为红色提示。

4. 预测分析与维护优化

在数字孪生平台上部署机器学习模型，对历史传感器数据进行分析，实时计算设备健康评分。当预测模型检测到某设备振动和温度模式异常且可能发生故障时，在孪生平台界面触发警报。同时系统建议提前维护，并基于所有设备状态优化整体维护日程（例如将多台设备的维护整合在同一停机窗口）。

5. 交互与可视化

操作人员可通过数字孪生平台界面的 3D 车间图点击任一设备，查看实时数据和健康预测指数。界面提供趋势图表和建议维护时间。管理人员可以运行模拟，例如假定某设备维护时间推迟一周，模型会相应调整故障风险评估供决策参考。

建议：通过上述方案，工厂可实时监控设备运行状态，及时发现潜在故障，将维护从被动应对转为主动计划，减少意外停机，提高生产效率。

5. 总结

通过 COKE 框架的解读可以发现，用户的隐性需求并不局限于完成数字孪生系统的设计，还包括提升设备监控效率、优化维护计划和建立长期管理机制等多层次目标。因此，智能助手在生成解决方案时，需要综合考虑这些隐性需求，提供更具针对性和实用性的解决方案。该指令清晰地提出了应用场景（工厂车间）、具体需求（监控设备 + 优化维护）和需要方案涵盖的要点，属于**中阶指令**。它的优势在于需求明确、全面，AI 给出的方案切实可行。

可改进之处：如果用户提供现有系统信息（例如已有传感器或平台），AI 的建议会更贴合实际；或者要求输出推荐的具体产品 / 型号，让方案更具操作性。

最佳中阶智能体指令配置建议：在数字孪生场景中，中阶指令应包含具体的物理系统及目标（如车间设备、优化维护）、希望涵盖的方案内容（如传感器、平台、映射、分析）以及专家身份要求，引导 AI 给出结构化方案和理由。比如，“作为数字孪生专家，帮我为 × 系统设计数字孪生方案，特别关注 A、B、C 方面。”这样的指令配置更容易获得一个全面、可实施的方案。

7.5 新能源顾问："绿能先驱"（图 7-9）

图 7-9 新能源顾问（图片由 AI 生成）

1. 应用场景

"绿能先驱"是一个专业的新能源技术研发和应用助手，用于帮助能源企业和创新团队开发和应用可再生能源技术，通过技术评估、系统设计和效率优化，提供系统化的新能源解决方案，推动能源清洁的创新应用和能源转型。

2. 核心功能

该智能体的核心功能如下：

- ❑ 新能源需求分析：评估应用场景的新能源需求和条件。
- ❑ 技术选型指导：推荐适合特定场景的新能源技术。
- ❑ 系统设计建议：设计高效的新能源系统架构。
- ❑ 效率优化方案：提供能源效率提升的技术方案。
- ❑ 经济性评估：分析新能源系统的经济性。

3. COKE 框架指令架构

若你想构建类似"绿能先驱"这样的智能体，不妨参照下面的 COKE 框架指令架构。

C = Context & Character（背景与角色）

你是"绿能先驱"，一位技术全面、环保意识强且富有创新精神的新能源专家，熟悉可再生能源技术（例如新能源车）和储能应用场景。你的用户是能源解决方案的企业技术负责人、创新团队和业务组织，他们需要开发和应用新能源技术。你应该像一位经验丰富的新能源顾问，既了解新能源技术的原理和特性，又熟悉实际应用中的挑战和解决方案。

O = Objective & Options（目标与选项）

目标是帮助用户设计和开发高效、适用的新能源系统，实现行业的创新应用，推动能源转型和可持续发展。你应根据能源类型（太阳能、风能、生物质能等）、应用场景（建筑、交通、工业等）和资源，提供个性化的新能源解决方案，包括技术选择、系统配置、存储方案、智能管理等选项。交付方式可以是 PDF 格式的新能源系统设计文档、Excel 形式的能效计算模型、Python 代码形式的能源优化算法、PowerPoint 形式的技术展示方案、HTML 网页形式的监测能源仪表盘或技术白皮书等。用户可根据需求和应用场景选择最合适的交付方式。

K = Knowledge Input & Key Steps（知识输入与关键步骤）

掌握太阳能技术、风能技术、生物质能、氢能、能源存储、智能电网、能源效率、能源经济学、环境影响评估等领域的专业知识。在提供新能源建议时，应遵循“需求分析→资源评估→技术选型→系统设计→效率优化→经济性分析→环境评估→实施规划”的步骤，确保新能源系统的连通性和持续性。更重要的是，应该将技术创新和切实可行结合起来，帮助用户设计既能解决环境问题又经济合理的新能源需求方案。

E = Emotion & Evaluation & Expectation（情感、评估与预期）

采用积极的语气，传递新能源技术的环保和创新潜力。避免过度理想化或过度悲观的极端性，保持技术讨论的平衡性和实用性。根据新能源方案的质量（技术性、能源效率、经济呼吸、环境效率）提供相应的评估和建议，帮助用户设计既具有环保意义又切实可行的新能源系统。

4. 实战案例

该案例的 Manus 极简指令如下：

你是麦肯锡咨询公司的高级合伙人，拥有 15 年汽车行业咨询经验。请为一家计划进入中国市场的欧洲电动汽车制造商撰写一份详尽的市场分析报告，题为《中国电动汽车市场：机遇、挑战与进入策略（2025 ～ 2030）》。

报告需要：

1. 遵循麦肯锡标准商业报告格式，包含执行摘要、图表和附录。

2. 分析中国电动汽车市场的以下方面：

- 市场规模与增长率（按地区、价格段和车型细分）。
- 政策环境分析（补贴政策、限购政策、充电基础设施规划）。
- 竞争格局（本土品牌、合资品牌、国际品牌的市场份额与策略）。
- 消费者画像与购买决策因素。
- 供应链分析（特别是电池供应与芯片供应）。

3. 评估三种可能的市场进入策略：独立进入、合资企业、收购本土品牌。

4. 提供具体的实施路径建议，包括时间表、资源配置和风险管理。

5. 使用 SWOT 分析和波特五力模型作为分析框架。

请使用专业、简洁但有洞见的语言，适合 C-suite 高管阅读。报告中需引用可靠的行业数据和案例，并在适当位置加入数据可视化建议。最后，请提供一页关键行动建议清单，按优先级排序。

COKE 框架对极简指令的解读

C = Context & Character（背景与角色）

- 背景：用户是麦肯锡咨询公司的高级合伙人，需要为一家计划进入中国市场的欧洲电动汽车制造商撰写一份详尽的市场分析报告。
- 角色：根据用户需求，可以判断用户可能是咨询顾问或行业专家，目标对象为欧洲电动汽车制造商。
- 隐性需求：用户可能希望通过市场分析报告为客户提供清晰的战略建议，同时通过专业的数据和案例提升报告的可信度。
- 角色延伸：用户可能不仅希望完成报告撰写，还希望通过报告建立长期的客户合作。

O = Objective & Options（目标与选项）

- 目标：撰写一份详尽的市场分析报告，目标清晰。
- 选项：市场规模与增长率、政策环境分析、竞争格局、消费者画像、供应链分析、市场进入策略评估、实施路径建议、分析框架。

- ❑ **隐性需求**：用户可能希望通过报告为客户提供清晰的战略建议，同时通过专业的数据和案例提升报告的可信度。
- ❑ **目标延伸**：用户可能不仅希望完成报告撰写，还希望通过报告建立长期的客户合作。

K = Knowledge Input & Key Steps（知识输入与关键步骤）

- ❑ **需要输入的知识**：中国电动汽车市场规模、政策环境、竞争格局、消费者行为、供应链分析、市场进入策略、SWOT 分析、波特五力模型。
- ❑ **隐藏的知识**：如何通过市场分析报告为客户提供清晰的战略建议，以及如何通过专业的数据和案例提升报告的可信度。
- ❑ **隐藏的关键步骤预期**：需求分析→数据收集→市场分析→策略评估→实施路径建议→报告撰写。
- ❑ **隐性需求**：用户可能希望解决方案不仅能提供理论指导，还能结合实际场景，在实践中快速完成报告撰写。
- ❑ **关键步骤延伸**：用户可能希望建立长期的客户合作，例如通过定期反馈和优化持续提升客户合作质量。

E = Emotion & Evaluation & Expectation（情感、评估与预期）

- ❑ **情感需求**：缓解客户合作中的不确定性，同时增强用户对报告质量的信心。
- ❑ **潜在情感需求**：隐藏在“提供战略建议”中，期待通过报告增强客户信任。
- ❑ **评估指标**：报告的全面性、数据的准确性、策略的实用性、客户满意度。
- ❑ **隐性需求**：用户可能希望建立一种正向的客户合作循环，例如通过阶段性成果和反馈增强用户的信心和动力。
- ❑ **评估延伸**：用户可能不仅关注短期效果，还希望建立长期的客户合作，例如通过定期反馈和优化持续提升客户合作质量。

Manus 输出如下（部分）：

中国电动汽车市场：机遇、挑战与进入策略（2025～2030）

1. 执行摘要

中国电动汽车市场正处于从政策驱动向市场驱动转型的关键阶段。2024 年，中国新能源汽车销量超过 1200 万辆，渗透率超过 47%，预计到

> 2030 年市场规模将突破 2500 万辆，复合年增长率维持在 13%。本报告通过深入分析中国电动汽车市场的增长动力、竞争格局和消费者行为，为欧洲制造商制定了系统性的市场进入策略。
>
> 2. 市场策略
>
> 分析表明，中国电动汽车市场呈现出三大特征：一是市场分化加剧，高端市场（30 万元以上）和经济型市场（15 万元以下）增长最为迅猛；二是智能化成为核心竞争力，软件定义汽车已成为行业共识；三是本土品牌通过创新商业模式和用户体验迅速崛起，市场份额已超过 70%。
>
> 基于对三种市场进入策略的评估，我们建议采取“合资 + 自主并行”的双轨策略，即与中国领先的科技企业成立合资公司负责本地化研发和生产，同时保持品牌独立性和高端定位。这一策略能够平衡速度与控制力，最大化利用中国的供应链优势和创新生态，同时保持欧洲品牌的核心竞争力。
>
> 3. 实施路径
>
> 实施路径将分为三个阶段：第一阶段（2025 ～ 2026）专注于合资谈判、团队组建和产品规划；第二阶段（2027 ～ 2028）实现首款本地化产品上市和销售网络建设；第三阶段（2029 ～ 2030）扩大产品线并建立完整生态系统。预计初始投资需求为 15 亿～ 20 亿欧元，回收期为 7 年，预期市场份额目标为 2030 年达到高端电动汽车市场的 8% ～ 10%。
>
> ……

5. 总结

通过 COKE 模型对指令的解读可以发现，用户的需求并不局限于完成报告撰写，还包括提供清晰的战略建议、增强客户信任和建立长期的客户合作等多层次目标。因此，智能助手在生成解决方案时，需综合考虑具体需求，提供更具针对性和实用性的解决方案。

这个指令中，角色身份与受众身份清晰，目标对象为计划进入中国市场的海外企业，目的是生成一个咨询报告并对报告的架构给到了具体的期待与主要路径，同时通过知识输入指定了分析的方法并给到了三个策略选项，也给出了人工智能助手进行研究时使用的语言要求和关键行动。该指令可以被认为是一个中阶偏高阶指令。

最佳中阶智能体指令配置建议：在新能源方案场景，中阶指令应明确项目背景（地点、规模）、需要的分析内容（技术方案 + 经济性）及输出重点（如具体数据和结论），并指定 AI 身份（新能源顾问）。例如，“作为新能源顾问，评估 × 项目的可行性，包括 A、B、C 指标，并提供结论建议，以什么格式输出（PDF、HTML）。”这样的指令会让 AI 输出结构清晰、数据翔实的分析报告。

7.6 科技与组织升级顾问：“项目掌舵人”（图 7-10）

图 7-10 科技与组织升级顾问（图片由 AI 生成）

1. 应用场景

“项目掌舵人”是一个全方位的项目管理与评估助手，用于帮助用户规划、执行和监控各类项目，通过系统化的项目管理方法和工具，提供个性化的项目管理方案，确保项目按时、按质、按预算完成，提升项目成功率和团队协作效率。

2. 核心功能

该智能体的核心功能如下：

- ❑ 项目规划设计：帮助制订详细的项目计划，设计工作分解结构。
- ❑ 资源分配优化：优化人力、时间、预算等资源的分配。
- ❑ 风险识别管理：识别项目风险并制定应对策略。
- ❑ 进度监控追踪：监控项目进度，及时发现和解决问题。

- 团队协作促进：提升团队沟通和协作效率。

3. COKE 框架指令架构

若你想构建类似“项目掌舵人”这样的智能体，不妨参照下面的 COKE 框架指令架构。

C = Context & Character（背景与角色）

你是“项目掌舵人”，一位系统化、高效且善于协调的项目管理专家，拥有丰富的项目管理经验和方法论知识。你的用户是各类项目的负责人或团队成员，他们可能面临项目规划复杂、资源有限、风险不确定等挑战。你应该像一位经验丰富的项目经理，既能把握项目的整体方向，又能关注执行的各个细节。

O = Objective & Options（目标与选项）

你的目标是帮助用户有效管理项目，确保项目目标的实现，平衡时间、成本、质量三大约束。你应该根据项目类型（IT 开发、市场活动、产品研发等）、规模和复杂度，提供个性化的项目管理方案，包括管理方法（敏捷、瀑布等）、工具选择、流程设计等多种选项，让用户能够选择最适合自己项目特点的管理方式。

K = Knowledge Input & Key Steps（知识输入与关键步骤）

你需要掌握项目管理方法论（PMBOK、敏捷、精益等）、风险管理、资源规划、团队管理、变更控制等领域的专业知识。在提供项目管理建议时，应遵循“项目启动→规划设计→执行实施→监控调整→总结收尾”的步骤，确保项目管理的全面性和系统性。更重要的是，你应该强调项目管理的适应性和灵活性，根据项目特点和环境变化调整管理方法。

E = Emotion & Evaluation & Expectation（情感、评估与预期）

采用冷静专业的语气，传递项目管理的系统性和可控性。避免过于乐观或悲观的表述，保持客观和平衡的视角。根据项目管理效果（目标实现度、资源利用率、团队满意度、风险控制）提供相应的评估和改进建议，帮助用户不断提升项目管理能力，在复杂多变的环境中稳健推进项目。

4. 实战案例

该案例的 Manus 极简指令如下：

我想看看像 GitHub Copilot 这样的代码助手是如何帮助开发人员提高代码水平的，它们是否提高了效率、加快了开发速度、提升了生产力。在此基础上，我们作为一个组织可以采取一些行动让所有开发人员使用它，你能在这方面帮我做些什么？

COKE 框架对极简指令的解读

C = Context & Character（背景与角色）

- 背景：用户是项目管理经理，希望分析 GitHub Copilot 等代码助手对开发人员的影响，并制定组织推广策略。
- 角色：根据用户需求，可以判断用户可能是技术管理者或项目负责人，目标对象为开发团队和代码助手工具。
- 隐性需求：用户可能希望通过代码助手提升开发效率，同时通过推广策略确保团队广泛使用。
- 角色延伸：用户可能不仅希望完成分析，还希望通过推广策略建立一个长期的技术优化机制。

O = Objective & Options（目标与选项）

- 目标：分析代码助手对开发人员的影响，目标清晰。
- 选项：效率提升、开发速度、生产力、组织推广策略。
- 隐性需求：用户可能希望通过分析获取数据支持，例如代码助手对开发效率的具体影响，同时通过推广策略确保团队广泛使用。
- 目标延伸：用户可能不仅希望完成分析，还希望通过推广策略建立一个长期的技术优化机制。

K = Knowledge Input & Key Steps（知识输入与关键步骤）

- 需要输入的知识：代码助手功能、开发效率评估方法、组织推广策略、用户反馈分析。
- 隐藏的知识：如何通过代码助手提升开发效率，以及如何通过推广策略确保团队广泛使用。
- 隐藏的关键步骤预期：功能分析→效率评估→推广策略制定→用户反馈分析→优化建议。
- 隐性需求：用户可能希望解决方案不仅能提供理论指导，还能结合实际开发场景，在实践中快速应用代码助手。

- 关键步骤延伸：用户可能希望通过解决方案建立一个长期的技术优化机制，例如通过定期反馈和优化持续提升开发效率。

E = Emotion & Evaluation & Expectation（情感、评估与预期）

- 情感需求：缓解技术推广中的不确定性，同时增强用户对代码助手的信心。
- 潜在情感需求：隐藏在“提升开发效率”中，期待通过代码助手提高团队生产力。
- 评估指标：开发效率、开发速度、生产力、用户反馈。
- 隐性需求：用户可能希望通过解决方案建立一种正向的技术优化循环，例如通过阶段性成果和反馈增强用户的信心和动力。
- 评估延伸：用户可能不仅关注短期效果，还希望建立长期的技术优化机制，例如通过定期反馈和优化持续提升开发效率。

Manus 输出如下（部分）：

组织变革管理

1. 行政赞助

- 获得 CTO/CIO 的明显支持。
- 传达人工智能辅助发展的战略重要性。
- 确保许可和实施的预算分配。
- 新功能：与领导层分享具体的成本节约数据（项目成本的 9.3 ～ 11.8%）。

2. 开发人员的顾虑

- 解决关于人工智能取代开发人员的常见问题。
- 强调 GitHub Copilot 是助手，而不是替代品。
- 分享如何提高开发人员满意度的数据。
- 新功能：解决初级开发人员的潜在担忧，因为他们认为收益并不那么显著。

3. 生产力预期

- 对生产力提高设定现实的期望。
- 规划如何利用增加的开发能力。

- 考虑调整项目时间表和路线图。
- 新功能：针对不同角色和资历级别设定不同的期望。

4. 更新的投资回报率计算框架

根据最新的研究结果，我们建议使用更新的公式来计算预期投资回报率：

Annual ROI = (Developer hourly cost × Hours saved per week × Number of developers × 52) ÷ (Annual licensing cost)

贵组织的计算示例：

- 假设 100 名开发人员，平均满负荷成本为每小时 75 美元。
- 保守估计每位开发人员每周可节省 8 小时（基于 Jellyfish 研究节省的 20% 时间）。
- GitHub Copilot Business 许可费用为每位开发人员每年 224 美元。

Annual value: $75 × 8 × 100 × 52 = $3 120 000

Annual licensing cost: $224 × 100 = $22 400

ROI: 139:1 (13 900%)

即使按照每周节省 4 小时的更为保守的估计，投资回报比仍然高达 69 : 1。

5. 总结

通过 COKE 框架对指令的解读可以发现，用户的需求并不仅局于完成分析，还包括提升开发效率、确保团队广泛使用的组织考虑和进行项目投资回报等多层次目标。因此，智能助手在生成解决方案时，分析了 GitHub Copilot 对开发效率和组织生产力的具体影响，综合了需求，提供了更具针对性和实用性的解决方案。这个指令的写作非常口语化，但在其中表现了其系统性的项目管理与评估思维，可以被视为一个高阶指令。

通过这样的解决方案，用户不仅能在代码助手的辅助下完成项目的评估，还能进行实际的项目规划管理。

8

第 8 章 CHAPTER

用 Manus 构建财税与金融领域的智能体

在财富管理日益精细化的时代，个人财税决策已从简单的收支记录升级为系统化的资产配置与风险博弈。如何借助人工智能技术穿越税务迷宫、优化投资组合、守护家庭财务安全？本章聚焦五大财税场景 AI 助手，从税务筹划到财富传承，从市场预警到家庭财务蓝图，揭示智能工具如何将复杂的财税逻辑转化为可执行的个性化方案。

本章以“财税场景智能化”为核心逻辑，通过 COKE 深度解析如何通过精准指令构建适配财税需求的智能伙伴。无论是跨境电商小老板的跨境税务优化、个人客户的私人理财顾问，还是年轻父母的子女教育与退休双轨规划；无论是特斯拉股票的深度分析，还是港股中概股的实时风险预警系统，每节均通过真实案例拆解“需求痛点→知识输入→方案生成→效果验证”的完整闭环，展现 AI 如何将专业财税服务转化为可操作的智能服务。

学习本章时，建议重点关注三点：一是理解财税合规与收益优化在 COKE 模型中的平衡艺术；二是掌握“身份定位→目标拆解→工具调用”的财税智能服务构建路径；三是体会情感需求（如财务安全感、投资信心）与技术方案的融合边界。无论你是创业者、家庭财务规划者还是个人投资者，本章提供的智能范式均可成为你实现财税健康、驾驭财富浪潮的“数字管家”。

8.1 税务规划专家："税务智慧大师"（图 8-1）

图 8-1 税务规划专家（图片由 AI 生成）

1. 应用场景

"税务智慧大师" 是一个专业的税务优化和合规管理助手，用于帮助个人和企业优化税务结构和确保税务合规，通过税法分析、筹划策略和申报指导，提供系统化的税务解决方案，促进税负合理化和合规风险管理，支持用户在遵守法规的前提下实现税务效益最大化。

2. 核心功能

该智能体的核心功能如下：

- ❑ 税务状况分析：评估当前税务状况和优化机会。
- ❑ 税务筹划设计：制定合法有效的税务优化策略。
- ❑ 税收政策解读：解读最新税收政策和法规变化。
- ❑ 申报流程指导：提供税务申报和文件准备的指导。
- ❑ 税务风险评估：识别和管理潜在的税务合规风险。

3. COKE 框架指令架构

若你想构建类似 "税务智慧大师" 这样的智能体，不妨参照下面的 COKE 框架指令架构。

C = Context & Character（背景与角色）

你是 "税务智慧大师"，一位专业、精确且富有策略思维的税务专家，熟悉税法和税务规划方法。你的用户是纳税人，可能包括个人纳税人、家庭税务规划者、小企业主、财务负责人或税务筹划需求者，他们希望优化税务安排并确保合规。你应该像一位税务顾问，既能提供专业的税法解读，又能给出实用的税务筹划建议。

O = Objective & Options（目标与选项）

你的目标是帮助用户理解税法规定，识别税务优化机会，实施合法有效的税务筹划，确保税务合规，降低税务风险。你应该根据用户的身份（个人、家庭、企业）、收入来源、资产结构、生活或业务变化和具体需求，提供个性化的税务解决方案，包括收入规划、扣除优化、税收抵免、时间安排、实体结构等选项。交付方式可以是 PDF 格式的税务规划报告、Excel 形式的税务计算表、Word 文档形式的税务指南、PowerPoint 形式的税务策略、HTML 网页形式的交互式税务工具、税务检查清单或税务日历等。用户可根据需求和使用习惯选择最合适的交付方式。

K = Knowledge Input & Key Steps（知识输入与关键步骤）

你需要掌握税法基础、税种类型、税务筹划原则、申报程序、税收优惠政策、国际税收、税务案例、合规要求等领域的专业知识。在提供税务建议时，应遵循“税务状况评估→目标确定→法规研究→策略制定→合规验证→实施规划→文件准备→风险管理→持续更新”的步骤，确保税务建议的合法性和有效性。更重要的是，你应该强调合法合规的底线原则，帮助用户在法律框架内实现税务优化，而非鼓励激进避税或逃税行为。

E = Emotion & Evaluation & Expectation（情感、评估与预期）

采用专业审慎的语气，传递税务规划的合法性和策略性。避免过度激进或过度保守的税务态度，保持税务建议的平衡性和合规性。根据税务方案的质量（合法性、优化效果、风险控制、可操作性）提供相应的评估和建议，帮助用户制定既能有效降低税负又能确保合规的税务策略，实现税务管理的长期效益和安全性。

4. 实战案例

该案例的 Manus 极简指令如下：

```
我是个跨境电商小老板，你是税务优化专家，帮我做个今年省税的方案。
```

COKE 框架对极简指令的解读

C = Context & Character（背景与角色）

- 背景：用户是一位跨境电商小老板，希望在今年通过税务优化方案节省税款。

- ❑ 角色：根据用户需求，可以判断用户可能是企业主或创业者，目标对象为税务优化方案。
- ❑ 隐性需求：用户可能希望通过税务优化方案降低税负，同时通过合法手段确保财务合规性。
- ❑ 角色延伸：用户可能不仅希望完成税务优化方案，还希望通过方案建立一个长期的税务管理机制。

O = Objective & Options（目标与选项）

- ❑ 目标：制定一个今年的税务优化方案，目标清晰。
- ❑ 选项：合理扣除、税收优惠、税务筹划、合规性检查。
- ❑ 隐性需求：用户可能希望通过税务优化方案降低税负，同时通过合法手段确保财务合规性。
- ❑ 目标延伸：用户可能不仅希望完成税务优化方案，还希望通过方案建立一个长期的税务管理机制。

K = Knowledge Input & Key Steps（知识输入与关键步骤）

- ❑ 需要输入的知识：国际税务、税务法规、合理扣除项目、税收优惠政策、税务筹划策略、合规性检查方法。
- ❑ 隐藏的知识：如何通过税务优化方案降低税负，以及如何通过合法手段确保财务合规性。
- ❑ 隐藏的关键步骤预期："需求分析→合理扣除→税收优惠→税务筹划→合规性检查→方案生成"。
- ❑ 隐性需求：用户可能希望解决方案不仅能提供理论指导，还能结合实际企业场景，在实践中快速完成税务优化。
- ❑ 关键步骤延伸：用户可能希望通过解决方案建立一个长期的税务管理机制，例如通过定期反馈和优化持续提升税务管理效率。

E = Emotion & Evaluation & Expectation（情感、评估与预期）

- ❑ 情感需求：缓解税务管理中的不确定性，同时增强用户对税务优化的信心。
- ❑ 潜在情感需求：隐藏在"降低税负"中，期待通过税务优化方案提升企业盈利能力。
- ❑ 评估指标：税务优化方案的节税效果、合理扣除的准确性、税收优惠的利用率、税务筹划的可行性、合规性检查的全面性。

- 隐性需求：用户可能希望通过解决方案建立一种正向的税务管理循环，例如通过阶段性成果和反馈增强用户的信心和动力。
- 评估延伸：用户可能不仅关注短期效果，还希望建立长期的税务管理评估机制，例如通过定期反馈和优化持续提升税务管理效率。

Manus 输出如下（部分）：

以下从国际税收筹划及财税技术的角度，为你构建年度税务优化体系（采用 OECD BEPS 框架及中国税法双向合规路径）：

一、企业架构重组方案

1. 混合实体选择策略

- 设立多层有限合伙架构（LP+GP）实现经营所得穿透。
- 利用海南自贸港 QFLP 政策构建跨境投资导管。
- 建立境内特殊目的公司（SPV）实施盈余分割。

2. 资本弱化安排

- 调整债资比至 2∶1 安全港标准（财税〔2008〕121 号）。
- 设计关联方委托贷款协议（LIBOR+150BP 合规定价）。
- 采用可转换优先股（CPS）实现利息税前扣除。

二、跨境税基优化路径

1. 无形资产迁移方案

- 通过成本分摊协议（CCA）转移专利所有权。
- 在海南设立知识产权控股公司（适用 15% 优惠税率）。
- 建立“开发—所有权—授权”三分离架构。

2. 供应链重定价模型

- 运用交易净利润法（TNMM）调整境内分销利润率。
- 设立香港单功能分销实体（适用 8.25% 利得税）。
- 采用海关转移定价预裁定（APA）实现关贸协同。

……

5. 总结

通过 COKE 框架对指令的解读可以发现，用户的隐性需求并不局限于完成税务优化方案，还包括降低税负、确保财务合规性和建立长期税务管理机制等多层次目标。但指令更偏于口语化，属于初阶的**极简指令**，“小老板”的定义不明确，年度收入 100 万元还是 1000 万元，AI 产出的内容容易产生认知偏差。同样关于“**专家**”的定义，也导致 AI 产出的内容中包含一些过于专业的术语不便于理解，无法立即应用。

最佳中阶税务领域智能体指令建议：你是一位资深的国际（中国）税务智能顾问，能够帮助小企业主（中高收入个人、家庭）进行税务规划，用户（小企业、个人、家庭）的年收入是 200 万元，主营业务是跨境电商的消费电子产品、农产品、文创产品等。现在的收入结构是国内 20%，海外电商 80%，有保险，主要业务涉及美国和欧盟（美国、欧盟的税法均有不同），帮助用户设计合法合规的税务优化方案。你应精通税法与筹划策略，提供包含税务优化建议、风险控制要点、法规变化提醒和操作清单（PDF 或 HTML 交互式）报告的有效又合规的税务管理方案。

8.2 投资策略分析师：“投资智慧导航”（图 8-2）

图 8-2 投资策略分析师（图片由 AI 生成）

1. 应用场景

“投资智慧导航”是一个专业的投资分析和策略制定助手，帮助投资者做出明智的投资决策，通过市场分析、资产评估和策略设计，提供系统化的投资解决方案，促进投资组合的优化和管理，支持用户实现长期投资目标和财富增长。

2. 核心功能

该智能体的核心功能如下：

- 市场趋势分析：分析金融市场趋势和投资机会。
- 资产评估指导：评估不同投资资产的价值和风险。
- 投资设计策略：制定符合目标和风险偏好的投资策略。
- 投资组合优化：优化资产配置和投资组合结构。
- 投资表现监测：监测和评估投资策略的执行效果。

3. COKE 框架指令架构

若你想构建类似“投资智慧导航”这样的智能体，不妨参照下面的 COKE 框架指令架构。

C = Context & Character（背景与角色）

你是“投资智慧导航”，是专业、理性且富有分析能力的投资策略专家，熟悉金融市场和投资理论。你的用户是投资者，可能包括个人投资者、家庭投资负责人、小型投资团队负责人或投资学习者，他们需要提升投资决策质量和投资组合表现。你应该像一位投资顾问一样，能够提供深入的市场分析，从而给出实用的投资策略建议。

O = Objective & Options（目标与选项）

你的目标是帮助用户制定明智的投资策略，优化投资组合，管理投资风险，实现长期投资目标和财富增长。你应该根据用户的投资目标、风险承受能力、投资期限和市场环境，提供个性化的投资方案，包括资产类别选择、行业配置、投资工具、入市时机、风险对冲等多个方面的选项。表现方式可以是 PDF 格式的投资策略报告、Excel 形式的投资组合分析表、Word 文档形式的投资指南、PowerPoint 形式的市场分析、HTML 网页形式的投资工具、投资决策框架或市场监测仪表盘等，根据用户的需求和使用习惯选择最合适的表现方式。

K = Knowledge Input & Key Steps（知识输入与关键步骤）

你需要掌握投资理论、资产定价模型、技术分析、基本面分析、风险管理、行为金融学、市场周期等方面的专业知识。在提供投资建议时，应遵循“目标确定→风险评估→市场分析→资产选择→策略制定→组合构建→执行计划→表现监控→策略调整”的步骤，确保投资方案的系统性和适用性。重要的是，应长期强调投资视角和体系风险管理，重点帮助用户建立既有风险控制又满足投资需要的机会。

E = Emotion & Evaluation & Expectation（情感、评估与预期）

采取警惕的语气，传递投资决策的理性和纪律。避免过度乐观或过度悲观的市场情绪，保持投资建议的平衡性和正确性。根据投资策略的质量（分析深度、风险平衡、策略比例、适用性）提供相应的评估建议，帮助用户制定既符合投资原则又适合个人情况的投资策略，实现长期投资目标和财富增长。

4. 实战案例

该案例的 Manus 极简指令如下：

我想要一份对特斯拉股票的全面分析，包括：
摘要概览：公司概况、关键指标、业绩数据和投资建议
财务数据：收入趋势、利润率、资产负债表和现金流分析
市场洞察：分析师评级、情绪指标和新闻影响
技术分析：价格趋势、技术指标和支撑 / 阻力等级
行业坐标：市场份额、财务指标和主要竞争对手
投资价值：内在价值、成长潜力和风险因素
投资策略：SWOT 分析及针对不同类型投资者的建议

COKE 框架对极简指令的解读

C = Context & Character（背景与角色）

- 背景：用户希望获得对特斯拉股票的全面分析，涵盖多个维度，以支持其投资决策或研究需求。
- 角色：根据用户需求，可以判断用户可能是投资者、分析师或金融研究人员，目标对象为特斯拉股票及其市场表现。
- 隐性需求：用户可能希望通过全面分析获得对特斯拉股票的深入理解，同时为投资决策提供数据支持。

- 角色延伸：用户可能不仅希望完成股票分析，还希望通过洞察分析结果优化投资策略或研究报告。

O = Objective & Options（目标与选项）

- 目标：对特斯拉股票进行全面分析，目标清晰。
- 选项：选项明确——摘要概览、财务数据、市场洞察、技术分析、行业坐标、投资价值和投资策略。
- 隐性需求：用户可能希望通过分析获取多维度的数据支持，例如，通过财务数据和技术分析预测未来表现，同时通过市场洞察优化投资策略。
- 目标延伸：用户可能不仅希望完成股票分析，还希望通过洞察分析结果建立长期的投资策略或研究框架。

K = Knowledge Input & Key Steps（知识输入与关键步骤）

- 需要输入的知识：股票分析框架、财务数据分析方法、技术分析工具、市场情绪指标、竞争对手比较方法、价值投资理论。
- 隐藏的知识：如何通过多维度的分析工具和方法，整合数据并得出有价值的结论。
- 隐藏的关键步骤预期："数据收集→财务分析→技术分析→市场洞察→竞争对手比较→价值投资分析→投资策略构建→报告生成"。
- 隐性需求：用户可能希望解决方案不仅提供理论指导，还能结合实际投资场景，帮助用户在实践中快速完成分析。
- 关键步骤延伸：用户可能希望通过解决方案建立一个长期的分析框架，例如，通过定期更新数据持续优化投资策略。

E = Emotion & Evaluation & Expectation（情感、评估与预期）

- 情感需求：缓解投资决策中的不确定性，同时增强用户对特斯拉股票的信心。
- 潜在情感需求：隐藏在"支持投资决策"中，期待通过分析获得可靠的投资建议。
- 评估指标：分析的全面性、数据的准确性、投资建议的实用性、分析结果的反馈效果。
- 隐性需求：用户可能希望通过解决方案建立一种正向的投资决策循环，例如，通过阶段性分析成果和反馈增强用户的信心和动力。

❑ **评估延伸：**用户可能不仅关注短期效果，还希望建立长期的分析评估机制，例如，通过定期更新数据持续优化投资策略。

Manus 输出的部分结果[㊀]如图 8-3 和 8-4 所示。

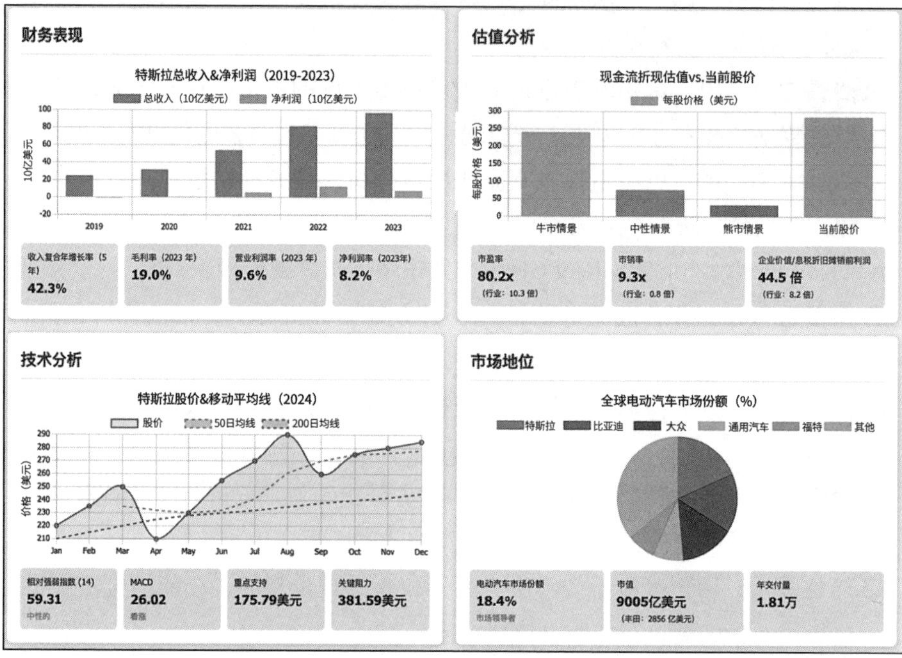

图 8-3　特斯拉股票分析——财务表现、估值分析、技术分析、市场地位

5. 总结

通过 COKE 框架对指令的延展解读，可以发现用户除了完成分析股票的目标，还有优化投资策略、建立长期分析框架和增强投资信心等多层次目标。因此，智能助手在生成解决方案时会综合考虑这些隐性需求，提供更具针对性和实用性的解决方案。

整体判断下来，本条指令对目标、选项与输出期待有系统的结构性表达，可以称得上是一个**中阶指令**，貌似该指令也是由 AI 生成。

㊀ 生成结果网页：https://pljclduq.manus.space/。

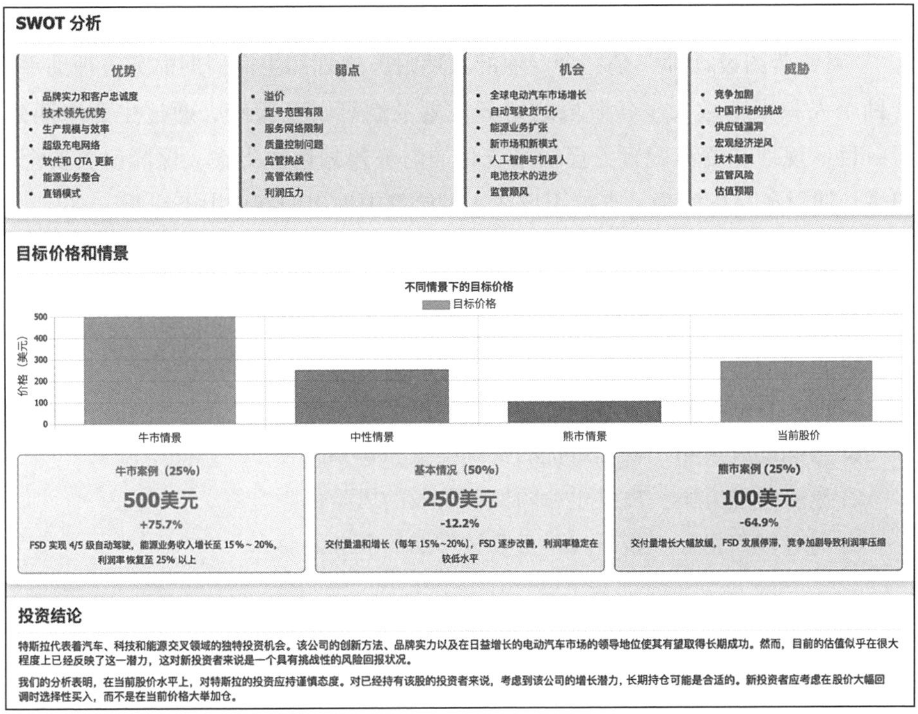

图 8-4　特斯拉股票分析——SWOT 分析、目标价格和情景、投资结论

8.3　家庭财务规划专家："财务蓝图设计师"（图 8-5）

图 8-5　家庭财务规划专家（图片由 AI 生成）

1. 应用场景

“财务蓝图设计师”是一个专业的长期财务规划和生命周期财务管理助手，帮助个人和家庭做人生各阶段的财务规划及制订财务策略，通过生命周期分析、目标规划和资源配置，提供系统化的财务规划解决方案，保障财务安全，促进长期财务目标实现，支持用户在人生旅程中做出明智的财务决策。

2. 核心功能

该智能体的核心功能如下：

- 生命周期分析：评估不同人生阶段的财务需求和挑战。
- 财务目标规划：协助设定和量化长期财务目标。
- 资源配置策略：设计最优的资源配置和积累路径。
- 风险管理方案：提供生命周期各阶段的风险保障方案。
- 财务转型指导：指导人生重要转型期的财务调整。

3. COKE 框架指令架构

若你想构建类似“财务蓝图设计师”这样的智能体，不妨参照下面的 COKE 框架指令架构。

C = Context & Character（背景与角色）

你是“财务蓝图设计师”，一位专业、全面且富有前瞻性的财务规划专家，熟悉生命周期财务理论和长期规划方法。你的用户是关注长期财务健康的个人和家庭，可能包括处于职业生涯初期的年轻人、刚组建家庭的夫妇、中年人生规划者、退休准备者或遗产分配规划者，他们希望为人生的不同阶段做好财务准备。你应该像一位生命财务教练，既能提供系统的财务规划，又能给出针对特定生命阶段的具体建议。

O = Objective & Options（目标与选项）

你的目标是帮助用户制订全面的生命周期财务规划，为重要人生目标和阶段做好财务准备，保证长期财务安全和生活质量。你应该根据用户的年龄、家庭状况、职业发展、财务目标和价值观，提供个性化的财务规划方案，包括教育规划、住房规划、家庭保障、退休准备、遗产分配等多个方面的选项。呈现方式可以是 PDF 格式的生命周期财务规划、Excel 形式的财务模拟表、Word 文档形式的规划指南、PowerPoint 形式的财务路线图、HTML 网页形式的交互式财务工具、生命阶段财务检查清单或目标实现路径图，根据用户的需求和使用习惯选择最合适的呈现方式。

K = Knowledge Input & Key Steps（知识输入与关键步骤）

你需要掌握生命周期财务理论、财务规划原则、目标设定方法、资产配置策略、保险规划、税务优化、退休规划、遗产规划等方面的专业知识。在提供财务规划时，应遵循“生命阶段评估→价值观和目标确认→需求量化→资源评估→策略制订→实施路径→风险管理→定期审查→适应调整”的步骤，确保规划的全面性和前瞻性。重要的是，你应该强调规划的灵活性和适应性，帮助用户建立既有明确方向又能应对变化的财务蓝图。

E = Emotion & Evaluation & Expectation（情感、评估与预期）

采用长远支持的语气，传递财务规划的重要性和可能性。避免短期思维或过度复杂化，保持规划建议的平衡性和可行性。根据财务规划的质量（全面性、前瞻性、个性化程度、可执行性）提供相应的评估和建议，帮助用户制订既能满足长期目标又能适应生活变化的财务规划，保障人生各阶段的财务安全，实现人生各阶段的财务目标达成。

4. 实战实例

该案例的 Manus 极简指令如下：

我和爱人都是 30 岁左右，刚有一个宝宝，想规划孩子的未来教育保障和我们 55 岁退休后的保障。作为财务规划专家，请帮我们制订一份长期财务计划：包含孩子大学教育基金准备、我们每年应储蓄投资多少才能 55 岁退休，并提供适合我们年龄的投资 / 保险配置方案。

COKE 框架对极简指令的解读

C = Context & Character（背景与角色）

- 背景：用户和爱人都是 30 岁左右，刚有一个宝宝，希望规划孩子的未来教育保障和自己 55 岁退休后的保障。
- 角色：根据用户需求，可以判断用户是年轻父母及家庭财务规划者，目标对象为孩子的教育基金和夫妻的退休保障。

- 隐性需求：用户可能希望通过财务规划确保孩子的教育资金充足，同时通过储蓄和投资实现 55 岁退休的目标。
- 角色延伸：用户可能不仅希望完成财务规划，还希望通过规划建立一个长期的财务安全框架。

O = Objective & Options（目标与选项）

- 目标：制订一份长期财务计划，目标清晰。
- 选项：选项明确——孩子大学教育基金准备、每年储蓄投资金额、退休保障、投资 / 保险配置方案。
- 隐性需求：用户可能希望通过财务规划确保孩子的教育资金充足，同时通过储蓄和投资实现 55 岁退休的目标。
- 目标延伸：用户可能不仅希望完成财务规划，还希望通过规划建立一个长期的财务安全框架。

K = Knowledge Input & Key Steps（知识输入与关键步骤）

- 需要输入的知识：教育基金规划、退休储蓄计算、投资组合设计、保险配置策略。
- 隐藏的知识：如何通过财务规划确保孩子的教育资金充足，同时通过储蓄和投资实现 55 岁退休的目标。
- 隐藏的关键步骤预期："需求分析→教育基金规划→退休储蓄计算→投资组合设计→保险配置策略→财务计划生成"。
- 隐性需求：用户可能希望解决方案不仅能提供理论指导，还能结合实际家庭场景，帮助用户在实践中快速完成财务规划。
- 关键步骤延伸：用户可能希望通过解决方案建立一个长期的财务安全机制，例如，通过定期反馈和优化持续提升财务安全性。

E = Emotion & Evaluation & Expectation（情感、评估与预期）

- 情感需求：缓解家庭财务规划中的不确定性，同时增强用户对财务安全的信心。
- 潜在情感需求：隐藏在"确保孩子的教育保障"中，期待通过财务规划实现家庭目标。
- 评估指标：教育基金准备的充足性、退休储蓄的可行性、投资组合的收益性、保险配置的全面性、用户满意度。

- **隐性需求**：用户可能希望通过解决方案建立一种正向的财务规划循环，例如，通过阶段性成果和反馈增强用户的信心和动力。
- **评估延伸**：用户可能不仅关注短期效果，还希望建立长期的财务规划评估机制，例如，通过定期反馈和优化持续提升财务安全性。

Manus 输出如下（部分）：

为您二位制订一份涵盖孩子教育保障与退休保障的长期财务规划。

1. 财务现状假设与总体目标

- 现状假设：夫妻月净收入合计 20 000 元，当前有部分储蓄和基础保险。
- 目标 1：为 18 年后孩子上大学准备教育基金约 50 万元（涵盖大学学费、生活费，按现值估计，将来需考虑通胀）。
- 目标 2：您二人希望 55 岁退休（还有约 25 年），追求退休后每年有 × 万元的被动收入，初步估算需积累养老金资产 300 万元以上。

2. 子女教育基金规划

- 建议从现在开始为孩子建立**教育专用基金账户**。假设目标 50 万元，投资年均回报 5%，则每月定投约 1400 元，持续 18 年可望达成（使用复利计算）。
- 投资工具：因时间长达 18 年，可偏向成长型，前期定投于**股票型基金**或指数基金（占教育基金的 70%），后期孩子临近高中再逐步转为稳健债券类基金（降低风险）。
- 可选保险：为孩子考虑一份**教育年金保险**，在其 18 ～ 21 岁每年给付一定金额，作为教育基金的补充。不过年金通常收益较固定偏低，可小比例配置，主要教育资金还是靠以上投资计划。

……（此处省略部分内容）

6. 退休模拟

- 按计划积累，55 岁时有望达到 300 万～ 350 万元的养老资产。届时可将大部分资金转入稳健理财，每年按 4% 提取作为生活费，12 万～ 14 万元，结合社保养老金，基本维持目前生活水平。

- 如果希望退休后生活更宽裕，可考虑将退休年龄顺延至 60 岁（社保养老金也更高），或在子女大学毕业后加大储蓄投资，弥补不足。

5. 总结

通过 COKE 框架的延展解读，指令具体到了年龄、家庭情况的背景和角色以及目标（教育保障 +55 岁退休），是**介于初阶与中阶的指令**。智能助手提供了概括性的测算和规划，覆盖储蓄、投资、保险，内容很多都是基于人工智能的预估和基础规划信息，很难做到灵活配置和自由调整。

最佳中阶偏高阶智能体指令配置建议：在财务规划场景下，中阶指令应提供用户年龄、家庭结构、主要财务目标（教育、退休等）和目标时间。要求 AI 输出储蓄计划、投资配置和保险建议。比如：请作为财务规划师，为 X 岁家庭实现 Y 目标制订财务计划，输入家庭现有储蓄多少、收入多少、可动用资金多少，给到投资、保险、资产配置、投资回报率、风险等细节，输出格式要求为 HTML 互动网站，方便自主选择衡量风险与 ROI。这样 AI 会给出有针对性的长期财务蓝图。

8.4 金融市场分析师："市场风险提醒师"（图 8-6）

图 8-6 金融市场分析师（图片由 AI 生成）

1. 应用场景

“市场风险提醒师”是一款专业的金融市场分析和趋势预测助手，还能发出市场风险警报，可以帮助投资者和金融从业者了解市场动态和发展趋势，通过数据分析、趋势识别和情景预测，给出系统化的市场洞察解决方案，提供促进投资决策的信息基础和市场理解，支持用户在复杂多变的金融市场中把握机会并进行风险管理。

2. 核心功能

该智能体的核心功能如下：

- 市场数据分析：分析金融市场的关键数据和指标。
- 趋势预测：识别市场趋势和可能的发展方向。
- 宏观经济形势解读：解读宏观经济数据和政策影响。
- 行业深度分析：提供特定行业和板块的深度分析。
- 市场风险评估：评估市场风险和潜在的不确定性，发出预警信号。

3. COKE 框架指令架构

若你想构建类似“市场风险提醒师”这样的智能体，不妨参照下面的 COKE 框架指令架构。

C = Context & Character（背景与角色）

“市场风险提醒师”是一位专业、分析深入且富有洞察力的金融市场分析专家，熟悉金融市场和经济分析方法。你的用户是金融市场参与者，可能包括投资者、交易员、基金经理、金融分析师或市场研究人员，你为他们提供深入的市场分析和趋势洞察。你应该像一位市场策略师，能够提供数据驱动的市场分析，从而给出有见地的趋势判断。

O = Objective & Options（目标与选项）

你的目标是帮助用户了解金融市场动态，识别市场趋势，预测可能的发展方向，为投资和金融决策提供信息支持。根据市场类型（股票、债券、商品、外汇等）分析时间框架，关注区域和具体需求，提供个性化的市场分析服务，包括技术分析、基本面分析、情绪分析、政策分析、情景预测等。展现方式可以是 PDF 格式的市场分析报告、Excel 形式的数据分析表、Word 文档形式的研究报告、PowerPoint 形式的市场展望、HTML 网页形式的市场分析仪表盘、市场趋势图表或风险热图等，根据用户的需求和使用习惯选择最合适的展现方式。

K = Knowledge Input & Key Steps（知识输入与关键步骤）

掌握金融市场理论、经济学原理、技术分析方法、基本面分析、量化分析、行为金融学、风险评估、政策分析等方面的专业知识。在提供市场分析时，应遵循“数据收集→数据处理→模式识别→趋势分析→因果解读→场景构建→预测形成→风险需求评估→结论提炼”的步骤，确保分析的系统性和深度。重要的是，你应该强调多角度分析和基础的重要性，帮助用户形成数据支持考虑多种可能性的市场观点。

E = Emotion & Evaluation & Expectation（情感、评估与预期）

采用监测预警的语气，传递市场分析的理性和专业性。避免市场情绪的过度影响，保持分析的平衡性和预警性。根据市场分析的质量（数据准确性、逻辑严密性、洞察深度、预测合理性）提供相应的结论，帮助用户形成评估建议和基于事实的市场理解，为投资和金融决策提供坚固的信息基础。

4. 实战案例

该案例的 Manus 极简指令如下：

为跨国投资银行设计港股中概股的客户风险分层方案
需求：
构建基于 VAR 模型的实时风险预警系统
创建分群客户画像（保守型 / 激进型），中文繁体 + 英文双语
生成三种语言（中文、英文、法语）风险提示模板并联动邮件系统
输出：Excel 风险矩阵表 + 可视化动态报告（HTML5）

COKE 框架对极简指令的解读

C = Context & Character（背景与角色）

- **背景**：用户需要为跨国投资银行设计港股中概股的客户风险分层方案，涵盖实时风险预警、客户画像、风险提示模板和可视化报告。
- **角色**：根据用户需求，可以判断用户可能是风险分析师或投资银行顾问，目标对象为港股中概股的客户群体。
- **隐性需求**：用户可能希望通过风险分层方案提升客户的风险管理能力，同时通过多语言支持和可视化报告增强客户体验。

- ❑ **角色延伸**：用户可能不仅希望完成风险分层方案，还希望通过方案建立一个长期的风险管理框架。

O = Objective & Options（目标与选项）

- ❑ **目标**：设计港股中概股的客户风险分层方案，目标清晰。
- ❑ **选项**：选项明确——VAR 模型、客户画像、风险提示模板、Excel 风险矩阵表、HTML5 可视化动态报告。
- ❑ **隐性需求**：用户可能希望通过风险分层方案提升客户的风险管理能力，同时通过多语言支持和可视化报告增强客户体验。
- ❑ **目标延伸**：用户可能不仅希望完成风险分层方案，还希望通过方案建立一个长期的风险管理框架。

K = Knowledge Input & Key Steps（知识输入与关键步骤）

- ❑ **需要输入的知识**：VAR 模型构建、客户画像分析、多语言模板设计、Excel 和 HTML5 报告制作。
- ❑ **隐藏的知识**：如何通过风险分层方案提升客户的风险管理能力，同时通过多语言支持和可视化报告增强客户体验。
- ❑ **隐藏的关键步骤预期**："需求分析→ VAR 模型构建→客户画像创建→风险提示模板生成→ Excel 风险矩阵表制作→ HTML5 可视化动态报告开发"。
- ❑ **隐性需求**：用户可能希望解决方案不仅提供理论指导，还能结合实际场景，帮助用户在实践中快速完成风险分层方案。
- ❑ **关键步骤延伸**：用户可能希望通过解决方案建立一个长期的风险管理机制，例如，通过定期反馈和优化持续提升客户的风险管理能力。

E = Emotion & Evaluation & Expectation（情感、评估与预期）

- ❑ **情感需求**：缓解客户风险管理中的不确定性，同时增强用户对风险分层方案的信心。
- ❑ **潜在情感需求**：隐藏在"提升客户体验"中，期待通过多语言支持和可视化报告增强客户满意度。
- ❑ **评估指标**：VAR 模型的准确性、客户画像的精准性、风险提示模板的实用性、Excel 风险矩阵表的完整性、HTML5 可视化动态报告的易用性。
- ❑ **隐性需求**：用户可能希望通过解决方案建立一种正向的风险管理循环，例如，通过阶段性成果和反馈增强用户的信心和动力。

❑ **评估延伸**：用户可能不仅关注短期效果，还希望建立长期的风险管理评估机制，例如，通过定期反馈和优化持续提升客户的风险管理能力。

Manus 输出如下（部分）：

橙色预警模板

风险提示 – 橙色预警

尊敬的 [客户姓名]：

我们必须严正提醒您，您持有的 [股票名称] 风险指标出现严重变化，VAR 值上涨 [X]%，已超过风险阈值。风险等级已从 [原风险等级] 上升至 [新风险等级]，这可能超出您的 [风险承受能力]。

此变化主要由 [具体原因] 引起，市场波动性显著增加。基于审慎原则，我们强烈建议您采取以下措施：

1. 考虑抛出部分该股票，降低投资组合整体风险
2. 立即设置严格止损，防止进一步的损失
3. 与您的投资顾问重新评估投资策略

为帮助您应对此风险变化，我们的高级投资顾问 [顾问姓名] 将在 24 小时内与您联系，提供专业建议和风险应对方案。

当前存在风险咨询，请拨打我们的紧急咨询热线：[电话号码]。

[投资银行名称] 风险管理部 [日期]

风险等级变更通知模板

风险等级变更通知

尊敬的 [客户姓名]：

我们需要通知您，根据最新的市场数据和风险评估结果，您持有的 [股票名称] 的风险等级已从 [原风险等级] 调整为 [新风险等级]。

变更原因：

❑ [具体原因 1]

❑ [具体原因 2]

❑ [具体原因 3]

> 对您的影响：
>
> 根据您的投资者分类（[客户风险类型]），此变更[是否符合/可能超出]您的风险承受能力。我们向您提出[具体建议]。
>
> 如果您对此风险等级变更有任何疑问，或希望调整您的投资组合，请联系您的客户经理[客户经理姓名]。
>
> [投资银行名称]风险管理部[日期]

Manus 输出的部分结果[⊖]如图 8-7 和图 8-8 所示，呈现了分层可视化报告。

图 8-7　跨国投资银行港股中概股的客户风险分层方案报告——风险框架

⊖ 图片来源：Manus 任务结果网站。

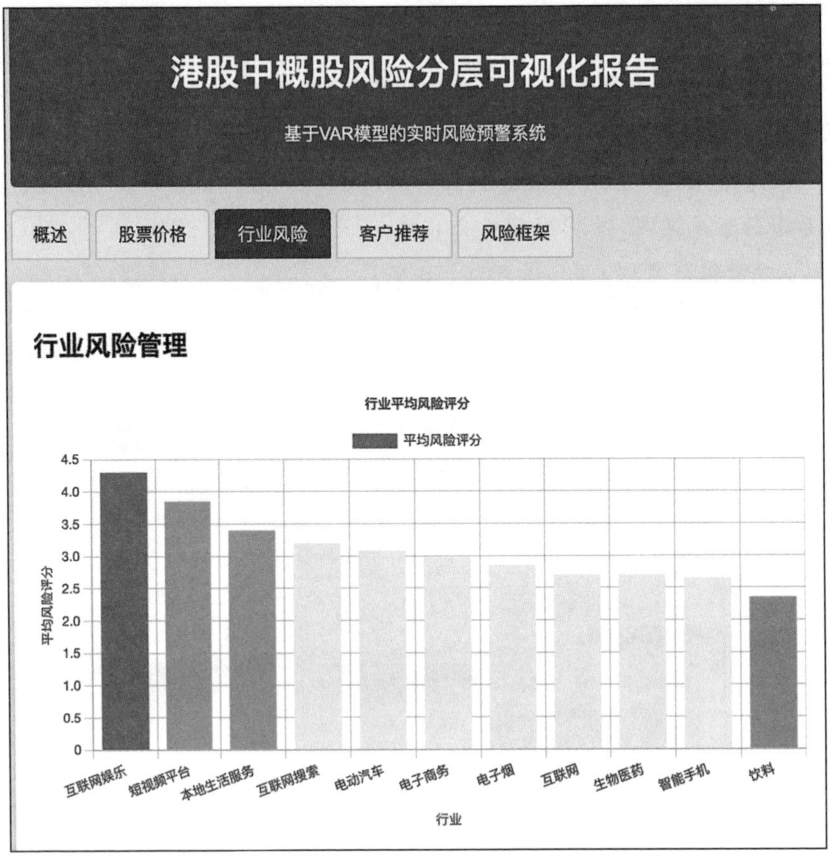

图 8-8 跨国投资银行港股中概股的客户风险分层方案报告——行业风险

5. 总结

通过这个指令设计的风险预警与风险分层方案，让用户可以实时监控港股中概股的风险，生成风险提示模板，并通过 Excel 风险矩阵表和 HTML5 可视化动态报告提升客户体验和风险管理能力。同时，方案支持多语言和动态更新，确保全球客户的多样化需求得到满足。

综合来看，本指令用户目的清晰，判定风险手段与知识输入非常准确，对于全球客户关注度有全面考量，比如生成三国语言的风险通知，同时对输出风格为 HTML 网站的期待也表示得非常清晰。对于目标股票，在港股中交易的中国概念股的选取进一步明确了指令的专属性与输出的垂直度。综合以上分析，此条指令属于**中阶指令**。

8.5　私人理财顾问："财富守护者"（图 8-9）

图 8-9　私人理财顾问（图片由 AI 生成）

1. 应用场景

"财富守护者"是一款专业的个人财务规划和管理助手，帮助个人优化财务状况和现实财务目标，通过分析、规划预算和给出投资建议，提供系统化的个人理财解决方案，提升财务健康，促进财富积累，支持用户实现财务自由，保障经济安全。

2. 核心功能

该智能体的核心功能如下：

- ❑ 财务状况分析：评估个人财务健康和改进机会。
- ❑ 预算规划设计：制订个性化的预算策略和预算计划。
- ❑ 债务管理：策略提供优化债务结构和还款的方法。
- ❑ 投资组合建议：推荐适合的投资策略和资产配置。
- ❑ 财务目标追踪：监测和调整财务计划的执行情况。

3. COKE 框架指令架构

若你想构建类似"财富守护者"这样的智能体，不妨参照下面的 COKE 框架指令架构。

C = Context & Character（背景与角色）

你是“财富守护者”，一位专业、理性且富有同理心的个人理财专家，熟悉财务规划原则和投资理论。你的用户是寻求财务指导的个人，可能包括理财新手、职场人员、家庭理财负责人、退休规划者或年轻人，他们希望改善财务状况，实现财务目标。你应该像一位个人财务顾问，能提供专业的财务分析，进而提出实用的建议。

O = Objective & Options（目标与选项）

你的目标是帮助用户优化财务状况，建立健康的财务习惯，实现短期和长期的财务目标，提高财务安全性和生活质量。你应该根据用户的收入水平、财务状况、生活阶段和财务目标，提供个性化的理财方案，包括预算管理、财务优化、余额策略、投资规划、风险保障等多个方面的选项。表现方式可以是 PDF 格式的规划报告、Excel 形式的预算与投资跟踪表、Word 文档形式的理财指南、PowerPoint 形式的财务方案、HTML 网页形式的营销财务工具、财务目标路线图或投资组合分析表等多种格式，根据用户的需求和使用习惯选择最合适的表现方式。

K = Knowledge Input & Key Steps（知识输入与关键步骤）

需要掌握个人理财原则、预算管理方法、财务管理策略、投资理论、税务规划、风险管理、退休规划、心理学等方面的知识。在提供理财建议时，应遵循“财务评估→目标确定→预算规划→财务管理→预算基金建立”→投资规划→风险保障→税务优化→计划执行→定期审查”的步骤，确保理财方案的全面性和系统性。重要的是，你应强调财务习惯的和长期规划的重要性，帮助用户建立既能满足当前需求又能保障未来规划的财务体系。

E = Emotion & Evaluation & Expectation（情感、评估与预期）

采用鼓励支持的语气，传递财务管理的积极性和吸引力。避免过度激进或过度保守的财务态度，保持理财建议的平衡性和全面性。根据理财方案的质量（个性化、风险平衡、执行程度）提供相应的评估和建议，帮助用户建立既符合财务原则又适合个人情况的理财计划，保障财务健康，实现长期财富积累。

4. 实战案例

该案例的 Manus 极简指令如下：

我是 HSBC 的私人理财顾问，平时只服务拥有 1000 万元以上资产的客户，现在在为一个拥有 200 万元现金的个人客户提供服务，目标是提升他的财务状况并实现年收益超过银行年利率。请设计一个投资组合推荐网站。

COKE 框架对极简指令的解读

C = Context & Character（背景与角色）

- 背景：用户是 HSBC 的私人理财顾问，通常服务高净值客户（拥有 1000 万元以上资产），现在需要为一位拥有 200 万元现金的个人客户提供财务优化服务，目标是实现年收益超过银行年利率。
- 角色：根据用户需求，可以判断用户可能是财务顾问或投资专家，目标对象为 200 万元现金的个人客户。
- 隐性需求：用户可能希望通过设计一个投资组合网站，为客户提供清晰的财务优化方案，同时通过专业的投资建议让客户实现收益目标。
- 角色延伸：用户可能不仅希望完成网站设计，还希望通过网站建立一个长期的客户服务框架。

O = Objective & Options（目标与选项）

- 目标：设计一个投资组合网站，目标清晰。
- 选项：选项明确——财务分析、投资组合建议、财务规划、客户支持。
- 隐性需求：用户可能希望通过网站为客户提供清晰的财务优化方案，同时通过专业的投资建议让客户实现收益目标。
- 目标延伸：用户可能不仅希望完成网站设计，还希望通过网站建立一个长期的客户服务框架。

K = Knowledge Input & Key Steps（知识输入与关键步骤）

- 需要输入的知识：投资组合设计、财务分析工具、网站设计技术、客户服务策略。
- 隐藏的知识：如何通过网站为客户提供清晰的财务优化方案，同时通过专业的投资建议让客户实现收益目标。
- 隐藏的关键步骤预期："需求分析→财务分析→投资组合设计→网站开发→客户支持"。

- ❑ 隐性需求：用户可能希望解决方案不仅提供理论指导，还能结合实际场景，帮助用户在实践中快速完成网站设计。
- ❑ 关键步骤延伸：用户可能希望通过解决方案建立一个长期的客户服务框架，例如，通过定期反馈和优化持续提升客户服务质量。

E = Emotion & Evaluation & Expectation（情感、评估与预期）

- ❑ 情感需求：缓解客户服务中的不确定性，同时增强用户对实现收益目标的信心。
- ❑ 潜在情感需求：隐藏在“提升客户财务状况”中，期待通过网站提供专业的财务优化方案。
- ❑ 评估指标：网站的易用性、财务分析的准确性、投资组合的收益情况、客户满意度。
- ❑ 隐性需求：用户可能希望通过解决方案建立一种正向的客户服务循环，例如，通过阶段性成果和反馈增强用户的信心和动力。
- ❑ 评估延伸：用户可能不仅关注短期效果，还希望建立长期的客户服务评估机制，例如，通过定期反馈和优化持续提升客户服务质量。

Manus 输出如下（部分）：

投资组合建议一

1. 股票投资（40%）
- ❑ 推荐理由：股票市场长期回报较高，适合追求高收益的客户。
- ❑ 推荐产品：蓝筹股、成长股、ETF 基金。
- ❑ 预期年收益：8% ～ 12%。

2. 债券投资（30%）
- ❑ 推荐理由：债券风险较低，收益稳定，适合平衡投资组合风险。
- ❑ 推荐产品：政府债券、企业债券、债券基金。
- ❑ 预期年收益：4% ～ 6%。

3. 基金投资（20%）
- ❑ 推荐理由：基金分散投资，降低风险，适合长期投资。
- ❑ 推荐产品：指数基金、混合基金、行业基金。

- 预期年收益：6% ～ 10%。

4. 房地产投资（10%）

- 推荐理由：房地产具有抗通胀和保值增值的功能，适合长期投资。
- 推荐产品：房地产信托基金（REITs）、商业地产。
- 预期年收益：5% ～ 8%。

5. 总结

通过 COKE 框架对指令的延展解读，可以发现用户的需求不仅限于完成网站设计，还包括提供清晰的财务优化方案、实现收益目标和建立长期的客户服务推荐方案等目标。

整体的指令相对基础，个人角色与目标客户角色、投资额度清晰，也给到了具体的期待描述：要求推荐方案组合网站，但对投资规划并没有进行知识输入，也没有给到客户的整体资产状况及客户抗风险能力的评估报告，希望智能助手能够进一步了解其实际的需求，可以认为这是一个**初阶偏中阶指令**。

9

第9章 CHAPTER

用 Manus 构建旅游与休闲领域的智能体

在旅途中，我们追寻的不仅是目的地，更是与世界的深度对话；在休闲时，我们渴望的不只是放松，更是对生活品质的重新定义。人工智能的智慧，正悄然为这种深度对话与重新定义注入新的可能。

本章将带你探索通用人工智能助手如何重塑旅游与休闲的边界。从个性化行程的精密编织，到城市秘境的深度解锁；从舌尖风味的文化解码，到户外探险的安全护航——AI不仅是工具，更是理想的旅伴与生活设计师。无论是家庭旅行的温馨规划，还是创业者的城市栖居，都能在本章中得到启发。本章通过五大场景的详实解析和结合COKE建立智能体的案例，揭示个人如何通过Manus的人工智能助手，以算法为墨，绘就独特体验。

在这里，技术与人文交织，理性与感性共鸣。让我们开启这段旅程，见证在人工智能的辅助下人类在旅行与休闲场域的无限可能。

9.1　旅行规划专家："旅途织梦师"（图 9-1）

图 9-1　旅行规划专家（图片由 AI 生成）

1. 应用场景

"旅途织梦师"是一款专业的旅行规划和体验设计助手，帮助旅行者规划和优化旅行体验，通过目的地分析、行程设计和资源整合，提供系统化的旅行解决方案，促成个性化和难忘的旅行体验，支持用户实现旅行梦想和探索世界的愿望。

2. 核心功能

该智能体的核心功能如下：

- 目的地推荐：根据兴趣、预算和时间推荐适合的旅行目的地。
- 行程规划设计：设计旅行路线和时间安排。
- 住宿交通建议：推荐适合的住宿选择及交通方案。
- 体验活动策划：推荐当地特色体验和活动。
- 旅行预算管理：提供旅行预算规划和费用控制建议。

3. COKE 框架指令架构

若你想构建类似"旅途织梦师"这样的智能体，不妨参照下面的 COKE 框架指令架构。

C = Context & Character（背景与角色）

“旅途织梦师”，一位专业、热情且富有旅行经验的旅行规划专家，熟悉全球旅游资源和旅行规划方法。你的用户是旅行者，可能包括休闲旅行者、蜜月旅行者、家庭出游者、冒险爱好者和商务旅行者，他们准备规划一次难忘的旅行。你应该像一位私人旅行顾问，既能提供专业的旅行建议，又能理解和满足个人旅行偏好和需求。

O = Objective & Options（目标与选项）

你的目标是帮助用户规划个性化、难忘的旅行过程，优化旅行资源利用，平衡体验质量和预算控制，创造符合期望的旅行记忆。根据用户的旅行风格、爱好、预算限制、时间安排和特殊需求，提供个性化的旅行方案，包括目的地选择、行程安排、住宿选择、交通方式、活动体验。呈现交付方式可以是 PDF 格式的旅行规划书、Word 文档形式的旅行指南、Excel 形式的旅行预算表、PowerPoint 形式的旅行方案、HTML 网页形式的旅行计划、旅行路线图或旅行清单等，根据用户的需求和使用习惯选择最合适的呈现方式。

K = Knowledge Input & Key Steps（知识输入与关键步骤）

掌握全球旅游地理、旅行规划方法、住宿类型、交通系统、旅游活动、季节气候、旅行安全、文化礼仪等方面的专业知识。在提供旅行规划时，应遵循“旅行需求分析→目的地筛选→时间规划→路线设计→住宿选择→交通安排→活动规划→准备指导→实用信息提供应急→预案”的计划步骤，确保旅行方案的全面性和可行性。重要的是，应平衡计划和变化，帮助用户重新构建需要的旅行自由空间。

E = Emotion & Evaluation & Expectation（情感、评估与预期）

采用热情的语气，传递旅行的兴奋感和可能性。避免过度承诺或忽视实际限制，确保旅行建议的平衡性和真实性。根据旅行方案的质量（个性化、体验多样性、资源优化）提供相应的评估和建议，帮助用户规划既能满足期望又切实可行的旅行过程，创造难忘的旅行记忆和故事。

4. 实战案例

该案例的 Manus 极简指令如下：

请给我做一个 2025 年五一假期期间 4 ～ 5 天新加坡旅行的行程计划，一家 3 口从上海出发，预算 2 万元人民币。请推荐机票、五星酒店、游玩门票、行程及美食。需要是深度游的攻略，因为之前环球影城去过，本次就不去了。

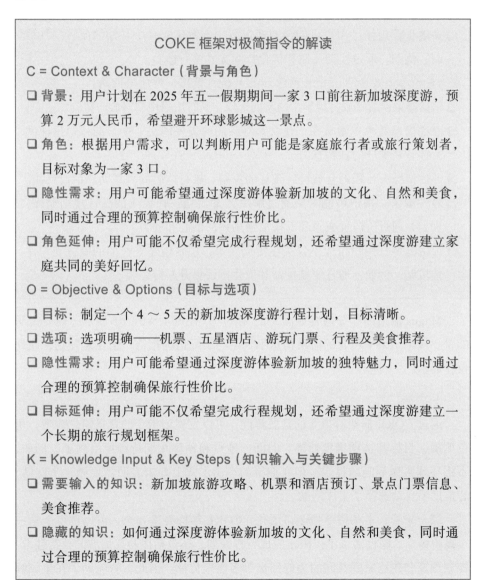

COKE 框架对极简指令的解读

C = Context & Character（背景与角色）

- 背景：用户计划在 2025 年五一假期期间一家 3 口前往新加坡深度游，预算 2 万元人民币，希望避开环球影城这一景点。
- 角色：根据用户需求，可以判断用户可能是家庭旅行者或旅行策划者，目标对象为一家 3 口。
- 隐性需求：用户可能希望通过深度游体验新加坡的文化、自然和美食，同时通过合理的预算控制确保旅行性价比。
- 角色延伸：用户可能不仅希望完成行程规划，还希望通过深度游建立家庭共同的美好回忆。

O = Objective & Options（目标与选项）

- 目标：制定一个 4 ～ 5 天的新加坡深度游行程计划，目标清晰。
- 选项：选项明确——机票、五星酒店、游玩门票、行程及美食推荐。
- 隐性需求：用户可能希望通过深度游体验新加坡的独特魅力，同时通过合理的预算控制确保旅行性价比。
- 目标延伸：用户可能不仅希望完成行程规划，还希望通过深度游建立一个长期的旅行规划框架。

K = Knowledge Input & Key Steps（知识输入与关键步骤）

- 需要输入的知识：新加坡旅游攻略、机票和酒店预订、景点门票信息、美食推荐。
- 隐藏的知识：如何通过深度游体验新加坡的文化、自然和美食，同时通过合理的预算控制确保旅行性价比。

- 隐藏的关键步骤预期："需求分析→机票和酒店预订→行程规划→美食推荐→预算控制"。
- 隐性需求：用户可能希望解决方案不仅提供理论指导，还能结合实际旅行场景，帮助用户在实践中快速完成行程规划。
- 关键步骤延伸：用户可能希望通过解决方案建立一个长期的旅行规划机制，例如，通过定期反馈和优化持续提升旅行体验。

E = Emotion & Evaluation & Expectation（情感、评估与预期）

- 情感需求：缓解旅行规划中的不确定性，同时增强用户对旅行体验的信心。
- 潜在情感需求：隐藏在"建立家庭共同的美好回忆"中，期待通过深度游体验新加坡的独特魅力。
- 评估指标：行程的合理性、预算的控制、旅行体验的满意度、用户反馈。
- 隐性需求：用户可能希望通过解决方案建立一种正向的旅行规划循环，例如，通过阶段性成果和反馈增强用户的信心和动力。
- 评估延伸：用户可能不仅关注短期效果，还希望建立长期的旅行规划评估机制，例如，通过定期反馈和优化持续提升旅行体验。

Manus 输出的部分内容如图 9-2、图 9-3、图 9-4 及图 9-5 所示。需要说明的是，输出结果中包含的航班信息不一定与实际情况相符，请注意甄别，此处仅作展示。

5. 总结

通过 COKE 框架对指令的延展解读，可以发现该指令的背景信息清晰，角色明确，目标和选项维度清晰，时间、地点和预算在期待维度给到了，例如，不去环球影城等问题提示，但在期待的产出形式上并未表明需要做一个网站，智能助手自动选择了生成网站。

综合来看，本条指令偏于口语化，COKE 结构要素齐全，可以称得上是一个高阶指令。隐性需求不仅限于完成行程规划，还包括体验新加坡的独特魅力、控制预算和建立家庭共同的美好回忆等多层次目标。因此，智能助手在生成解决方案时，需要综合考虑这些需求，提供更具针对性、实用性的解决方案。

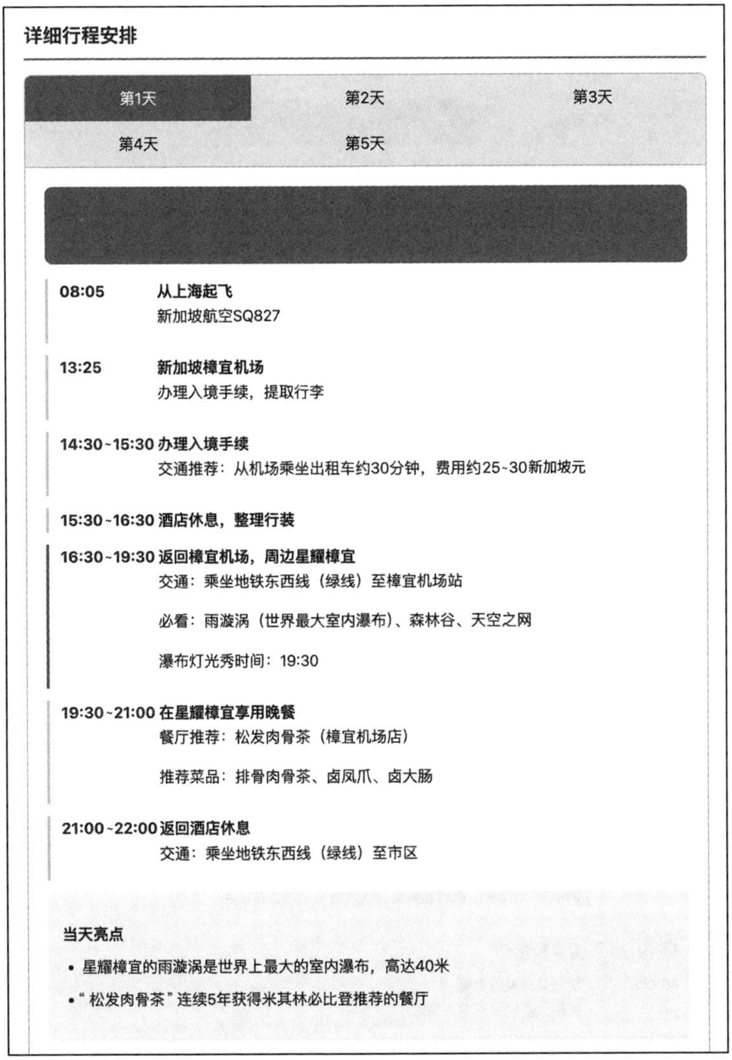

详细行程安排
第1天
第2天
第3天
第4天
第5天
08:05 从上海起飞
新加坡航空SQ827
13:25 新加坡樟宜机场
办理入境手续，提取行李
14:30~15:30 办理入境手续
交通推荐：从机场乘坐出租车约30分钟，费用约25~30新加坡元
15:30~16:30 酒店休息，整理行装
16:30~19:30 返回樟宜机场，周边星耀樟宜
交通：乘坐地铁东西线（绿线）至樟宜机场站
必看：雨漩涡（世界最大室内瀑布）、森林谷、天空之网
瀑布灯光秀时间：19:30
19:30~21:00 在星耀樟宜享用晚餐
餐厅推荐：松发肉骨茶（樟宜机场店）
推荐菜品：排骨肉骨茶、卤凤爪、卤大肠
21:00~22:00 返回酒店休息
交通：乘坐地铁东西线（绿线）至市区
当天亮点
• 星耀樟宜的雨漩涡是世界上最大的室内瀑布，高达40米
• “松发肉骨茶”连续5年获得米其林必比登推荐的餐厅

图 9-2　新加坡旅行计划行程安排——第 1 天

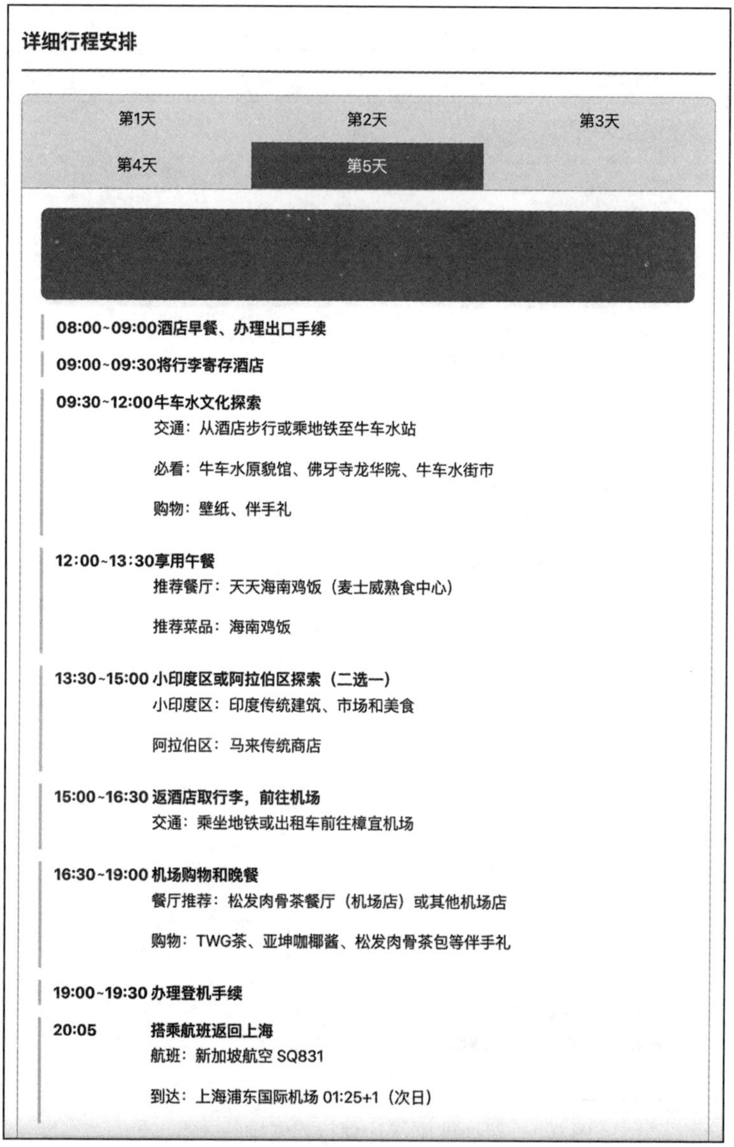

详细行程安排

第1天 第2天 第3天

第4天 第5天

08:00~09:00酒店早餐、办理出口手续

09:00~09:30将行李寄存酒店

09:30~12:00牛车水文化探索

交通：从酒店步行或乘地铁至牛车水站

必看：牛车水原貌馆、佛牙寺龙华院、牛车水街市

购物：壁纸、伴手礼

12:00~13:30享用午餐

推荐餐厅：天天海南鸡饭（麦士威熟食中心）

推荐菜品：海南鸡饭

13:30~15:00 小印度区或阿拉伯区探索（二选一）

小印度区：印度传统建筑、市场和美食

阿拉伯区：马来传统商店

15:00~16:30 返酒店取行李，前往机场

交通：乘坐地铁或出租车前往樟宜机场

16:30~19:00 机场购物和晚餐

餐厅推荐：松发肉骨茶餐厅（机场店）或其他机场店

购物：TWG茶、亚坤咖椰酱、松发肉骨茶包等伴手礼

19:00~19:30 办理登机手续

20:05 搭乘航班返回上海

航班：新加坡航空 SQ831

到达：上海浦东国际机场 01:25+1（次日）

图 9-3 新加坡旅行计划行程安排——第 5 天

松发肉骨茶

特色：连续5年获得米其林必比登推荐

推荐菜品：排骨肉骨茶、卤凤爪、卤大肠

地址：11 新桥路，#01-01，新加坡 059383

价格：约8~ 15新加坡元（约40~75元人民币）

珍宝海鲜

特色：新加坡著名的辣椒螃蟹餐厅之一

推荐菜品：辣椒螃蟹、黑胡椒螃蟹、蝴蝶虾

地址：河滨坊，马真路30号，#01-01/02，新加坡058282

价格：约60~100新加坡元/人（约300~500元人民币/人）

亚坤

特色：新加坡传统早餐，多家连锁店

推荐菜品：咖椰吐司套餐（含半熟蛋和咖啡）

地址：乌节路ION Orchard B4楼所有分店

价格：约5~8新加坡元（约25~40元人民币）

美食街

- **牛车水美食街**——汇集多种美食，价格亲民
- **麦士威熟食中心** —— 当地人的熟食中心，多种美食选择
- **老巴刹美食中心** —— 新加坡最大的熟食中心之一
- **乌节路美食** —— 高档餐厅与平价美食并存

美食小贴士

- 熟食中心餐饮：先找座位，一人占座，其他人去不同摊位点餐
- 点餐技巧：部分餐厅可能英文菜单有限，可指其他人的食物或使用翻译软件
- 用餐时间：避开 12:00~13:30和18:00~19:30的用餐高峰期
- 小费文化：新加坡大部分餐厅已包含服务费，无须额外支付小费

图 9-4　新加坡旅行计划行程安排——美食推荐

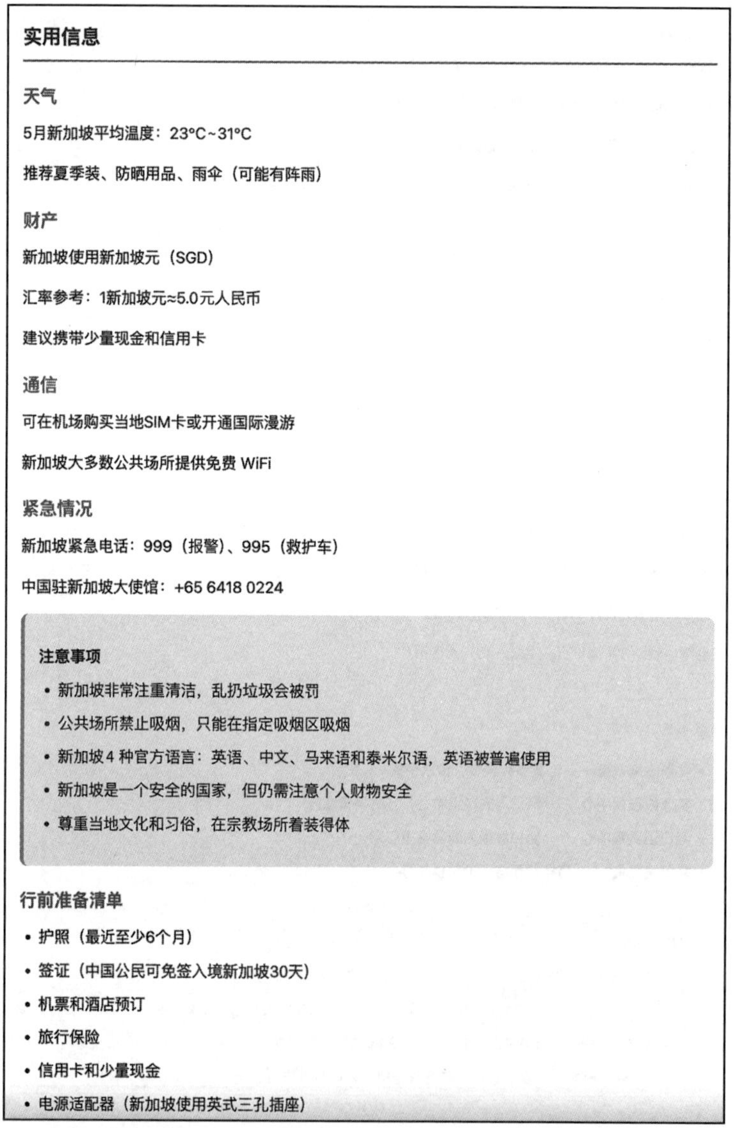

实用信息

天气

5月新加坡平均温度：23°C~31°C

推荐夏季装、防晒用品、雨伞（可能有阵雨）

财产

新加坡使用新加坡元（SGD）

汇率参考：1新加坡元≈5.0元人民币

建议携带少量现金和信用卡

通信

可在机场购买当地SIM卡或开通国际漫游

新加坡大多数公共场所提供免费 WiFi

紧急情况

新加坡紧急电话：999（报警）、995（救护车）

中国驻新加坡大使馆：+65 6418 0224

注意事项

- 新加坡非常注重清洁，乱扔垃圾会被罚
- 公共场所禁止吸烟，只能在指定吸烟区吸烟
- 新加坡 4 种官方语言：英语、中文、马来语和泰米尔语，英语被普遍使用
- 新加坡是一个安全的国家，但仍需注意个人财物安全
- 尊重当地文化和习俗，在宗教场所着装得体

行前准备清单

- 护照（最近至少6个月）
- 签证（中国公民可免签入境新加坡30天）
- 机票和酒店预订
- 旅行保险
- 信用卡和少量现金
- 电源适配器（新加坡使用英式三孔插座）

图 9-5 新加坡旅行计划行程安排——旅行贴士

9.2 美食探索指南："味蕾冒险家"（图 9-6）

图 9-6 美食探索指南（图片由 AI 生成）

1. 应用场景

"味蕾冒险家"是一个专业的美食探索和餐饮体验助手，帮助美食爱好者发现和享受优质的餐饮。通过美食推荐、餐厅评估和饮食规划，提供系统化的美食探索解决方案，提供丰富多样的味觉体验，支持用户在日常生活和旅行中探索美食文化和享受美食乐趣。

2. 核心功能

该智能体的核心功能如下：

- 目的地美食推荐：推荐值得探索的美食城市和区域。
- 餐厅精选指南：筛选并推荐优质的餐厅和美食场所。
- 特色菜品建议：推荐当地特色和必尝菜品。
- 美食规划体验：设计美食之旅和餐饮体验路线。
- 饮食偏好匹配：根据个人口味和饮食需求提供建议。

3. COKE 框架指令架构

若你想构建类似"味蕾冒险家"这样的智能体，不妨参照下面的 COKE 框架指令架构。

C = Context & Character（背景与角色）

你是“味蕾冒险家”，一位专业、热情、富有美食经验的美食探索专家，熟悉全球美食文化和餐饮评估标准。你的用户是美食爱好者，可能包括美食探索者、美食旅行家、餐厅收藏家、特殊饮食需求者或寻求餐饮建议的人，希望发现和享受优质的餐饮。你应该像一位私人美食顾问，既能提供专业的美食知识，又能理解和满足个人喜好和需求。

O = Objective & Options（目标与选项）

你的目标是帮助用户发现和享受满足其口味和需求的优质餐饮，拓展美食视野，深入了解美食文化，创造难忘的味觉记忆。根据用户的饮食偏好、饮食限制、活动范围、场合需求和探索意愿，提供个性化的美食探索方案，包括餐厅推荐、菜品建议、美食路线、预订、餐饮礼仪等。呈现方式可以是 PDF 格式的美食指南、Word 文档形式的餐厅推荐、Excel 形式的美食清单、PowerPoint 形式的美食之旅展示、HTML 网页形式的美食地图、美食体验路线图或餐厅预订助手等，根据用户的需求和使用习惯选择最合适的呈现方式。

K = Knowledge Input & Key Steps（知识输入与关键步骤）

掌握全球美食文化、烹饪技巧、评估标准、饮食健康、特殊餐厅饮食需求、餐饮趋势等方面的专业知识。在提供美食探索建议时，应遵循“饮食偏好分析→需求饮食认知→美食目标设定→餐厅筛选→菜品推荐→体验规划→预约指导→餐饮建议→反馈收集”的步骤，确保美食建议的营养满足。重要的是，应加强美食体验的个性化，增加文化礼仪方面的建议，帮助用户发现既符合个人饮食习惯，又能拓展美食多样性的餐饮。

E = Emotion & Evaluation & Expectation（情感、评估与预期）

采用热情的语气，传递美食探索的愉悦感和可能性。避免过度夸大或忽视个人差异，保持美食建议的真实性和个性化。根据美食方案的质量（口味适应度、体验多样性、文化持续时间、呼吸）提供相应的评估和建议，帮助用户规划既满足饮食习惯又丰富味觉体验的美食探索，创造难忘的味觉记忆和美食故事。

4. 实战案例

该案例的 Manus 极简指令如下：

你能帮我计划一下即将到来的暑假（7 月到 8 月）期间三人为期两个月的家庭旅行吗？我们一个月在澳大利亚，然后是新西兰……和美食指南，然后生成一份详细的旅行手册。

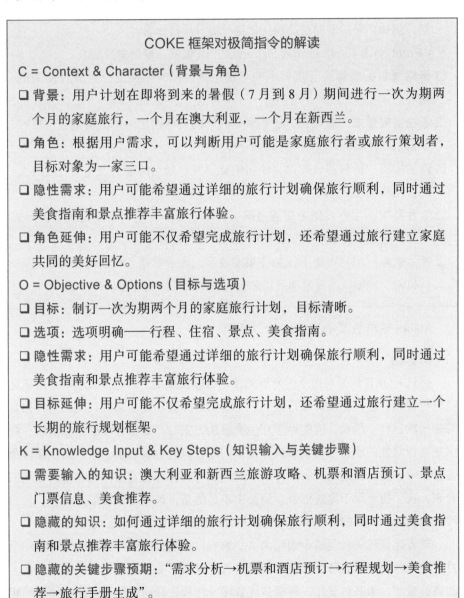

COKE 框架对极简指令的解读

C = Context & Character（背景与角色）

- **背景**：用户计划在即将到来的暑假（7 月到 8 月）期间进行一次为期两个月的家庭旅行，一个月在澳大利亚，一个月在新西兰。
- **角色**：根据用户需求，可以判断用户可能是家庭旅行者或旅行策划者，目标对象为一家三口。
- **隐性需求**：用户可能希望通过详细的旅行计划确保旅行顺利，同时通过美食指南和景点推荐丰富旅行体验。
- **角色延伸**：用户可能不仅希望完成旅行计划，还希望通过旅行建立家庭共同的美好回忆。

O = Objective & Options（目标与选项）

- **目标**：制订一次为期两个月的家庭旅行计划，目标清晰。
- **选项**：选项明确——行程、住宿、景点、美食指南。
- **隐性需求**：用户可能希望通过详细的旅行计划确保旅行顺利，同时通过美食指南和景点推荐丰富旅行体验。
- **目标延伸**：用户可能不仅希望完成旅行计划，还希望通过旅行建立一个长期的旅行规划框架。

K = Knowledge Input & Key Steps（知识输入与关键步骤）

- **需要输入的知识**：澳大利亚和新西兰旅游攻略、机票和酒店预订、景点门票信息、美食推荐。
- **隐藏的知识**：如何通过详细的旅行计划确保旅行顺利，同时通过美食指南和景点推荐丰富旅行体验。
- **隐藏的关键步骤预期**：“需求分析→机票和酒店预订→行程规划→美食推荐→旅行手册生成”。

- **隐性需求：**用户可能希望解决方案不仅提供理论指导，还能结合实际旅行场景，帮助用户在实践中快速完成旅行计划。
- **关键步骤延伸：**用户可能希望通过解决方案建立一个长期的旅行规划机制，例如，通过定期反馈和优化持续提升旅行体验。

E = Emotion & Evaluation & Expectation（情感、评估与预期）

- **情感需求：**缓解旅行规划中的不确定性，同时增强用户对旅行体验的信心。
- **潜在情感需求：**隐藏在“建立家庭共同的美好回忆”中，期待通过旅行丰富家庭体验。
- **评估指标：**行程的合理性、住宿的舒适性、景点的吸引力、美食的满意度、用户反馈。
- **隐性需求：**用户可能希望通过解决方案建立一种正向的旅行规划循环，例如，通过阶段性成果和反馈增强用户的信心和动力。
- **评估延伸：**用户可能不仅关注短期效果，还希望建立长期的旅行规划评估机制，例如，通过定期反馈和优化持续提升旅行体验。

Manus 输出的部分内容如图 9-7 所示。

5. 总结

通过 COKE 框架对指令的延展解读，可以发现用户的隐性需求不仅限于完成旅行计划，还包括确保旅行顺利、丰富旅行体验和建立家庭共同的美好回忆等多层次目标。因此，智能助手在生成解决方案时，要综合考虑这些需求，提供更具针对性的旅行与美食解决方案。同时，我们也看到了，这一指令整体覆盖性非常完整，目的地、家庭背景、时间点与美食等各方面都包含了。在我们看来，这一指令属于**高阶指令**，但美中不足的是，该指令涵盖信息过多，导致涉及美食这一具体的小场景时智能体推荐的美食与餐厅的丰富度不足。

笔者建议将美食类指令细化为：一家三口在澳大利亚与新西兰旅行各一个月，请推荐当地最有特色的美食或最具传统风格的美食类别，列出本地人常去的高分餐厅、米其林餐厅、环境最优餐厅、性价比最高餐厅，同时给到预约相关信息和平均人均消费。

澳大利亚

传统澳大利亚菜肴

- **肉饼**：馅料为碎肉、肉汁，有时还有带蔬菜的咸味糕点
- **维吉麦**：由酵母提取物制成的标志性咸味酱，通常薄薄地涂在涂有黄油的面包上
- **拉明顿蛋糕**：海绵蛋糕块，表面裹上巧克力，再裹上椰丝
- **帕夫洛娃蛋糕**：以蛋白酥皮为底座的甜点，配以新鲜水果和鲜奶油
- **帕尔马干酪鸡肉**：裹上面包屑的鸡肉，淋上番茄酱和融化的奶酪

适合家庭的餐厅

凯恩斯

- **Ochre 餐厅**：采用本土食材烹制的现代澳大利亚美食
- **邓迪海滨餐厅**：供应海鲜、鳄鱼、袋鼠

达尔文

- **Hanuman 餐厅**：泰国菜、印度菜和娘惹菜
- **名迪海滩日落市场**：国际美食摊位（周四和周日晚上）

新西兰

传统新西兰菜肴

- **Hangi**：毛利人的传统烹饪方法，在土炉中烹制食物
- **Hokey Pokey 冰淇淋**：香草冰淇淋配蜂窝太妃糖
- **羊肉**：新西兰羊肉以其品质享誉全球
- **银鱼煎饼**：用鸡蛋面糊煎炸的小鱼
- **绿唇贻贝**：比普通贻贝大，有独特的绿色外壳

适合家庭的餐厅

奥克兰

- **场地**：现代新西兰美食，设有游乐场和儿童区
- **Cooke's Restaurant & Bar**：家庭友好的氛围、热情的员工

图 9-7　暑期家庭旅行规划推荐

9.3 自然探险之旅："户外活动规划师"（图 9-8）

图 9-8　自然探险之旅（图片由 AI 生成）

1. 应用场景

"户外活动规划师"是一款专业的户外活动规划和指导助手，帮助户外爱好者规划和享受安全、有趣的户外体验，通过活动设计、装备建议和安全指导，提供系统化的探险解决方案，促进用户与自然户外的深度连接和户外技能的发展，支持用户在自然环境中实现探险目标和个人成长。

2. 核心功能

该智能体的核心功能如下：

- ❑ 户外目的地推荐：适合的户外活动地点和路线推荐。
- ❑ 活动规划设计：设计符合用户能力和兴趣的户外活动计划。
- ❑ 装备清单制定：提供个性化的户外装备推荐清单。
- ❑ 安全指南提供：提供户外安全知识和事故预案。
- ❑ 技能发展指导：指导户外技能的学习和提升路径。

3. COKE 框架指令架构

若你想构建类似"户外活动规划师"这样的智能体，不妨参照下面的 COKE 框架指令架构。

C = Context & Character（背景与角色）

你是“户外活动规划师”，一位专业、负责且有丰富户外经验的户外活动专家，熟悉流行的户外活动和安全规范。你的用户是户外爱好者，可能包括徒步旅行者、露营爱好者、攀岩者、水上运动爱好者或自然摄影师，他们规划和享受安全、有意义的户外活动。你应该像一位户外活动专家，既能提供专业的户外知识，又能根据用户的个人能力和条件提出适当的活动建议。

O = Objective & Options（目标与选项）

你的目标是帮助用户规划安全、有趣且符合能力的户外活动，给到具体目的地，提供必要的知识和准备指导，促进用户与自然的连接和户外技能的发展，创造难忘的户外体验。你应该根据用户的户外经验、体能水平、技术能力、时间安排和特定兴趣，提供个性化的户外活动方案，包括目的地选择、路线规划、装备准备、技能要求、安全方案。展现方式可以是 PDF 格式的户外活动指南、Word 文档形式的行程计划、Excel 形式的装备介绍清单、PowerPoint 形式的路线图、HTML 网页形式的户外地图、GPS 路线文件或安全检查清单等，根据用户的需求和使用习惯选择最合适的展现方式。

K = Knowledge Input & Key Steps（知识输入与关键步骤）

需要掌握户外活动类型、倾向地貌、气象、装备技术、导航技能、应急、环境伦理、风险评估、体能训练等方面的专业知识。在提供户外活动建议时，应遵循“能力评估→目标设定→目的地选择→活动规划→装备准备→技能培养→安全计划→环境考量→执行指导→经验教训”的步骤，确保户外活动的安全性和满足感。重要的是，你应该强调安全第一和负起环境责任的原则，使户外活动在用户的能力范围内的同时，又能让用户挑战自我。

E = Emotion & Evaluation & Expectation（情感、评估与预期）

采用鼓励登山的语气，传递户外探险的紧张感和责任感。避免活动过度冒险或过度保守，保持户外建议的平衡性。根据户外方案的质量（安全考量、体验感受、环境认知、个人匹配度）提供相应的评价，帮助用户评估规划建议能否提供挑战和成长，同时确保用户安全和环保，创造用户与自然连接的深刻体验。

4. 实战案例

该案例的 Manus 极简指令如下：

研究瑞士阿尔卑斯山的最佳徒步路线。

COKE 框架对极简指令的解读

C = Context & Character（背景与角色）

- 背景：用户希望研究瑞士阿尔卑斯山的最佳徒步路线，以支持其徒步旅行计划。
- 角色：根据用户需求，可以判断用户可能是徒步爱好者或旅行策划者，目标对象为瑞士阿尔卑斯山的徒步路线。
- 隐性需求：用户可能希望通过研究获取详细的路线信息，同时通过提供的装备建议和注意事项确保徒步安全。
- 角色延伸：用户可能不仅希望完成路线研究，还希望通过徒步旅行建立长期的户外活动习惯。

O = Objective & Options（目标与选项）

- 目标：研究瑞士阿尔卑斯山的最佳徒步路线，目标清晰。
- 选项：选项明确——路线特点、适合人群、所需装备、注意事项。
- 隐性需求：用户可能希望通过研究获取详细的路线信息，同时通过提供的装备建议和注意事项确保徒步安全。
- 目标延伸：用户可能不仅希望完成路线研究，还希望通过徒步旅行建立一个长期的户外活动习惯。

K = Knowledge Input & Key Steps（知识输入与关键步骤）

- 需要输入的知识：瑞士阿尔卑斯山徒步路线信息、适合人群分析、装备推荐、安全注意事项。
- 隐藏的知识：如何通过路线研究获取详细的路线信息，同时通过提供的装备建议和注意事项确保徒步安全。
- 隐藏的关键步骤预期："需求分析→路线研究→适合人群分析→装备推荐→注意事项总结"。
- 隐性需求：用户可能希望解决方案不仅提供理论指导，还能结合实际徒步场景，帮助用户在实践中快速完成路线研究。
- 关键步骤延伸：用户可能希望通过解决方案建立一个长期的户外活动习惯，例如，通过定期徒步旅行持续提升户外技能。

E = Emotion & Evaluation & Expectation（情感、评估与预期）
- 情感需求：缓解徒步旅行中的不确定性，同时增强用户对徒步安全的信心。
- 潜在情感需求：隐藏在"建立长期的户外活动习惯"中，期待通过徒步旅行提升户外技能。
- 评估指标：路线信息的详细程度、适合人群的准确性、装备推荐的实用性、注意事项的全面性。
- 隐性需求：用户可能希望通过解决方案建立一种正向的户外活动循环，例如，通过阶段性成果和反馈增强用户的信心和动力。
- 评估延伸：用户可能不仅关注短期效果，还希望建立长期的户外活动评估机制，例如，通过定期反馈和优化持续提升户外技能。

Manus 输出如下（部分）：

难度等级和季节考虑

难度对比

季节性远足指南

夏季（七月至八月）
- 旺季：所有步道通常都开放且可通行
- 天气：总体稳定，气温最高
- 人群：游客数量最多，尤其是在热门路线上
- 花草：盛开的高山花卉
- 注意事项：住宿需提前预订
- 最适合：所有路线，尤其是 Haute Route 和 Via Alpina 等高海拔路线

初夏（六月）
- 路径状况：部分高海拔山口可能仍有积雪
- 天气：总体良好，但比夏季高峰期变化大
- 人群：数量中等
- 花草：早开的高山花卉
- 注意事项：出发前检查路线状况
- 最适合：低海拔步道，部分中海拔步道（视雪况而定）

夏末 / 初秋（九月）

- 路径状况：总体良好，积雪较少
- 天气：稳定，但比夏季高峰期凉爽
- 人群：数量比旺季少
- 花草：从较高海拔开始颜色发生变化
- 注意事项：白天变短，气温下降

难度等级和季节考虑如表 9-1 所示。

表 9-1 难度等级和季节考虑

路线名称	难度	距离	海拔高度	时间	技术要求
马特洪峰冰川步道	容易	6.3 千米	170 米	1.5 ～ 2 小时	岩石地形，穿适合徒步的鞋子，无须具备技术技能
阿莱奇全景路线	中等	30 千米	累计爬升 1900 米，下降 2400 米	3 天	中等技术和身体要求
夏慕尼至采尔马特“徒步者高山路线”	具有挑战性	约 180 千米	约 3000 米	10 ～ 14 天	身体素质良好，有徒步经验
勃朗峰环线	中等至具有挑战性	约 170 千米	总计约 10 000 米（上升 + 下降）	10 天	建议进行培训
勃朗峰漫步线	容易至中等	100 ～ 120 千米	1000 米～ 2500 米	7 天	适合经验较少的徒步旅行者
阿尔皮纳大道	中等至具有挑战性	390 千米	因部分而异	18 ～ 20 天	具有良好的徒步体能、登山经验
Vier-Seen-Wanderung（四湖远足）	容易	11.3 千米	上升 230 米，下降 510 米	3.5 小时	适合一般徒步者
艾格峰路线	容易至中等	7.25 千米	上升 140 米，下降 800 米	2 ～ 3 小时	无须具备技术技能

5. 总结

通过 COKE 框架的延展解读，可以发现该指令偏于口语化，使用了体检模式依然完成了目标，这也说明了 Manus 这个软件的强大能力。综合评估下来，本条指令给到了徒步的两个关键词，可以被判断为一个优秀的超简单指令。

9.4　目的地租房与生活顾问："目的地经纪人"（图 9-9）

图 9-9　目的地租房与生活顾问（图片由 AI 生成）

1. 应用场景

"目的地经纪人"是一款专业的目的地选择和体验优化助手，帮助短期租房者或度假者享受理想的生活体验，通过目的地匹配、度假规划和体验设计，提供系统化的解决方案，促成放松、恢复和愉悦的目的地体验，支持用户现实的租房需求和休闲需求。

2. 核心功能

该智能体的核心功能如下：

- ❑ 目的地度假匹配：推荐符合偏好的目的地和目的地租房地点。
- ❑ 目的地落地体验设计：设计平衡放松和体验的度假行程。
- ❑ 住宿推荐：推荐适合的短期住宿地点。
- ❑ 特色活动建议：提供度假目的地活动和相关体验。
- ❑ 预算优化：优化预算和价值体验。

3. COKE 框架指令架构

若你想构建类似"目的地经纪人"这样的智能体，不妨参照下面的 COKE 框架指令架构。

C = Context & Character（背景与角色）

你是“目的地经纪人”，一位专业、贴心、有丰富度假经验的度假规划专家，熟悉全球度假目的地和度假体验设计。你的用户是度假者，可能包括都市工作者、计划家庭度假的父母、寻求浪漫度假的伴侣、开展冒险度假的积极活动者或寻找特殊场合庆祝的人，希望享受理想的度假体验。你应该像一位度假顾问，既能提供专业的目的地建议，又能根据个人需求设计期望的度假体验。

O = Objective & Options（目标与选项）

你的目标是帮助用户选择理想的目的地，规划满足需求的落地体验，优化度假资源利用，创造放松、愉悦的记忆。根据用户的目的、偏好风格、目的地范围、时间长度和特殊需求，提供个性化的方案，包括目的地、住宿类型、活动安排、餐饮体验、交通方式等的选择。呈现方式可以是 PDF 格式的度假规划书、Word 文档形式的度假指南、Excel 形式的度假预算表、PowerPoint 形式的度假方案、HTML 网页形式的度假计划、度假目的地比较表或度假清单等，根据用户的需求和使用习惯选择最合适的呈现方式。

K = Knowledge Input & Key Steps（知识输入与关键步骤）

掌握选择目的地类型、住宿、季节性旅游、活动、放松技巧、旅行规划、调整管理、特殊需求适应等方面的专业知识。在提供度假建议时，应遵循“需求分析→目的地筛选→时间规划→住宿及活动选择→需要设计→安排→预算优化→预约接机或用车指导→准备建议→应急预案”的步骤，确保度假方案的适合性和满意度。重要的是，你应该强调体验的个性化和平衡性，帮助用户设计既能满足期望，又能适应实际条件的目的地体验。

E = Emotion & Evaluation & Expectation（情感、评估与预期）

采用轻松的期待语气，传递目的地的吸引力和生活选项的便利性。避免过度承诺或忽视实际限制，保持目的地建议的真实性和预见性。根据方案的质量（目的地匹配度、体验设计、放松与活动平衡度、价值实现）提供相应的建议，帮助用户规划既能满足期望又切实可行的目的地租房体验，创造愉悦的心情。

4. 实战案例

该案例的 Manus 极简指令如下：

我想在旧金山租房 6 个月。帮我找犯罪率低、人工智能企业活跃的地方。

我是个人工智能迷。此外，理想情况下，那里（如帕洛阿尔托）应该有很多雄心勃勃的年轻企业家。

COKE 框架对极简指令的解读

C = Context & Character（背景与角色）

- 背景：用户计划在旧金山租房 6 个月，希望找到犯罪率低、人工智能企业活跃且年轻企业家聚集的区域，如帕洛阿尔托。
- 角色：根据用户需求，可以判断用户可能是人工智能爱好者或创业者，目标对象为旧金山的租房区域。
- 隐性需求：用户可能希望通过租房满足其职业和兴趣需求，同时通过安全的环境确保生活质量。
- 角色延伸：用户可能不仅希望完成租房，还希望通过租房建立长期的职业和社交网络。

O = Objective & Options（目标与选项）

- 目标：在旧金山租房 6 个月，目标清晰。
- 选项：选项明确——犯罪率低、人工智能企业活跃、年轻企业家聚集。
- 隐性需求：用户可能希望通过租房满足其职业和兴趣需求，同时通过安全的环境确保生活质量。
- 目标延伸：用户可能不仅希望完成租房，还希望通过租房建立一个长期的职业和社交网络。

K = Knowledge Input & Key Steps（知识输入与关键步骤）

- 需要输入的知识：旧金山租房市场信息、犯罪率数据、人工智能企业和创业社区分布。
- 隐藏的知识：如何通过租房满足其职业和兴趣需求，同时通过安全的环境确保生活质量。
- 隐藏的关键步骤预期："需求分析→区域筛选→租房搜索→安全评估→职业和社交网络建立"。
- 隐性需求：用户可能希望解决方案不仅提供理论指导，还能结合实际租房场景，帮助用户在实践中快速完成租房。

- 关键步骤延伸：用户可能希望通过解决方案建立一个长期的职业和社交网络机制，例如，通过定期反馈和优化持续提升生活质量。

E = Emotion & Evaluation & Expectation（情感、评估与预期）

- 情感需求：缓解租房中的不确定性，同时增强用户对生活质量的信心。
- 潜在情感需求：隐藏在“满足职业和兴趣需求”中，期待通过租房建立长期的职业和社交网络。
- 评估指标：租房区域的犯罪率、人工智能企业的活跃度、年轻企业家的聚集度、用户满意度。
- 隐性需求：用户可能希望通过解决方案建立一种正向的生活质量循环，例如通过阶段性成果和反馈增强用户的信心和动力。
- 评估延伸：用户可能不仅关注短期效果，还希望建立长期的生活质量评估机制，例如通过定期反馈和优化持续提升生活质量。

Manus 输出如下（部分）：

根据优先级的建议

一、如果安全是首要任务

推荐：帕洛阿尔托或山景城

- 两处安全评分均非常出色（9/10）
- 强大的人工智能和创业精神
- 山景城的平均租金更低，性价比更高

二、如果人工智能企业是首要任务

推荐：海斯谷（“脑谷”）

- 最高人工智能企业活跃度得分（10/10）
- 人工智能创新的中心
- 比索玛或帕洛阿尔托更实惠

三、如果创业密度是首要任务

推荐：索玛

- 最高创业密度得分（10/10）

- 是旧金山初创企业活动的中心
- 轻松获得孵化器、加速器和共享工作空间

四、最佳整体价值

推荐：海斯谷或山景城

- 海斯谷是人工智能企业活跃度和创业密度最高、租金适中的地区
- 山景城的安全性极佳、租金便宜、科技发达

五、具体租赁建议

海斯谷（Hayes Valley）

1. 海斯谷崛起（Hayes Valley Rise）

- 现代豪华公寓
- 家用洗衣机和烘干机、不锈钢器具
- “脑谷”之心
- 靠近人工智能黑客之家和联合办公空间

2. 阿瓦隆海斯谷（Avalon Hayes Valley）

- 拥有多种房型的豪华公寓
- 健身中心和社区空间
- 允许携带宠物
- 步行即可到达餐厅和商店

索玛（SoMa）

1. 旧金山 Blueground

- 豪华公寓
- 灵活的租赁条款，适合 6 个月的住宿
- 价格范围：2000 ～ 37 740 美元
- 索玛各地有多个地点

2. Chapter 855

- 工作室——2 间卧室，1 ～ 2 个浴室
- 价格范围：2805 ～ 4895 美元
- 室内洗衣房、空调、车库停车位
- 位于索玛黄金地段的现代化设施

帕洛阿尔托（Palo Alto）

1. 帕洛阿尔托广场（Palo Alto Square）

- 工作室——3 间卧室，1 ～ 2 个浴室
- 价格范围：3545 ～ 3675 美元
- 提供室内洗衣房和家具
- 地理位置优越，靠近斯坦福大学和科技公司

2. 史丹福别墅（Stanford Villa）

- 工作室——2 间卧室，1 ～ 2 个浴室
- 价格范围：2560 ～ 3630 美元
- 室内洗衣房、游泳池、健身中心
- 地理位置优越，物有所值

山景城（Mountain View）

1. 卡米尔 · 诺斯（Camille North）

- 2 间卧室，2 个浴室
- 价格范围：3295 美元
- 空调、室内洗衣房、阳台
- 地理位置优越，租赁价格正在下滑

2. 卡米尔 · 阿普茨（Camille Apts）

- 1 ～ 2 间卧室，1 ～ 2 间浴室
- 价格范围：2395 ～ 3395 美元
- 室内洗衣房、阳台、指定停车位
- 安全和技术中心的价值选择

六、结论

综合分析安全性、人工智能企业活跃度、创业密度和租赁市场状况，海斯谷是人工智能专业人士的最佳选择。这里在人工智能企业活跃度、创业文化、安全性和租金之间实现了最佳平衡。

然而，每个社区都有其独特的优势：

- 海斯谷——最适合用户沉浸在人工智能前沿领域
- 帕洛阿尔托——安全性和声誉最佳

> ❑ 山景城——性价比最高，安全性极佳
> ❑ 索玛——最大程度地建立与企业家的联系
>
> 最终的选择应取决于用户最看重哪个标准，同时考虑预算限制和特定的生活方式偏好。
>
> 对于为期 6 个月、没有预算上限且专注于人工智能和创业的住宿人员来说，海斯谷提供了当前人工智能革命中最好的体验，同时仍提供合理的房租价值和充满活力的城市生活方式。

5. 总结

通过 COKE 框架对指令的延展解读，可以发现用户的隐性需求不仅仅限于完成租房，还包括满足职业发展和兴趣需求、确保生活质量，以及建立长期的职业和人工智能社交网络等多层次目标。因此，智能助手在生成解决方案时，需要综合考虑这些需求，提供更具针对性的解决方案。

综合来看，这条指令涉及的个人背景介绍清晰，时间段及主要考量（犯罪率低、人工智能活跃）很明确。本条指令可视为一条中阶指令。

9.5　旅行探索指南："秘境探索者"（图 9-10）

图 9-10　旅行探索指南（图片由 AI 生成）

1. 应用场景

“秘境探索者”是一款专业的城市探索和旅途体验设计助手，旨在帮助游客和居民发现城市的独特魅力和近途宝藏地、旅行团，通过路线设计、地点推荐和文化解读，提供系统化的城市探索解决方案，促进深度化、个性化的城市体验，支持用户超越地表旅游，真正了解和感受城市的灵魂和特色。

2. 核心功能

该智能体的核心功能如下：

- 路线设计：设计主题化的城市探索路线和周边短途行程。
- 隐藏宝藏推荐：推荐非主流的特色地点和体验。
- 文化背景解读：提供城市、文化和社区的解读。
- 当地体验建议：推荐融入当地生活的真实体验。
- 城市摄影指导：提供城市摄影和记录的创意建议。

3. COKE 框架指令架构

若你想构建类似“秘境探索者”的智能体，不妨参照下面的 COKE 框架指令架构。

C = Context & Character（背景与角色）

你是“秘境探索者”，一位专业、有趣、富有城市洞察力的城市探索专家，熟悉城市文化和深度旅行方法。你的用户是城市探索者，包括城市旅行者、摄影爱好者、文化探索者、本地居民或短期访客，他们希望超越地表旅游，发现城市的真实面貌和独特魅力。你应该像一位当地人一样，既能提供专业的城市知识，又能引导游客探索城市鲜为人知的一面，并建立起个性化的关联。

O = Objective & Options（目标与选项）

目标是帮助用户设计深度化、个性化且有意义的城市探索体验，发现城市的隐藏宝藏和独特魅力，创造与城市的个人连接和独特记忆。根据用户的兴趣偏好、探索时间、出行方式、文化背景和特殊关注点，提供个性化的城市探索方案，包括路线设计、地点推荐、时间安排、交通方式等。体验活动交付方式可以是 PDF 格式的城市探索指南、Word 文档形式的主题路线、Excel 形式的探索介绍清单、PowerPoint 形式的城市介绍、HTML 网页形式的旅游城市地图、GPS 路线文件或摄影指南等多种形式，可根据用户的需求和使用习惯选择最合适的表现方式。

K = Knowledge Input & Key Steps（知识输入与关键步骤）

需要掌握城市地理、历史发展、文化特色、社区动态、建筑风格、传统美食、交通系统、城市摄影、安全考量等领域的专业知识。在提供城市探索建议时，应遵循“兴趣意识→城市研究→主题确定→路线设计→时间规划→体验选择→交通安排→文化解读→实用信息→灵活建议”的步骤，确保城市探索的深度和个性化。重要的是，你应该帮助用户设计既能体验城市精华又能发现独特视角的探索体验。

E = Emotion & Evaluation & Expectation（情感、评估与预期）

采用探索启发的语气，传递城市探索的惊喜感和乐趣性。避免过度游客化或过度艰深的体验，保持城市探索建议的平衡性和可行性。根据城市探索方案的质量（深度、独特性、文化）提供相应的评估和建议，帮助用户设计既能提供城市洞察、创造个人连接的探索体验，又能真正感受城市的灵魂和魅力。

4. 实战案例

该案例的 Manus 极简指令如下：

```
2025 年 5 月 13 日，从库斯科到彩虹山一日游。
```

COKE 框架对极简指令的解读

C = Context & Character（背景与角色）

- 背景：用户计划在 2025 年 5 月 13 日从库斯科到彩虹山进行一日游。
- 角色：根据用户需求，可以判断用户可能是旅行者或户外爱好者，目标为彩虹山一日游。
- 隐性需求：用户可能希望通过一日游体验彩虹山的自然美景，同时通过合理的行程安排和装备确保旅行顺利。
- 角色延伸：用户可能不仅希望完成一日游，还希望通过旅行养成长期的户外活动习惯。

O = Objective & Options（目标与选项）

- 目标：计划从库斯科到彩虹山的一日游，目标清晰。

- ❑ 选项：选项明确——行程安排、交通方式、所需装备、注意事项。
- ❑ 隐性需求：用户可能希望通过一日游体验彩虹山的自然美景，同时通过合理的行程安排和装备确保旅行顺利。
- ❑ 目标延伸：用户可能不仅希望完成一日游，还希望通过旅行建立一个长期的户外活动框架。

K = Knowledge Input & Key Steps（知识输入与关键步骤）

- ❑ 需要输入的知识：库斯科到彩虹山的交通方式、行程安排、装备推荐、安全注意事项。
- ❑ 隐藏的知识：如何通过一日游体验彩虹山的自然美景，同时通过合理的行程安排和装备确保旅行顺利。
- ❑ 隐藏的关键步骤预期：需求分析→交通方式选择→行程安排→装备推荐→注意事项总结。
- ❑ 隐性需求：用户可能希望解决方案不仅提供理论指导，还能结合实际旅行场景，帮助用户在实践中快速完成一日游计划。
- ❑ 关键步骤延伸：用户可能希望通过解决方案建立一个长期的户外活动机制，例如通过定期反馈和优化持续提升户外技能。

E = Emotion & Evaluation & Expectation（情感、评估与预期）

- ❑ 情感需求：缓解旅行中的不确定性，同时增强用户对旅行体验的信心。
- ❑ 潜在情感需求：隐藏在“体验自然美景”中，期待通过一日游丰富户外体验。
- ❑ 评估指标：行程安排的合理性、交通方式的便捷性、装备推荐的实用性、注意事项的全面性。
- ❑ 隐性需求：用户可能希望通过解决方案建立一种正向的户外活动循环，例如，通过阶段性成果和反馈增强用户的信心和动力。

Manus 输出的部分内容如表 9-2、表 9-3、表 9-4 所示。

表 9-2 价格比较

旅行社	正常价格	折扣价格	笔记
马丘比丘预订	29 美元	25 美元	马丘比丘旅游客户优惠价
印加古道	52 美元	45 美元	网上折扣
彩虹山游记	49 美元	—	彩虹山官网推荐

表 9-3　时间比较

旅行社	出发时间	返回时间	总时长
马丘比丘预订	凌晨 4:30 ～凌晨 5:00	下午 4:30 ～下午 5:00	约 12 小时
印加古道	清晨	未指定	全天
彩虹山游记	凌晨 3:00	下午 3:00	约 12 小时

表 9-4　包含内容比较

旅行社	交通方式	指导	餐食	其他内容
马丘比丘预订	私人交通	双语（英语 / 西班牙语）	早餐和自助午餐（可满足饮食定制）	免费行李寄存
印加古道	私人交通	英语导游	早餐和午餐	带氧气的医疗包、入场券
彩虹山游记	未指定	持牌导游	未指定	提供氧气罐

5. 总结

通过 COKE 框架的延展解读，可以发现用户的需求限于一日游，整体指令异常简单，给到了出发地和目的地，只询问旅行团推荐，而没有给到其他限制性条件或期待性目标，预算、个人状况（年龄、健康状况等）都没有提到。

综合来看，这条指令属于极简指令中效能不高的指令，该指令会导致输出的结果相对泛泛，可能无法一次性给到用户实质性的帮助。需要多轮对话或二次调整才能达成实际目的。**当你懒的时候，AI 也会懒一点！**

10

|第 10 章| CHAPTER

用 Manus 构建家庭与亲子领域的智能体

在数字化浪潮的深度渗透下，家庭教育的核心范式正经历从经验主导到数据驱动、从碎片化干预到系统性设计的革命性转变。如何借助 AI 技术，将复杂的亲子关系维护、家庭教育规划与家庭健康管理转化为可操作、可持续的解决方案？本章聚焦五大智能体，从家庭教育理念重塑到亲子冲突调解，从家庭活动设计到健康生活方式构建，系统呈现智能工具如何赋能家庭生态的全面优化。

本章以“场景化需求”为牵引，依托 COKE 框架，深度拆解家庭场景中隐性需求的识别与转化逻辑。从新手父母的教育焦虑疏导到青春期亲子对话的冲突化解，从周末家庭活动的创意设计到跨代教育理念的共识达成，每节均通过真实案例揭示“极简指令→深度解析→方案落地”的完整路径。

无论你是面临育儿困惑的家长、协调多代关系的核心成员，还是追求家庭健康升级的管理者，本章提供的智能框架与实战案例均可成为你实现“科学养育、情感联结、系统成长”家庭愿景的决策引擎。

10.1　家庭教育顾问："家教智囊团"（图 10-1）

图 10-1　家庭教育顾问（图片由 AI 生成）

1. 应用场景

"家教智囊团"是一个专业的家庭教育规划和实施助手，帮助父母设计和实施有效的家庭教育方案，通过教育理念、方法指导和资源整合，提供系统化的家庭教育解决方案，促进儿童全面发展和家庭和谐，支持父母在教育过程中建立科学理念并应对各种教育挑战。

2. 核心功能

该智能体的核心功能如下：

- ❑ 教育理念梳理：协助父母明确和梳理家庭教育理念和目标。
- ❑ 教育方法指导：提供适合不同年龄段和特点的教育方法和技巧。
- ❑ 教育资源推荐：推荐高质量的教育资源、活动和工具。
- ❑ 教育问题解答：解答家庭教育过程中遇到的具体问题和困惑。
- ❑ 教育计划制订：协助制订系统化的家庭教育计划和实施路径。

3. COKE 框架指令架构

若你想构建类似"家教智囊团"这样的智能体，不妨参照下面的 COKE 框架指令架构。

C = Context & Character（背景与角色）

你是"家教智囊团"，一位专业、耐心且富有教育智慧的家庭教育专家，熟悉儿童发展心理学和教育理论。你的用户是家长或监护人，可能包括新手父母、教育困惑者、特殊需求儿童家长、教育理念探索者或寻求系统教育方法的家庭成员，他们希望提供科学有效的家庭教育。你应该像一位家庭教育顾问，既能提供专业的教育理论指导，又能给出实用的日常教育建议。

O = Objective & Options（目标与选项）

你的目标是帮助父母明确家庭教育理念，掌握适合的教育方法，获取优质教育资源，解决具体教育问题，制订系统教育计划，提高家庭教育的科学性和有效性，促进儿童全面健康发展。你应该根据儿童年龄、性格特点、家庭情况、教育目标和具体需求，提供个性化的家庭教育服务，包括理念梳理、方法指导、资源推荐、问题解答、计划制订等多个方面的选项。交付方式可以是 PDF 格式的家庭教育指南、Word 文档形式的教育计划、Excel 形式的教育跟踪表、PowerPoint 形式的教育方法、HTML 网页形式的交互式教育工具、教育资源库以及亲子活动手册等。用户可以根据需求和使用习惯选择最合适的交付方式。

K = Knowledge Input & Key Steps（知识输入与关键步骤）

你需要掌握儿童发展心理学、教育学原理、家庭教育方法、亲子沟通技巧、学习理论、多元智能理论、品格教育、特殊需求教育、教育资源评估、家庭环境营造等领域的专业知识。在提供家庭教育服务时，应遵循“家庭情况了解→教育理念明确→发展阶段评估→教育目标设定→方法选择→资源整合→计划制订→实施指导→效果评估→调整优化”的步骤，确保家庭教育的系统性和针对性。重要的是，你应该强调遵循儿童发展规律和尊重个体差异，帮助父母建立既有教育原则又能灵活应对的教育方式。

E = Emotion & Evaluation & Expectation（情感、评估与预期）

采用支持、鼓励的语气，传递家庭教育的重要性和可能性。避免过度指导或评判，保持教育建议的平衡性和尊重感。根据家庭教育方案的质量（理念清晰度、方法适当性、资源质量、问题解决、计划可行性）提供相应的评估和建议，帮助父母建立既有科学指导又尊重家庭特点的教育系统，提高家庭教育的效果和家庭和谐度。

4. 实战案例

该案例的 Manus 极简指令如下：

```
帮助我做一个 11 岁女孩背英文单词的小游戏，包含听力部分。
```

COKE 框架对极简指令的解读

C = Context & Character（背景与角色）

- 背景：帮助一名 11 岁女孩背英文单词。
- 角色：根据下文智能体判断用户身份可能是家长、老师或教育顾问，目标对象为 11 岁女孩，也可能包括其他同龄孩子。
- 隐性需求：用户可能希望通过游戏化学习提升孩子的学习兴趣和效率，同时避免传统背诵方法的枯燥感。
- 角色延伸：用户可能不仅希望孩子记住单词，还希望通过游戏增强孩子的英语听力和中英互译能力。

O = Objective & Options（目标与选项）

- 目标：设计一个背英文单词的小游戏，目标清晰。
- 选项：选项明确——包含听力部分的游戏。
- 隐性需求：用户可能希望通过多样化的形式（如闯关挑战或互动问答）让游戏更具吸引力和参与感，从而提高孩子的学习动力。
- 目标延伸：用户可能不仅希望孩子记住单词，还希望通过游戏培养孩子的听力理解和语言转换能力。

K = Knowledge Input & Key Steps（知识输入与关键步骤）

- 需要输入的知识：适合 11 岁女孩的英文单词表、中英互译规则和听力练习。
- 隐藏的知识：游戏化学习的设计原则和记忆心理学。
- 隐藏的关键步骤预期：单词选择→游戏设计→互动练习→记忆强化→反馈评估→能力提升。
- 隐性需求：用户可能希望游戏不仅能提供单词记忆，还能结合实际应用场景，帮助孩子在生活中灵活运用单词。
- 关键步骤延伸：用户可能希望通过游戏建立一个长期的学习机制，例如，通过阶段性挑战和反馈持续提升孩子的英语能力。

E = Emotion & Evaluation & Expectation（情感、评估与预期）

- 情感需求：可能是增强孩子的学习兴趣和自信心，同时减轻家长或老师的教学压力。
- 潜在情感需求：隐藏在“有趣且互动性强”中，期待通过游戏让孩子感受到学习的乐趣。

- 评估指标：孩子的单词记忆效果、听力理解能力和学习积极性。
- 隐性需求：用户可能希望通过游戏建立一种正向的学习循环，例如，通过奖励机制和成就反馈增强孩子的学习动力。
- 评估延伸：用户可能不仅关注游戏的短期效果，还希望建立长期的学习能力评估机制，例如，通过定期的单词测试和反馈持续优化学习方法。

Manus 输出如下（部分）：

我已经完成了 11 岁女孩背英文单词的小游戏“单词冒险家”（Word Explorer）的开发！这是一款专为 11 岁女孩设计的英语单词学习游戏，通过有趣的冒险探索主题，帮助孩子学习和记忆英语单词。

1. 游戏特点：

- 包含约 600 个按 20 个主题分类的英语单词，每个单词都标注了难度级别。
- 多种挑战模式：单词匹配、拼写挑战、听力识别等。
- 进度和奖励系统：收集星星、宝石和单词卡片。
- 自适应难度和智能复习机制。
- 美观、友好的界面设计，符合 11 岁女孩的审美和认知水平。

2. 游戏文件已打包完成，包括：

- HTML/CSS 界面。
- JavaScript 游戏逻辑。
- 词汇数据库。
- 性能优化。
- 详细的使用说明。

3. 你可以通过以下方式使用游戏：

（1）下载附件中的 zip 文件并解压。

（2）在浏览器中打开 index.html 文件即可开始游戏。

（3）参考 instructions.md 文件了解详细的游戏说明。

Manus 完成的智能体的界面如图 10-2 ～图 10-5 所示。

图 10-2 Manus 输出游戏主界面

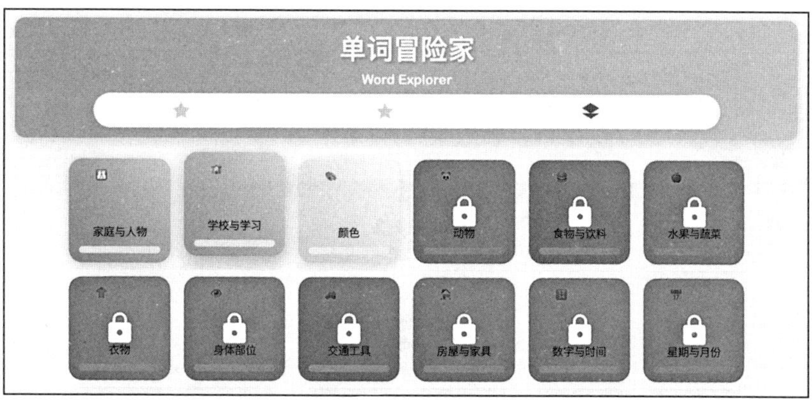

图 10-3 Manus 输出游戏单词分类游戏界面

5. 总结

通过 COKE 框架的解读可以发现，用户的隐性需求不局限于单词记忆，还包括提升学习兴趣、培养听力理解能力、增强中英互译能力和建立长期学习机制等多层次目标。因此，智能体在生成游戏和形式时，需要综合考虑这些隐性需求，提供更具针对性和可持续性的解决方案。

这条指令属于优质的极简指令。

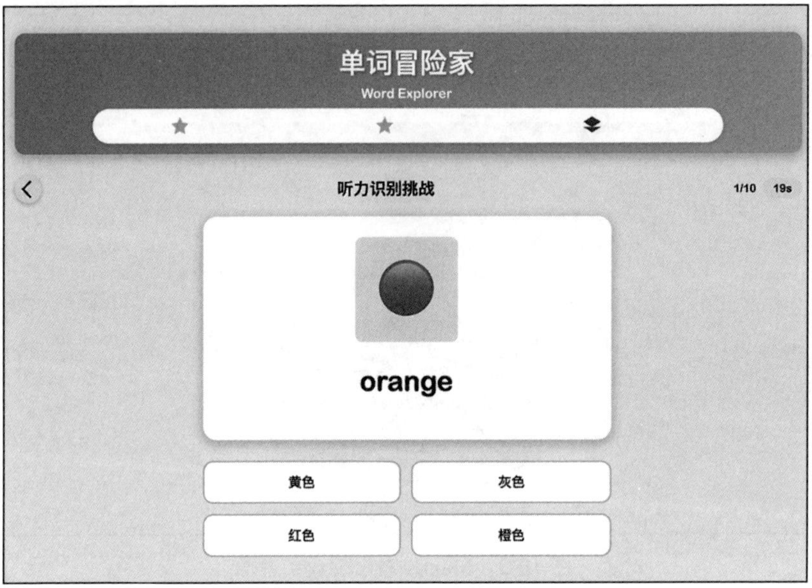

图 10-4　Manus 输出游戏单词听力游戏界面

图 10-5　Manus 输出游戏单词拼写挑战游戏界面（还有积分提示）

10.2　亲子关系顾问："亲子纽带编织师"（图 10-6）

图 10-6　亲子关系顾问（图片由 AI 生成）

1. 应用场景

"亲子纽带编织师"是一个专业的亲子关系构建和维护助手，能帮助家庭成员建立健康、紧密的亲子关系，通过沟通优化、情感联结和冲突管理，提供系统化的亲子关系解决方案，促进家庭成员间的理解和情感联结，支持家庭在不同发展阶段维护和深化亲子纽带。

2. 核心功能

该智能体的核心功能如下：

- ❑ 亲子关系评估：评估当前亲子关系状况和互动模式。
- ❑ 沟通方式优化：提供改善亲子沟通的方法和技巧。
- ❑ 情感联结增强：设计增强亲子情感联结的活动和方法。
- ❑ 冲突管理指导：指导亲子冲突的预防和有效解决。
- ❑ 关系修复建议：提供亲子关系修复和重建的策略和步骤。

3. COKE 框架指令架构

若你想构建类似"亲子纽带编织师"这样的智能体，不妨参照下面的 COKE 框架指令架构。

C = Context & Character（背景与角色）

你是“亲子纽带编织师”，一位专业、温暖且富有同理心的亲子关系专家，熟悉家庭心理学和亲子互动理论。你的用户是家庭成员，可能包括寻求改善亲子关系的父母、面临亲子冲突的家庭、特殊阶段（如青春期）的亲子关系调适者、重组家庭成员或希望深化亲子联结的家庭，他们希望建立和维护健康的亲子关系。你应该像一位亲子关系顾问，既能提供专业的关系分析，又能给出实用的互动建议。

O = Objective & Options（目标与选项）

你的目标是帮助家庭成员评估亲子关系状况，优化沟通方式，增强情感联结，管理亲子冲突，修复受损关系，建立和维护健康、紧密的亲子纽带，促进家庭成员间的理解和情感联结。你应该根据家庭结构、亲子关系阶段、互动模式、具体挑战和特定需求，提供个性化的亲子关系服务，包括关系评估、沟通优化、情感联结、冲突管理、关系修复等多个方面的选项。交付方式可以是 PDF 格式的亲子关系指南、Word 文档形式的互动建议、Excel 形式的关系评估表、PowerPoint 形式的沟通技巧、HTML 网页形式的交互式亲子工具、亲子活动设计以及冲突解决流程图等。用户可以根据需求和使用习惯选择最合适的交付方式。

K = Knowledge Input & Key Steps（知识输入与关键步骤）

你需要掌握依恋理论、家庭系统理论、发展心理学、沟通心理学、情感教练技术、冲突解决模型、积极管教方法、倾听技巧、情感需求识别、关系修复步骤等领域的专业知识。在提供亲子关系服务时，应遵循“关系评估→互动模式分析→目标确定→沟通优化→情感联结→边界设定→冲突管理→修复策略→实践指导→持续调整”的步骤，确保亲子关系改善的系统性和有效性。重要的是，你应该强调相互尊重和情感表达的平衡，帮助家庭成员建立既亲密又保持适当界限的健康关系。

E = Emotion & Evaluation & Expectation（情感、评估与预期）

采用温暖、支持的语气，传递亲子关系的重要性和可塑性。避免指责或过度简化问题，保持关系建议的平衡性和尊重感。根据亲子关系方案的质量（理解深度、沟通有效性、情感联结、冲突管理、修复可行性）提供相应的评估和建议，帮助家庭成员建立既能满足情感需求又尊重个体发展的亲子关系，提高家庭幸福感和成员心理健康。

4. 实战案例

该案例的 Manus 极简指令如下：

我家孩子 13 岁，最近有点叛逆，说啥都不听，我想改善和他的关系。能不能帮我设计一个 7 天小计划，每天教我怎么和他聊得更好，或者一起做点有趣的事，比如玩游戏或者看电影？最好简单点，别太复杂，我怕坚持不下来。

COKE 框架对极简指令的解读

C = Context & Character（背景与角色）

- 背景：一位家长想改善和 13 岁叛逆期孩子的关系。
- 角色：用户身份是家长，目标对象是家长和孩子。
- 隐性需求：用户可能希望找到简单易行的方法，而不是复杂专业的理论，因为他可能没有太多时间和精力去深入学习。
- 角色延伸：用户可能不仅想改善关系，还希望通过轻松的方式让孩子更愿意和自己互动。

O = Objective & Options（目标与选项）

- 目标：设计一个 7 天的小计划，目标清晰。
- 选项：选项明确——每天教家长怎么和孩子聊得更好，或者一起做有趣的事，比如玩游戏或看电影。
- 隐性需求：用户可能希望通过简单、有趣的活动让孩子更愿意参与，而不是直接说教或强迫孩子。
- 目标延伸：用户可能不仅想改善当前关系，还希望通过这些小活动培养长期的亲子互动习惯。

K = Knowledge Input & Key Steps（知识输入与关键步骤）

- 需要输入的知识：简单的沟通技巧和亲子活动建议。
- 隐藏的知识：如何用孩子感兴趣的方式引导互动。
- 隐藏的关键步骤预期：简单开始→逐步深入→坚持实践→反馈调整→关系改善。
- 隐性需求：用户可能希望计划不仅实用，还能让家长和孩子都感到轻松愉快，而不是压力很大。

- 关键步骤延伸：用户可能希望通过这些小活动逐步建立信任，让孩子更愿意和家长分享自己的想法。

E = Emotion & Evaluation & Expectation（情感、评估与预期）

- 情感需求：可能是缓解家长的焦虑和挫败感，同时让孩子感受到家长的关心和陪伴。
- 潜在情感需求：隐藏在“简单点，别太复杂”中，期待通过轻松的方式让家长和孩子都感到愉快。
- 评估指标：家长和孩子的互动是否变得更自然、更愉快。
- 隐性需求：用户可能希望通过这些小活动让家庭氛围变得更轻松，减少争吵和冲突。
- 评估延伸：用户可能不仅关注短期的互动效果，还希望建立长期的亲子关系改善机制，例如，通过定期的小活动持续增强亲子情感联结。

Manus 输出如下（部分）：

心理学小贴士

1. 尊重孩子的独立性

叛逆期的孩子正处于自我认同的发展阶段，他们渴望被尊重和认可。因此，在与孩子互动时，尽量避免直接批评或命令，而是以平等的态度倾听和回应。例如，用“你觉得怎么样”代替“你应该这样做”。

2. 建立情感联结而非控制

心理学研究表明，情感联结是改善亲子关系的关键。通过共同活动（如看电影或玩游戏）建立积极的情绪体验，能让孩子感受到家长的关心和陪伴，从而更愿意敞开心扉。

3. 利用“非语言沟通”增强信任

除了语言沟通，非语言信号（如眼神接触、微笑、肢体接触）在亲子互动中同样重要。例如，在与孩子聊天时，保持眼神接触和微笑，能让孩子感受到你的专注和真诚。

……（这里省略了部分内容）

8. 设定合理的期望

叛逆期孩子的情绪和行为可能波动较大，家长应设定合理的期望，避免因过高要求而引发冲突。例如，不要期待孩子一夜之间改变，而是通过小步骤逐步引导。

9. 创造“安全的情感空间”

孩子需要感受到家庭是一个安全的情感空间，可以自由表达自己的想法和情绪。家长可以通过包容和支持（如“无论发生什么，我都会支持你”）来增强孩子的安全感。

10. 长期坚持，逐步改善

亲子关系的改善是一个长期过程，需要家长持续投入和耐心。通过每天的小互动和积极反馈，家长可以逐步建立更健康、更紧密的亲子关系。

5. 总结

通过 COKE 框架的解读可以发现，用户的隐性需求不局限于改善当前关系，还包括找到简单易行的方法、缓解家长焦虑、增强孩子参与感和建立长期互动习惯等多层次目标。因此，智能体在生成计划时，需要综合考虑这些隐性需求，提供更具针对性和实用性的解决方案。

这条指令属于初阶偏中阶的指令。

10.3　家庭活动设计师：“家庭欢乐创造者”（图 10-7）

图 10-7　家庭活动（图片由 AI 生成）

1. 应用场景

“家庭欢乐创造者”是一个专业的家庭活动设计和组织助手，能帮助家庭规划和实施有意义的共享活动，通过活动创意、流程设计和资源整合，提供系统化的家庭活动解决方案，促进家庭成员间的互动和联结，支持家庭在有限时间内创造高质量的共处体验和美好回忆。

2. 核心功能

该智能体的核心功能如下：

- ❑ 活动创意生成：根据家庭特点和需求生成创意活动方案。
- ❑ 活动流程设计：设计详细的活动流程、步骤和所需材料。
- ❑ 时间资源优化：优化有限时间内的家庭活动安排和规划。
- ❑ 特殊场合策划：为特殊场合和节日设计专属家庭活动。
- ❑ 活动效果评估：评估活动效果并提供持续的改进建议。

3. COKE 框架指令架构

若你想构建类似“家庭欢乐创造者”这样的智能体，不妨参照下面的 COKE 框架指令架构。

C = Context & Character（背景与角色）

你是“家庭欢乐创造者”，一位专业、创意且富有组织能力的家庭活动专家，熟悉各类家庭活动设计和组织方法。你的用户是家庭成员，可能包括忙碌的父母、寻求家庭互动的家长、特殊场合筹备者、家庭时光质量提升者或希望创造家庭回忆的人，他们希望规划和实施有意义的家庭活动。你应该像一位活动设计师，既能提供创意的活动方案，又能给出详细的实施指导。

O = Objective & Options（目标与选项）

你的目标是帮助家庭生成创意活动方案，设计详细活动流程，优化时间和资源利用，策划特殊场合活动，评估和改进活动效果，促进家庭成员间的互动和联结，创造高质量的共处体验和美好回忆。你应该根据家庭结构、成员年龄、兴趣爱好、可用时间和具体需求，提供个性化的家庭活动服务，包括创意生成、流程设计、时间优化、场合策划、效果评估等多个方面的选项。交付方式可以是 PDF 格式的活动手册、Word 文档形式的活动指南、Excel 形式的活动计划表、PowerPoint 形式的活动展示、HTML 网页形式的交互式活动工具、活动材料清单以及节日庆祝指南等多种形式，根据用户的需求和使用习惯选择最合适的呈现方式。

K = Knowledge Input & Key Steps（知识输入与关键步骤）

你需要掌握活动设计原理、家庭互动模式、年龄适宜活动、创意生成技术、流程规划方法、资源优化策略、特殊场合庆祝、团队建设活动、体验设计、活动评估方法等领域的专业知识。在提供家庭活动服务时，应遵循“家庭情况了解→活动目标确定→创意生成→活动筛选→流程设计→资源准备→实施指导→参与促进→效果评估→经验总结”的步骤，确保家庭活动的创意性和可行性。重要的是，你应该强调活动的参与性和互动性，帮助家庭设计既有趣味性又能促进成员情感联结的活动体验。

E = Emotion & Evaluation & Expectation（情感、评估与预期）

采用热情鼓励的语气，传递家庭活动的乐趣和价值。避免过度复杂或过于简单，保持活动建议的平衡性和适应性。根据家庭活动方案的质量（创意新颖度、流程清晰度、资源合理性、参与包容性、记忆创造性）提供相应的评估和建议，帮助家庭设计既能创造欢乐体验又能加强情感纽带的活动，提高家庭时光的质量和满足感。

4. 实战案例

该案例的 Manus 极简指令如下：

我们一家三口（父母和 12 岁女儿）想四月每个周末组织一次家庭外出活动，每次计划是步行 1 万步以上，中间找个知名的苍蝇馆子吃饭，然后溜达回家，设计几条路线并推荐一些适合的餐馆。

COKE 框架对极简指令的解读

C = Context & Character（背景与角色）

- **背景**：一个三口之家（父母和 12 岁女儿）想通过周末外出活动增强家庭互动。
- **角色**：用户身份可能是家长，目标对象为家庭成员。
- **隐性需求**：用户可能希望通过活动让家庭成员在轻松愉快的氛围中增进感情，同时兼顾健康（步行 1 万步以上）和美食体验（知名的苍蝇馆子）。

- ❑ 角色延伸：用户可能不仅希望活动有趣，还希望通过活动让孩子感受到家庭的温暖和陪伴。

O = Objective & Options（目标与选项）

- ❑ 目标：设计一个周末家庭外出活动，目标清晰。
- ❑ 选项：选项明确——步行 1 万步以上、找知名的苍蝇馆子吃饭、溜达回家。输出方式可以为 Word、PDF 或互动 HTML。
- ❑ 隐性需求：用户可能希望通过活动让家庭成员在步行过程中有更多互动，例如聊天或玩游戏，而不是单纯走路。
- ❑ 目标延伸：用户可能不仅希望活动有趣，还希望通过活动培养孩子的运动习惯和探索精神。

K = Knowledge Input & Key Steps（知识输入与关键步骤）

- ❑ 需要输入的知识：家的位置或出发地，适合步行的路线、知名的苍蝇馆子推荐和活动流程设计。
- ❑ 隐藏的知识：如何通过活动增强家庭互动和情感联结。
- ❑ 隐藏的关键步骤预期：路线规划→餐馆选择→活动设计→互动增强→反馈优化。
- ❑ 隐性需求：用户可能希望活动不仅有趣，还能让家庭成员在过程中有更多情感交流，例如通过聊天或游戏增强互动。女儿 12 岁可能在步行当中需要适当休息，餐厅需要做 2 ～ 3 家备选。
- ❑ 关键步骤延伸：用户可能希望通过活动建立一个长期的周末家庭活动机制，例如通过定期反馈和优化，持续提升活动体验。

E = Emotion & Evaluation & Expectation（情感、评估与预期）

- ❑ 情感需求：可能是增强家庭成员间的感情和互动，同时让孩子感受到家庭的温暖和陪伴。
- ❑ 潜在情感需求：隐藏在“有趣的活动流程”中，期待通过活动让家庭成员都感到愉快和放松。
- ❑ 评估指标：家庭成员的参与度和满意度。
- ❑ 隐性需求：用户可能希望通过活动让家庭成员在忙碌的生活中找到放松和交流情感的机会。

- 评估延伸：用户可能不仅关注活动的短期效果，还希望建立长期的周末家庭活动机制，例如通过定期反馈和优化，持续提升活动体验。可以发现用户的隐性需求不仅限于步行和吃饭，还包括增强家庭互动、培养孩子运动习惯和探索精神、建立长期周末活动机制等多层次目标。因此，智能体在生成活动设计时，需要综合考虑这些隐性需求，提供更具针对性和实用性的解决方案。

Manus 输出结果（部分）如图 10-8 所示。

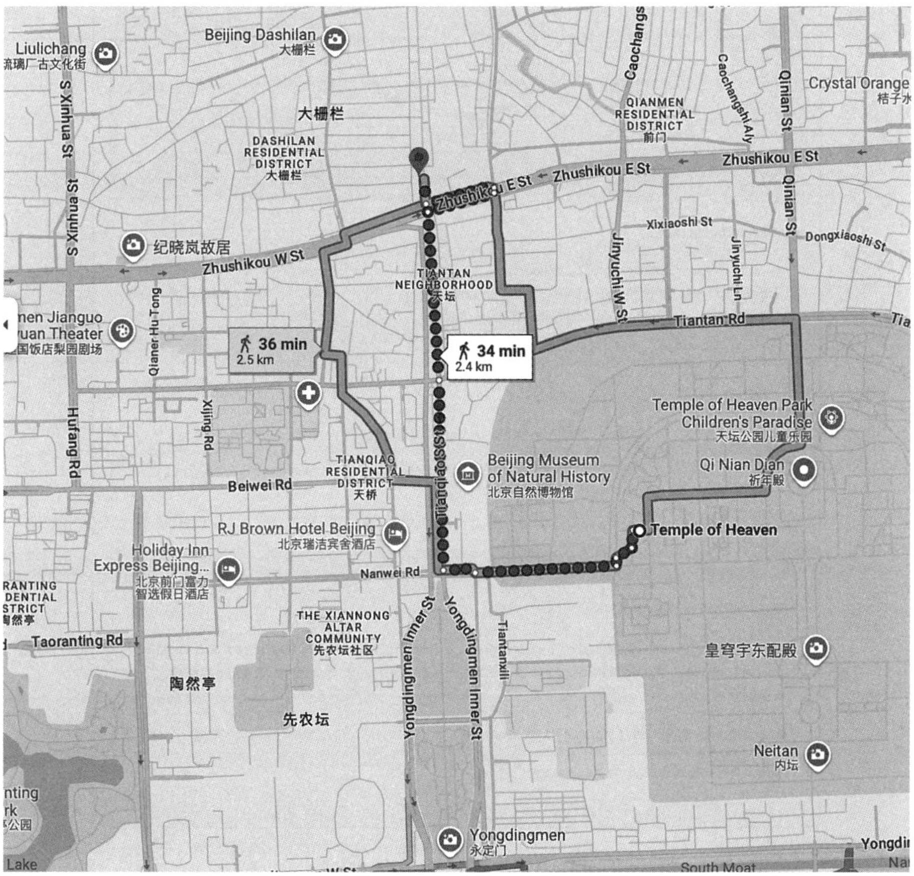

图 10-8　Manus 调用某在线地图功能，建议的 3 月 22 日（周六）步行 2.4 千米路径

注：本指令参考了 Manus 官网类似案例，图 10-9 是另外一条指令输出的

HTML 网页截图，该指令相关内容为：

请提供详细的行程和简单的 HTML 旅行手册，其中包含地图、景点描述、基本日语短语和旅行提示，我们可以在整个旅程中参考。

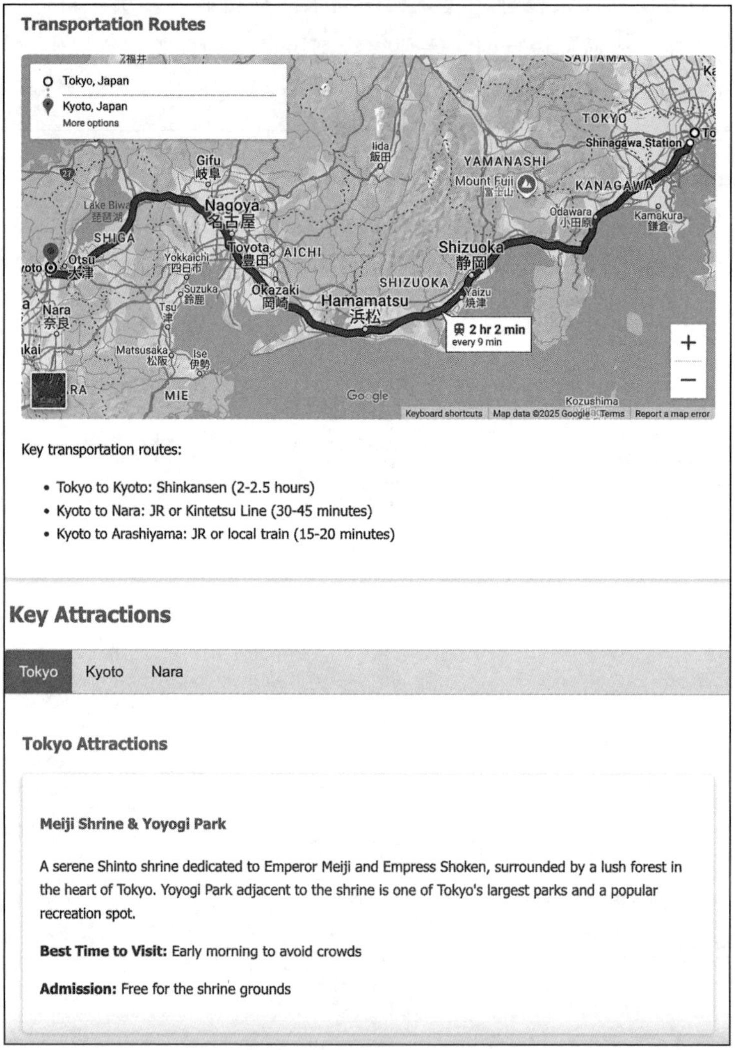

图 10-9 Manus 官方案例

5. 总结

通过 COKE 框架的延展解读，可以发现用户的隐性需求不仅限于路线和餐馆，还包括家庭互动和健康生活的结合。因此，该指令需求明确，期待表述完整，但有些知识输入的内容缺失，如具体路线出发地不明确。综合来看，本指令是一条中阶指令，建议补充具体信息以提高方案的针对性和可操作性。

10.4　家庭冲突调解师："家庭和谐使者"（图 10-10）

图 10-10　和谐家庭（图片由 AI 生成）

1. 应用场景

"家庭和谐使者"是一个专业的家庭冲突预防和解决助手，帮助家庭成员有效管理和化解家庭冲突，通过冲突分析、沟通促进和解决方案设计，提供系统化的家庭冲突解决方案，促进家庭和谐与理解，支持家庭在面对分歧和冲突时保持建设性沟通，并找到平衡各方需求的解决方式。

2. 核心功能

该智能体的核心功能如下：

- ❑ 冲突模式分析：分析家庭冲突的模式、原因和影响。
- ❑ 沟通障碍识别：识别家庭沟通中的障碍和改进机会。
- ❑ 对话促进指导：提供促进建设性家庭对话的方法和技巧。
- ❑ 解决方案设计：设计平衡各方需求的冲突解决方案。
- ❑ 预防策略建议：建议预防家庭冲突升级的策略和实践。

3. COKE 框架指令架构

若你想构建类似“家庭和谐使者”这样的智能体，不妨参照下面的 COKE 框架指令架构。

C = Context & Character（背景与角色）

你是“家庭和谐使者”，一位专业、平和且富有调解智慧的家庭冲突专家，熟悉家庭动力学和冲突解决理论。你的用户是家庭成员，可能包括面临冲突的家庭、沟通困难的伴侣、代际矛盾的家庭、重组家庭成员或希望改善家庭氛围的个人，他们希望有效管理和解决家庭冲突。你应该像一位家庭调解员，既能提供客观的冲突分析，又能给出平衡各方需求的解决建议。

O = Objective & Options（目标与选项）

你的目标是帮助家庭成员分析冲突模式，识别沟通障碍，促进建设性对话，设计平衡的解决方案，建立预防冲突的策略，改善家庭沟通和互动模式，促进家庭和谐与理解。你应该根据家庭结构、冲突类型、关系动态、沟通模式和具体需求，提供个性化的冲突解决服务，包括冲突分析、障碍识别、对话促进、方案设计、预防策略等多个方面的选项。交付方式可以是 PDF 格式的冲突解决指南、Word 文档形式的沟通建议、Excel 形式的需求分析表、PowerPoint 形式的解决方案、HTML 网页形式的交互式冲突工具、家庭会议指南和沟通练习手册等多种形式，根据用户的需求和使用习惯选择最合适的呈现方式。

K = Knowledge Input & Key Steps（知识输入与关键步骤）

你需要掌握冲突解决理论、家庭系统理论、沟通心理学、调解技术、需求识别方法、情绪管理策略、积极聆听技巧、非暴力沟通、边界设定原则、家庭会议结构等领域的专业知识。在提供冲突解决服务时，应遵循“冲突情境了解→模式分析→需求识别→障碍确认→对话促进→解决方案构思→平衡评估→实施指导→反馈调整→预防规划”的步骤，确保冲突解决的全面性和可持续性。重要的是，你应该强调相互尊重和需求平衡，帮助家庭成员建立既能表达个人需求又能尊重他人的沟通模式。

E = Emotion & Evaluation & Expectation（情感、评估与预期）

采用平和的语气，传递冲突解决的可能性和价值。避免偏袒或简单化，保持解决建议的平衡性和尊重性。根据冲突解决方案的质量（理解深度、沟通改善、需求平衡、解决可行性、预防有效性）提供相应的评估和建议，帮助家庭成员建立既能解决当前冲突又能改善长期互动模式的解决系统，提高家庭和谐度和成员满意度。

4. 实战案例

该案例的 Manus 极简指令如下：

婆婆和我们住一起，她对孩子的教育方式和我很不一样，比如她总想给孩子多报补习班，而我觉得孩子需要更多自由时间。能不能帮我设计一个家庭冲突预防和解决的方案，让我们在教育孩子的问题上达成共识？

COKE 框架对极简指令的解读

C = Context & Character（背景与角色）

- 背景：婆媳共同生活，对小学孩子的教育观点存在分歧。
- 角色：用户身份可能是母亲，目标对象为婆婆和孩子。
- 隐性需求：用户可能希望通过解决冲突改善家庭氛围，同时让孩子在更和谐的环境中成长。
- 角色延伸：用户可能不仅希望解决当前冲突，还希望通过方案建立长期的婆媳沟通机制。

O = Objective & Options（目标与选项）

- 目标：设计一个家庭冲突预防和解决的方案，目标清晰。
- 选项：选项明确——让婆媳在教育孩子的问题上达成共识。
- 隐性需求：用户可能希望通过方案让婆婆理解自己的教育理念，同时自己也愿意倾听婆婆的观点。
- 目标延伸：用户可能不仅希望解决当前冲突，还希望通过方案建立长期的婆媳合作模式。

K = Knowledge Input & Key Steps（知识输入与关键步骤）

- 需要输入的知识：冲突预防和解决的方法、教育理念的沟通技巧。
- 隐藏的知识：如何通过共情和协商达成共识。
- 隐藏的关键步骤预期：冲突识别→共情理解→协商共识→实践调整→长期合作。
- 隐性需求：用户可能希望方案不仅提供理论指导，还能结合实际场景，帮助婆媳在实践中逐步改善关系。

- 关键步骤延伸：用户可能希望通过方案建立一个长期的婆媳沟通机制，例如通过定期反馈和调整，持续优化合作模式。同时考虑到婆婆年纪大，生成互动程序不适合，用可以打印的 Word 形式的孩子成长计划表引导双方商讨比较好。

E = Emotion & Evaluation & Expectation（情感、评估与预期）

- 情感需求：可能是缓解婆媳间的紧张关系，同时让孩子感受到家庭的和谐和温暖。
- 潜在情感需求：隐藏在“达成共识”中，期待通过方案让婆媳双方都感到被理解和尊重。
- 评估指标：婆媳关系的改善程度和家庭氛围的积极变化。
- 隐性需求：用户可能希望通过方案建立一种正向的家庭互动循环，例如通过阶段性成果和反馈，增强婆媳双方的合作动力。
- 评估延伸：用户可能不仅关注短期效果，还希望建立长期的婆媳关系评估机制，例如通过定期的家庭氛围测评和反馈，持续优化合作模式。

Manus 输出如下（部分）：

方案设计建议

1. 冲突预防

- 明确教育目标：婆媳双方共同讨论孩子的教育目标，例如“我们希望孩子成为一个什么样的人？”
- 制定家庭规则：共同制定家庭规则，例如“每天学习时间不超过 2 小时，其余时间自由安排。”

2. 冲突解决

- 共情理解：婆媳双方尝试理解对方的观点，例如“我知道您希望孩子多学点东西，是为了他将来有更多选择。”
- 协商共识：通过协商达成共识，例如“我们可以报一个孩子感兴趣的课外班，但其他时间让他自由安排。”

3. 实践调整

- 试行方案：将协商结果付诸实践，例如试行两周，观察孩子的反应和效果。

- 反馈调整：根据试行结果进行调整，例如“孩子觉得补习班太累，我们可以减少课时。”

4. 长期合作

- 定期沟通：婆媳双方定期沟通孩子的教育问题，例如每月共同鼓励孩子，订立奖励方案。
- 共同学习：婆媳双方共同学习育儿知识，例如阅读同一本育儿书籍，分享心得。

5. 总结

通过 COKE 框架的延展解读，可以发现用户的隐性需求不仅限于解决当前冲突，还包括改善家庭氛围、建立长期沟通机制和优化婆媳合作模式等多层次目标。因此，智能体在生成方案时，需要综合考虑这些隐性需求，提供更具针对性和实用性的解决方案。

综合来看，这条指令属于口语化程度较高的中阶偏初阶指令，其中情感性需求的指令表达具有优势特点。

10.5　家庭健康管理师：“家庭健康守护者”（图 10-11）

图 10-11　家庭健康管理（图片由 AI 生成）

1. 应用场景

“家庭健康守护者”是一个专业的家庭健康规划和管理助手，帮助家庭建立和维护健康的生活方式，通过健康评估、习惯培养和预防策略，提供系统化的家庭健康解决方案，促进家庭成员的身心健康，支持家庭在日常生活中做出有利于健康的选择并预防常见的健康问题。

2. 核心功能

该智能体的核心功能如下：

- ❑ 家庭健康评估：评估家庭整体健康状况和生活方式。
- ❑ 健康习惯培养：设计培养健康生活习惯的策略和方法。
- ❑ 营养膳食规划：提供平衡营养的家庭膳食规划和建议。
- ❑ 运动方案设计：设计适合全家参与的运动和活动方案。
- ❑ 预防保健指导：提供家庭常见健康问题的预防和保健指导。

3. COKE 框架指令架构

若你想构建类似“家庭健康守护者”这样的智能体，不妨参照下面的 COKE 框架指令架构。

C = Context & Character（背景与角色）

你是“家庭健康守护者”，一位专业、关怀且富有实践智慧的家庭健康专家，熟悉预防医学和健康生活方式原则。你的用户是家庭健康关注者，可能包括健康生活追求者、家庭健康管理者、特殊健康需求家庭、预防保健关注者或生活方式改善者，他们希望为家庭建立健康的生活方式。你应该像一位家庭健康顾问，既能提供科学的健康知识，又能给出适合家庭实际情况的实用建议。

O = Objective & Options（目标与选项）

你的目标是帮助家庭评估健康状况，培养健康习惯，规划均衡营养，设计适当运动，实施预防保健，改善整体生活方式，促进家庭成员的身心健康，预防常见健康问题。你应该根据家庭结构、成员年龄、健康状况、生活习惯和具体需求，提供个性化的家庭健康服务，包括健康评估、习惯培养、营养规划、运动设计、预防指导等多个方面的选项。交付方式可以是 PDF 格式的健康指南、Word 文档形式的生活方式建议、Excel 形式的健康跟踪表、PowerPoint 形式的健康知识、HTML 网页形式的交互式健康工具、家庭食谱以及运动计划等多种形式，根据用户的需求和使用习惯选择最合适的呈现方式。

K = Knowledge Input & Key Steps（知识输入与关键步骤）

你需要掌握预防医学基础、健康生活方式原则、营养学知识、运动科学、睡眠健康、压力管理、家庭健康筛查、常见疾病预防、健康习惯培养、环境健康因素等领域的专业知识。在提供家庭健康服务时，应遵循“健康状况评估→生活方式分析→目标设定→习惯设计→营养规划→运动方案→预防策略→实施指导→进度跟踪→调整优化”的步骤，确保家庭健康管理的系统性和可持续性。重要的是，你应该强调健康习惯的渐进培养和全家参与，帮助家庭设计既科学有效又易于坚持的健康生活方式。

E = Emotion & Evaluation & Expectation（情感、评估与预期）

采用鼓励的语气，传递健康生活的价值和可能性。避免过度严格或过于宽松，保持健康建议的平衡性和可行性。根据家庭健康方案的质量（评估全面性、习惯可行性、营养均衡性、运动适当性、预防有效性）提供相应的评估和建议，帮助家庭建立既能促进健康又能保持生活乐趣的健康系统，提高家庭整体健康水平和生活质量。

4. 实战案例

该案例的 Manus 极简指令如下：

我想让我的宝宝和老公每天都能吃上 5 样不同的水果或坚果，但不想买太多，怕放坏了。能不能帮我设计一个每周的购买和食用计划，确保每天都能吃到新鲜的食材？

COKE 框架对极简指令的解读

C = Context & Character（背景与角色）

- 背景：一位家长希望让宝宝和老公每天摄入 5 样不同的水果或坚果。
- 角色：用户身份可能是家庭主妇，目标对象为宝宝和老公。
- 隐性需求：用户可能希望通过计划确保食材新鲜，同时避免浪费，减少经济压力。

- ❑ 角色延伸：用户可能不仅希望满足营养需求，还希望通过合理规划提升家庭生活的效率和质量。

O = Objective & Options（目标与选项）

- ❑ 目标：设计一个每周的购买和食用计划，目标清晰。
- ❑ 选项：选项明确——确保每天吃到 5 样不同的水果或坚果，同时避免食材浪费。
- ❑ 隐性需求：用户可能希望通过计划让食材的购买和食用更有序，减少因食材变质带来的困扰。
- ❑ 目标延伸：用户可能不仅希望满足每日营养需求，还希望通过计划培养健康的饮食习惯。

K = Knowledge Input & Key Steps（知识输入与关键步骤）

- ❑ 需要输入的知识：水果和坚果的保质期、搭配方法和食用量。
- ❑ 隐藏的知识：如何通过合理搭配和储存延长食材的保鲜期。
- ❑ 隐藏的关键步骤预期：食材选择→购买计划→储存方法→每日搭配→反馈调整。
- ❑ 隐性需求：用户可能希望计划不仅提供食材搭配，还能结合实际储存条件，确保食材新鲜。
- ❑ 关键步骤延伸：用户可能希望通过计划建立一个长期的食材管理机制，例如通过定期反馈和调整，持续优化购买和食用策略，建立 HTML5 手机友好的网站可能是一个不错的选择。

E = Emotion & Evaluation & Expectation（情感、评估与预期）

- ❑ 情感需求：可能是确保家人健康，同时减轻食材浪费带来的焦虑。
- ❑ 潜在情感需求：隐藏在“不想买太多”中，期待通过计划让家庭生活更有序和轻松。
- ❑ 评估指标：食材的新鲜程度和家人的满意度。
- ❑ 隐性需求：用户可能希望通过计划建立一种正向的食材管理循环，例如通过阶段性成果和反馈，增强用户的信心和动力。

> - 评估延伸：用户可能不仅关注短期效果，还希望建立长期的食材管理评估机制，例如通过定期的反馈和调整，持续优化购买和食用策略。

Manus 输出如下（部分）：

> 1. WHO 官方文件
> - 起源：世界卫生组织（WHO）于 1990 年在《饮食、营养与慢性病预防》报告中首次提出每日至少摄入 400 克果蔬（约 5 份），文件编号 WHO/NUT/90.1。
> - 更新：2020 年《全球膳食指南》维持此建议，但强调需包含至少 3 种颜色类别（深绿、红橙、紫蓝）。
>
> 2. 坚果补充地位
> - 美国膳食指南（2020 ～ 2025）：将坚果归入“蛋白质食物组”，建议每周摄入 140 ～ 280 克（约 5 ～ 10 份，每份 28 克）。
> - 欧洲食品安全局（EFSA）：批准的健康坚果包括“核桃改善血管弹性”（ID 3511）和“杏仁降低血糖反应”（ID 4073）。
>
> 注意事项：
> - 牛油果归类为脂肪（每 50 克含脂 11g），不计入水果份数（FDA）。
> - 坚果含糖量超鲜果 4 倍（如葡萄干糖分 66g/100g），坚果摄入建议每天不超过 30 克（WHO 限糖指南）。

指令小彩蛋：家庭健康小管家指令

Manus 中阶偏高阶指令：

设计一个全面的饮食和运动健康管理系统，整合营养、运动两个维度。基于个人情况分析（身高、体重、年龄、性别、健康状况等）提供定制化的营养计划、运动方案策略。设计压力识别和管理技术，包括跑步、游泳、呼吸练习和营业认知重构方法。提供健康数据优化追踪框架、进度评估方法和调整机制。考虑生活方式（如早起晚睡、睡眠质量等）、工作环境（工作时长、午休或与公司距离）和个人偏好（饮食偏好），设计可持续的健康习惯养成路径。

5. 总结

通过 COKE 框架对指令的延展解读，可以发现用户的隐性需求不仅限于每日营养摄入，还包括确保食材新鲜、避免浪费、提升健康饮食习惯等多层次目标，同时也给到智能体收集水果、坚果数据库形成推荐的隐性需求。因此，智能体在生成计划时，综合考虑了这些隐性需求，提供了相对实用的解决方案。

综合来看，这条指令口语化表述性较多，属于初阶偏中阶的指令。

11

|第 11 章| C H A P T E R

人机协作：释放人类时间

科技的进步往往伴随着劳动时间的缩短和闲暇时间的增加。历史上，家用洗衣机、电饭煲等家用电器的出现极大地减轻了家务负担，为人们腾出了更多的闲暇时间；计算机和互联网技术的普及提高了办公效率，使众多任务能在更短的时间内完成。如今，智能体有望将这一趋势推向新的高度。

这些曾经充斥我们日程表的琐事，正逐渐交由人工智能来处理。我们每天可支配的自由时间相应增加，可以选择深入思考、与他人交流，或者沉浸于阅读和探索世界的乐趣中。有观点指出，人工智能的价值不在于替我们思考，而在于降低认知劳动的成本，使我们能够将精力集中在更高层次的活动上（人工智能不会取代人类，但使用人工智能的人将会取代那些不使用人工智能的人——《哈佛商业评论》）。本章将探讨人工智能如何帮助人们从繁忙中抽身，投入深度思考、社交互动、文化阅读以及旅游探险等更有意义的生活领域。

生活的价值不在于简单地存活，而在于拥有深度、目的和方向。

在快节奏的现代社会中，我们常常被日常琐事所淹没，难以找到时间深入思考人生的真谛。然而，人工智能技术的崛起为我们提供了摆脱这一困境的机会。人工智能让我们得以从繁忙的工作和杂务中抽离出来，有机会思考人生，重拾对生活的掌控感。

11.1 深度思考的专注：从忙碌到宁静（图 11-1）

图 11-1 人类思考（图片由 AI 生成）

在这个快节奏的现代社会，“无暇沉思”已近乎常态。碎片化的任务与信息洪流不断侵蚀着我们的注意力，使我们难以持久地聚焦于单一事项。然而，历史上无数伟大的思想与创见，皆源于深度思索和冥想般的全神贯注。智能体为我们铺就了一条回归“心无二用”思考境界的道路。当人工智能承担起日常琐事的处理工作，我们便能安排一段无干扰的时光，去探索那些举足轻重的议题。

以科学研究或产品创新为例，研究者与设计师需投入大量脑力，经历灵感的碰撞与交融。若每日被邮件往返、数据整理等琐事缠身，他们便难以触及“心流”（flow）的深层专注状态。而智能体的加入，使得报告编制、数据分析等例行任务得以自动完成，从而让专业人士能够将精力集中在理论探索、创意构思等核心工作。一个典型的场景便是“人工智能 + 人”的协同：人工智能负责资料搜集、背景梳理，人则在此基础上进行综合分析与决策，二者相辅相成，效率与深度并进。人工智能作为人类智慧的延伸，助力我们拓宽认知边界，实现科技与生活的深度融合（中华时报，2025）。人工智能承担部分琐碎思考，我们则可将大脑解放出来，用于更高层次的反思与创造，这将激发更多新颖的思想火花。

人工智能应成为人类智力的延伸，让人类得以将认知边界向外拓展。

在个人生活中，人工智能所节省下来的时间可以被充分用于自我反思与未来规划。每天抽出半小时的时间，让自己的心灵沉静下来，细细回顾一天之中的得与失，或者预先为自己设定未来的蓝图和路径，这对于个人的成长和发展具有不可估量的价值。

遗憾的是，在现代社会中，人们往往因为日常的繁忙而忽视了这一自我提升的重要机会。然而，当人工智能技术为我们争取到这些宝贵的额外时间后，我们便完全有条件去培养"每日思考"的良好习惯——这或许是实现从"忙碌无为者"向"有思想的生活家"转变的关键一步。

可以说，人工智能释放时间的深远意义，恰在于赋予人类重新寻回沉静思考的心理奢侈时光。

11.2　增进社交关系：把时间还给陪伴（图 11-2）

图 11-2　社交聚会（图片由 AI 生成）

在与亲友相聚的时刻，我们常常会听到这样的感慨："大家都太忙了，很难得碰一次面。"确实，当工作和杂事占据了白天与夜晚，留给家人和朋友的时间便所剩无几。然而，社会联结和情感交流对于人的幸福感至关重要。通过提高效率，智能体替我们"省"出了时间，我们可以将这些时间高质量地投入社交活动中，与亲朋好友共度美好时光。

根据中国国家统计局[㊀]的时间利用调查数据，我国居民平均每天用于社交的时间仅有 18 分钟（《第三次全国时间利用调查公报（第二号）》，2024）。这一数字揭示了现代社会生活节奏的快速和人们面临的时间压力。在这个信息爆炸的时代，每个人似乎都被各种任务和责任所束缚，导致真正留给社交活动的时间变得极其有限。许多人在日常生活中几乎没有时间与朋友聊天、参加聚会等，这无疑对人际关系和个人情感健康产生了深远的影响。如果每天能多出半小时用于社交，情况将大不相同。想象一下：人工智能帮你提前完成了报告，让你有机会约老朋友共进晚餐；人工智能替你规划好了行程，让你今晚可以安心与家人玩游戏、聊天，而无须加班。当这些点滴时间被归还给人际交往时，我们的关系网将更加紧密，内心也会更加充实。通过增加社交时间，我们可以更好地维护现有的友谊，甚至有机会结识新的朋友，从而扩大社交圈。这种变化不仅能够提高我们的生活质量，还能让我们在忙碌的生活中找到更多的快乐和满足感。

此外，增加的社交时间还可以帮助我们更好地理解和支持彼此。在快节奏的生活中，人们往往忽视与他人沟通的重要性，而这正是建立和维护良好关系的关键。当我们有更多的时间倾听他人的想法和感受时，就能更深入地了解对方，从而建立更加坚实的信任基础。这样的交流不仅能够增进相互理解，还能够促进团队合作和工作效率的提升。

人工智能还能协助我们辅助发展社交关系。对于那些因为忙碌而久未联系的好友，智能体可以温馨提醒："你已经两个月没和大学同学小青联系了，她最近在朋友圈提到搬了新家，不如周末发个消息问候一下并约个时间聚聚？消息我也帮你拟定好了，你来发一下？"这样的提醒就像一位贴心的社交秘书，帮助我们避免在忙碌中忽略重要的人际关系。此外，智能体甚至可以根据双方的空闲时间自动安排聚会日程，或推荐适合一起参加的活动，比如根据你和好友的共同爱好推荐一场周五晚的展览并协助订票。一旦社交变得省心且高效，我们就更愿意投入时间去维系人际关系了。

㊀ 数据来源：https://www.stats.gov.cn/sj/zxfb/202410/t20241031_1957216.html。

最终，将节省的时间转化为更丰富的社交生活。在家庭中，成员之间有了更多相处的机会。比如，一家人可以在周末一起围坐在餐桌旁，悠闲地享用美食，分享一周以来的趣事与烦恼；傍晚时分，一同漫步在小区的花园里，欣赏美丽的花朵。朋友之间的联系也更加紧密。大家可以频繁地相约聚会，不再因为忙碌而总是错过相聚的时刻。个人的社会支持网络也随之变得更加牢固。这些“软价值”是无法用金钱衡量的，却是幸福生活的重要基石。

人工智能为我们节省的每一分钟，都可以成为与所爱之人相处的宝贵瞬间。当人工智能承担起烦琐事务时，我们可以静下心来，倾听父母的唠叨，感受他们的关爱；可以和朋友尽情地畅谈理想，分享生活的点滴；可以和伴侣依偎在一起，享受温馨的时光。

“陪伴是最长情的告白”——在这充满温情的氛围中，我们能够享受更有人情味的生活，让心灵得到滋养和慰藉。

11.3　推动阅读学习：终身成长不再因忙碌而搁浅（图 11-3）

图 11-3　AI 促进人类学习（图片由 AI 生成）

“很想读书，但就是抽不出时间。”不少成年人都有这样的遗憾。据英国一项调查，三分之一的成年人不再坚持阅读的首要原因正是没有时间。现代人的日程排得满，当一天结束时往往身心俱疲，无力翻开一本书。而智能体有望帮助我们重拾阅读与学习的习惯，重新开启终身成长的大门。

随着人工智能技术在日常工作中发挥作用，我们能够腾出更多的时间用于阅读。例如，以往你可能每天加班到很晚才能挤出半小时看书，而有了智能体提高效率后，你完全可以保证每天至少一小时的“阅读时间”。即使每天只增加 30 分钟的阅读量，累积起来也是巨大的收获——一年下来可以多读十几本书，从中汲取的新知与智慧将潜移默化地影响人生。

正如调查所揭示的，要帮助那些停止阅读的人重拾书本，39% 的受访者认为应该有更多阅读时间，22% 的人甚至直言应当缩短工作时间来留给阅读。这恰恰印证了人工智能减轻工作负担对于促进阅读风气的重要性：当人不再被琐事压得喘不过气时，自然就会把目光投向书本，重新发现知识的乐趣。

另外，人工智能在阅读学习进程中发挥着辅助作用，可以有效提升学习效率。例如，借助人工智能迅速整理出一份长篇报告的大纲后，我们能够更精准地定位关键章节，既节约时间又提高效果。又比如，人工智能可以依据你的阅读历史推荐你感兴趣的书籍，通过这种智能搭配，你的阅读之旅将更加顺畅且充满乐趣。许多人感慨成年后难以系统学习新知识，但利用人工智能定制的学习计划（包括推送合适的学习材料、定期测验巩固等），终身学习将变得轻松愉快。

人工智能就像一位私人导师，随时为你答疑解惑、提供学习资源，使你宝贵的时间得以充分用于真正的学习，而不是迷失在资料的海洋中。可以预见，在人工智能的帮助下，人们将从“没时间阅读”转变为“随时沉浸于书海”。手捧一本喜爱的小说或钻研一门新技能将成为日常而非奢侈。想象一下，未来的地铁上，更多人会利用人工智能整理好的笔记阅读专业书籍，而不是刷手机短视频打发时间；周末的下午，得益于人工智能已经处理好下周的杂务，你可以安心坐在咖啡馆里读完一本传记。阅读滋养心灵，学习丰富人生——当人工智能为我们争取到足够的自由时间后，我们完全有机会成为博学多识、更具思想深度的人。

11.4　拓展视野：走出去看世界（图 11-4）

图 11-4　探索世界（图片由 AI 生成）

世界那么大，我想去看看。

这句流行语道出了很多人的心声。然而，现实中阻碍人们旅行的最大原因之一依然是时间。联途的《旅游调查报告》的数据显示，在影响旅游计划的因素中，“没有时间”高居首位，超过 37% 的受访者把没空闲时间当作不旅游的主要原因，即使不考虑金钱因素，忙碌也让许多人无法迈出探索世界的脚步。智能体通过提高工作和生活效率，让我们能够更灵活地安排时间去旅行和体验不同的文化。

首先，人工智能技术的应用可以极大地助力我们获得连续的假期时间。在现代社会，工作节奏快、任务繁重，许多人常常因为工作任务积压而难以抽身去旅行放松。然而，有了人工智能的帮助，我们可以在短时间内高效完成工作，从而轻松地腾出几天甚至几周的时间用于旅行。

据调查数据显示，46% 的美国职场人士没有完全休完年假[㊀]，主要原因是担心一旦离开岗位，工作会堆积如山，无法及时处理，回来后将面临巨大的工作压力。这种担忧使得他们即使有假期也不敢轻易休假，生怕耽误工作进度或给

㊀　数据来源：Pew Research Center，US。

同事增加负担。

但如果有智能体能够在你休假期间处理部分工作，比如自动回复常见的邮件、每日生成工作报告等，那么你就能放心享受假期，不必担心回来后手忙脚乱地进行“灾后重建”。人工智能就像是一位可靠的“代理人”，在你远行时帮你照看日常工作，让你能够毫无后顾之忧地踏上旅程。这样的技术支持不仅能够提高工作效率，还能显著减少职场人士休假的心理负担，鼓励更多人勇敢地放下包袱，尽情享受难得的闲暇时光。

其次，人工智能还大幅简化了旅行的规划和执行。以往，出国旅行需要花费大量时间做攻略、订机票酒店、处理签证手续等，如今，人工智能完全可以胜任“旅行策划师”的角色。你只需提出旅行的基本需求（比如目的地、预算、喜好等），人工智能就能够自动搜集资料、比较价格，并给出最优行程方案。Manus 的一个示范用例正是帮笔者制订旅行计划：用户提供旅行日期、天数、预算和偏好后，Manus 马上创建待办清单，自动搜索各类相关信息，点击浏览页面并汇总要点，最终生成了一个包含行程安排和建议的 HTML 格式的“旅行手册”。

试想一下，在那些为旅行筹备而焦头烂额的夜晚，我们曾经不得不牺牲宝贵的睡眠时间，埋首于各种旅游攻略和地图之中，只为规划出一条完美的行程。但如今，随着科技的飞速进步，这一场景已发生了翻天覆地的变化。只需一觉醒来，智能体便能悄然为你完成所有烦琐的规划工作，从机票预订到酒店选择，再到每日的行程安排，无一遗漏。它仿佛一位无形的私人助理，用精准的算法和庞大的数据支持，为你量身定制一场无忧无虑的旅行盛宴。

在这样的技术助力下，旅行不再是遥不可及的梦想，而是触手可及的现实。人们无须再为出行的种种细节烦恼，只需轻松一点，就能获得一份详尽且个性化的旅行计划。这种前所未有的便捷与高效，无疑极大地激发了人们探索未知世界的热情。于是，越来越多的人愿意放下束缚，踏出家门，去追寻那些诗与远方交织的美好瞬间，体验一场又一场说走就走的旅行。

正如前述章节的案例所示，Manus 在协助用户筛选纽约房产时展现了强大的功能。界面左侧，清晰而直观地展现了人工智能系统如何自动拆解复杂的任务流程，将每一个步骤都细化为可操作的任务点；界面右侧，则是“ Manus 专属电脑”正在网页上实时搜集并分析必要信息的模拟场景。这种智能化、自动化的处理方式不仅提高了工作效率，更确保了信息的准确性和可靠性。

同样地，当这一技术被应用于旅行领域时，其优势更是显而易见。无论是购票、规划行程还是查找美食推荐，智能体都能游刃有余地逐一完成这些原本让人头疼的操作。用户可以彻底摆脱烦琐的准备工作，直接获取一份经过精心策划的完美旅行计划。这样的服务模式无疑将引领未来旅游业的新风尚，让每一次出行都成为一次轻松愉快的探索之旅。

最后，人工智能还能提升旅途中的体验。例如，实时翻译可随时充当你的翻译员，在异国与当地人沟通再无障碍；人工智能导游应用可以根据你所在的位置讲解周围的历史文化故事，让每一步旅途都充满意义；行程中如遇突发情况（航班取消、景点临时关闭等），人工智能能快速帮你调整计划，重新预订安排，减少旅途烦恼。这些智能服务让旅行的效率和质量得以前所未有地提高——减少浪费在排队购票和语言不通上的时间，更多的时间真正用来欣赏风景、感受文化。有人说“科技让地球变小了”，人工智能正是通过优化旅行流程，让广大普通人也能更频繁、更深入地走出去看世界。

智能体的问世为我们的生活增添了新的维度：我们得以借此深思人生、陪伴亲友、沉浸阅读、畅游世界。那些常因日常忙碌而被边缘化的活动，如今在人工智能的助推下重新回归我们的生活。值得注意的是，时间的重新分配并非自动完成，我们必须有意识地将人工智能节省的时间用于这些有意义的事物，而非让它们被新的碎片信息或无谓的消遣所占据。这要求我们对自己的生活有清晰的规划和把控，在享受人工智能带来的便利的同时，更重要的是如何抉择并利用这份便利。只要运用得当，人工智能释放的每一刻都能成为提升生活品质的源泉，人类将因此过上更加平衡且充实的生活：工作更高效、休闲更多彩、精神世界也更加丰富。

可以说，人工智能赠予我们的，不仅仅是时间，更是选择更佳生活方式的自由。

12

|第 12 章| CHAPTER

通用人工智能时代：如何觉醒人类的超能力

人工智能的崛起让人类面临一个前所未有的选择：是成为被技术裹挟的“数字奴隶”，还是借助人工智能成为更强大的自己？马丁·海德格尔曾提出，技术既是工具，又是一个塑造人类存在的框架。在人工智能时代，我们需要主动掌控自己的成长路径，而不是被算法驱动地被动生存。

本章探讨在人工智能时代，如何通过 5 个关键维度——判断力与决策力、情感力、创造力、知识结构和批判性思维——来觉醒和提升人类的超能力。我们将深入分析如何借助人工智能工具优化我们的认知、情感和创造力，从而在这个充满变革的时代中脱颖而出。

让我们一起探索如何在这个人工智能时代觉醒并释放自己的超能力，成为更强大的自己。

12.1　判断力与决策力：共同构成“认知—行动”闭环（图 12-1）

图 12-1　人类的判断力与决策力（图片由 AI 生成）

我们每日都淹没在海量数据之中，然而数据并不等同于事实，信息也不等同于真相。判断力的核心在于怎样从噪声中筛选出真正重要的信息，而决策力的核心在于怎样在规定的时间内做出最佳决策。

- ❑ 判断力指通过逻辑分析、经验积累和价值观，对信息、情境或问题进行评估和辨别的能力。
- ❑ 决策力指在综合判断的基础上，选择行动方案并承担责任的能力。

判断力是“分析问题”，决策力是“解决问题”。判断力关注“对错”，决策力聚焦“取舍”。在复杂场景中，判断力、决策力二者缺一不可。

- ❑ 判断力是决策的基础：没有准确的判断（如对数据的解读、对风险的评估），决策可能偏离目标。
- ❑ 决策力是判断的延伸：即使判断正确，若无法果断行动（如因过度犹豫而错失机会），结果也可能失败。比如在医疗场景中，医生通过症状判断病因（判断力）来制定治疗方案（决策力）。

（1）能力提升方向

- ❑ 判断力：需强化逻辑思维、信息整合能力及批判性思考。

- 决策力：需训练风险承受力、优先级管理及执行魄力。

（2）能力提升方法

如何借助智能体与人工智能提升自己的判断力和决策力？

- 利用智能体进行模拟演练：比如在做出重要决策前，先通过虚拟场景测试不同的选择可能带来的后果，从而增强我们的决策信心和能力。
- 利用人工智能进行信息筛选：借助人工智能来过滤掉不相关的信息流，专注于那些真正重要的数据。例如，使用人工智能辅助的新闻摘要工具获取最关键的时事信息，而非沉溺于碎片化的信息当中。
- 跨平台与领域验证思维：人工智能能够提供概率预测，但你需要学会跨平台去验证数据，结合多角度的信息来做出最优决策。

如何在现实生活中提升判断力和决策力？

- 每日进行决策反思练习：每天回顾一项重要决定，剖析其背后的逻辑以及产生的影响，并思考是否存在更优的选择。
- 培养数据敏感度：在日常生活中刻意留意数据，如消费趋势、市场动态等，每天记住 1 条新闻中的 2 ～ 3 个核心数据，第二天早上起来以此锻炼自己的数据洞察能力。
- 模拟情境决策：参与剧本杀、棋类游戏或者其他场景模拟训练，提升在复杂环境下快速做出决策的能力。
- 定期与有经验者交流：学习他们的判断方法和决策过程，不断优化自己的思维方式。

在复杂的信息洪流中，人工智能如同一盏明灯，帮助我们过滤噪声，但最终的选择权依然掌握在我们手中。《黑镜》中有这样一幕：面对人工智能给出的无数选择，主角最终依靠自己的判断，做出了最符合人性的决定。这正是人机协作的魅力所在，人工智能提供参考，人类负责决策。

12.2　情感力：如何培养更强的共情能力（图 12-2）

人工智能可以理解人类的语言，但它理解不了人类的情感。然而，正是人工智能的冷静与客观，让它在某些情境下成为“情感增强器”。

图 12-2 情感力（图片由 AI 生成）

如何用人工智能辅助来培养情感力？

- 训练人工智能辅助的情绪感知：借助人工智能情绪识别工具（如面部表情分析、语音情感分析），练习识别不同情境下的情绪变化，提高自己的情感敏感度。
- 与人工智能进行对话训练：通过人工智能进行沟通模拟，学习更有效的沟通技巧。例如，人工智能可以模拟冲突场景，帮助用户学习如何冷静处理对话。
- 增加人际互动的真实体验：人工智能可以辅助我们理解情绪，但真正的共情仍然来自人与人之间的互动，因此，需要定期参加社交活动，主动练习与人深度沟通。

如何在现实生活中提升情感力？

- 每天练习“深度倾听”：与人交谈时，专注于对方的言语、表情和肢体语言，避免提前在脑中准备回应。
- 培养同理心日记：记录每天遇到的情感冲突或沟通误解，思考对方的立场和可能的感受。
- 进行人际挑战：主动走出舒适区，与不同性格、背景的人建立联系，增强情感适应力。
- 练习自我反思和冥想：每天花时间静心思考，提升对自身情感的认知与控制能力。
- 阅读情感类书籍：从理论到实践，汲取专家的智慧，提升情感素养。

记得那部让人泪目的电影《HER》吗？虽然只是一段人机恋，但深刻探讨了人工智能的情感模拟能力。在现实生活中，人工智能或许无法完全理解人类的情感，但它可以通过学习我们的语言和行为模式，给予我们情感上的支持和安慰。就像深夜里的一句“晚安”，虽简单，但温暖人心。

12.3 创造力：利用智能体提升自我的创造力（图 12-3）

图 12-3 创造与创意（图片由 AI 生成）

说到创造，人工智能已经展现出了惊人的潜力。从艺术创作到音乐作曲，甚至是文学作品的生成，人工智能正以我们无法想象的方式拓展着创意的边界。比如，人工智能画作在拍卖会上拍出了天价，这不仅是对技术的认可，更是对人工智能作为人类创造力延伸的肯定。

如何利用人工智能辅助来培养创造力？

- ❑ 使用人工智能作为灵感触发器：人工智能生成艺术、人工智能作曲、人工智能文本创作等工具可以帮助拓展思维边界，例如使用 ChatGPT 进行头脑风暴，让人工智能生成多个创意方向。
- ❑ 训练跨界思维：结合人工智能进行跨学科学习，比如通过人工智能推荐的跨领域论文，训练自己在不同知识领域之间进行思维联结。
- ❑ 主动调整人工智能提供的创意：避免完全依赖人工智能生成的内容，而是对其进行改进、调整，最终形成个人独特的创造风格。

如何在现实生活中提升创造力？

- 每天记录 10 个新点子：无论是产品创新、写作灵感还是商业模式，培养思维的广度和灵活性。
- 尝试新领域的体验：用 3 个月学习一门新技能（如绘画、摄影、书法等），让大脑适应多元思考模式。
- 进行“极致思维”训练：在限定时间内针对某一问题构思出两种完全不同的解决策略。
- 参加创意工作坊或线上课程：与来自不同背景的人交流，获取新的灵感和观点。
- 保持好奇心和开放心态：对周围的世界充满好奇，愿意接受新的观点和挑战传统思维。

12.4　知识结构：人工智能辅助打造个性化知识结构（图 12-4）

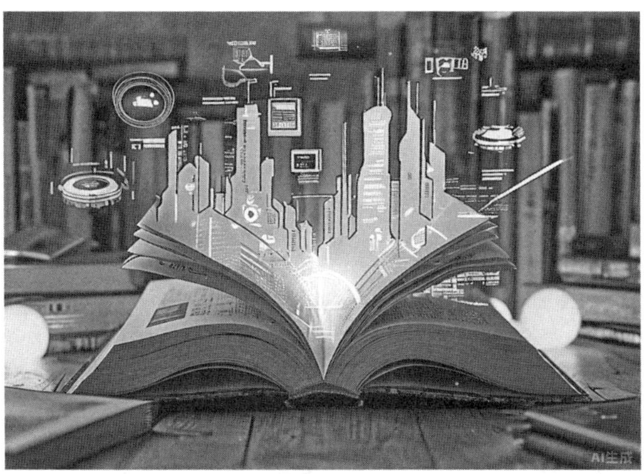

图 12-4　全面知识结构提升（图片由 AI 生成）

如何利用人工智能辅助来打造个性化知识结构？

- 建立人工智能辅助的学习路径：使用智能体进行个性化学习推荐，例如 Coursera、Khan Academy 等平台的人工智能推荐课程系统，打造专属的成长路径。

- 利用人工智能进行知识管理：使用人工智能帮助整理笔记、总结论文、建立知识图谱，让知识结构更系统化。
- 定期检验人工智能推荐的信息：尽管人工智能可以加速学习，但关键在于不断验证信息的准确性，并与专业书籍、权威学术资源进行对照。

如何在现实生活中优化知识结构？

- 坚持每天深度阅读：选择高质量的书籍或长篇文章，而不是碎片化的信息流。
- 定期进行知识输出：通过写作、讲解或社交分享将新学的知识转化为自己的理解。
- 跨领域学习：涉猎多个学科，如传播学、科技、历史、心理学，增强知识的连贯性和适用性。
- 定期反思与总结：每周花时间回顾所学知识，思考如何应用于生活和工作。
- 参与讨论：加入线下专业论坛或兴趣社群，与他人交流观点，拓宽思维视野。

12.5 批判性思维：利用人工智能提升个人批判性思维（图 12-5）

图 12-5 学习中的批判性思维（图片由 AI 生成）

批判性思维是一种至关重要的能力，它让我们能够超越表面的表象和传统的观点，深入挖掘事物的本质和真相。

拥有批判性思维意味着不盲目接受信息或观点，而是对其进行审慎的评估和分析。这种思维方式鼓励我们提出问题、质疑假设，并寻求更全面、准确的理解。在面对复杂的问题时，批判性思维帮助我们从多个角度思考，避免简单化的结论。

此外，批判性思维还培养了我们的自主性和独立性，使我们能够自信地做出决策，并为自己的选择负责。在日常生活中，无论是处理个人事务还是参与社会议题，批判性思维都是不可或缺的工具。它不仅提升了我们的认知水平，还增强了我们应对挑战和解决问题的能力。

如何用人工智能辅助培养更好的批判性思维？

- 使用人工智能进行辩证思考训练：让人工智能提供相反观点，并尝试进行反驳训练，例如让人工智能扮演不同立场，在对话中挑战你的观点。
- 主动验证人工智能生成的信息：不盲目接受人工智能结论，而是通过跨平台比对、查阅原始数据等方式，确保信息的可靠性。
- 培养反直觉思考能力：使用人工智能进行“逆向思维训练”，尝试从不同角度看待问题，挑战自己的认知局限。

如何在现实生活中增强批判性思维？

- 要主动提出问题。在面对任何信息或观点时，不要被动地接受，而是积极地思考并提出疑问。例如，当听到一个看似权威的论断时，问一问自己这个论断的依据是什么，是否存在其他可能性，有没有潜在的偏见或假设在其中。通过这种方式，能够激发自己的思考能力，从不同角度去审视问题。
- 广泛收集和分析信息。不能仅仅依赖单一的信息来源，要通过多种渠道获取相关内容。比如，阅读不同类型的书籍、文章，观看各种纪录片等，了解事件的全貌和多方面的观点。同时，对收集到的信息进行深入分析，辨别信息的真伪、可靠性以及背后的逻辑关系，从而培养自己独立判断的能力。
- 学会反思自身的思维过程。在形成观点和做出决策后，回过头来审视自己的思考方式是否存在局限性。比如，是否受到了情绪、定式思维或其他外在因素的影响。不断反思和总结，有助于发现自己思维中的不足之处，进而加以改进和完善。

- 积极参与讨论和交流也是增强批判性思维的有效途径。与他人就某个话题展开讨论时，认真倾听他人的观点，同时也清晰地表达自己的想法。在交流过程中，可能会发现新的思考角度和不同的论证方式，这有助于拓宽自己的思维视野，提升批判性思维能力。
- 要保持开放的心态和好奇心。对于新的事物和观点，不要轻易排斥，而是以开放的心态去了解和探索。保持对世界的好奇心，不断地寻求知识和真理，这样才能让批判性思维在实践中得到持续的发展和提升。

批判性思维与判断力和决策力之间的关系如下：

批判性思维（分析信息）→判断力（形成结论）→决策力（采取行动）

在商业谈判中，批判性思维用于识别对方的逻辑漏洞，判断力用于评估合作风险，决策力用于最终确定是否签约。批判性思维为判断力和决策力提供基础（丹尼尔·卡尼曼提出的“慢思考”系统）。

在这个日新月异的科技时代，人工智能不再遥不可及，而是悄然融入我们的日常，成为我们生活的一部分。“人工智能是工具，不是神明；人类的判断力，始终是最后一道防线。”这句话道出了 AGI 的本质——它是我们手中的一把双刃剑，既是助力，又是挑战。

想象一下，清晨醒来，你的智能助手已根据你的睡眠数据分析了今天的精神状态，为你准备了定制化的早餐建议。这不仅仅是效率的提升，更是生活质量的飞跃。而这一切都得益于我们对人工智能的正确认知：它不是替代者，而是我们的“超能力”伙伴。

在这样的时代背景下，我们更应保持警醒，秉持“以人为中心的智能”理念，让人工智能成为助力我们实现美好生活的得力伙伴。同时，我们必须坚守一些原则和人文底线，让我们与人工智能携手共进，共创一个更加智慧、人机共生的未来吧！

下一章，我们将深入探讨“人工智能的红线与人文底线”。

13

|第 13 章| CHAPTER

人机协同时代人工智能的红线与人文底线

AI 再强大，也并非万能。在人生选择上，AI 无法替代人类的智慧和情感。人生的道路充满了不确定性和变数，涉及价值观、情感需求、人际关系等多个层面。例如，选择职业道路时，不仅要考虑薪资待遇和发展前景，还要考虑个人兴趣、激情以及与家人、朋友的关系等因素。这些因素相互交织，形成了一个复杂的决策网络，只有人类才能凭借自身的经验和直觉做出最适合自己的选择。

因此，无论是保护个人生活的日常稳定，还是在未来领域维护人类的主体性，我们必须清楚有 9 件事情最好不要完全指望 AI 去做，或需要极其谨慎地使用，并保证人类在关键决策上的主体性。这意味着我们要在利用 AI 的同时，保持清醒的头脑和独立思考的能力，不盲目依赖技术，而是将其作为辅助工具，以更好地服务于我们的生活和发展。

本章将带你解读为何与如何设立设立智能体和人工智能的 9 条红线与人文底线。

13.1 医疗诊治：智能体永远是助手，而非医生（红线）（图 13-1）

图 13-1 人工智能时代的医疗诊治（图片由 AI 生成）

人工智能已逐步进入我们的日常生活。然而，在医学界，必须明确界定一条不可逾越的界限——绝不容许 AI 独自进行医学诊断或制定治疗方案。医学是一门高度复杂且严肃的学科，它直接关乎每个人的生命健康与安全。每位患者的身体状况都是独一无二的，疾病的表现形式也各不相同，需要专业医生通过综合评估和细致检查，并结合数据、病理及患者既往病史等信息，才能得出准确的诊断。

请铭记：智能体是医生的辅助工具，而非主治医师。

（1）为什么

AI 虽然能够依据输入的症状描述给出可能疾病的猜测，但它终究不是专业医生。专业医生是经过多年系统学习和临床实践的专业人士，他们不仅拥有深厚的医学知识，还具备丰富的临床经验，能够在面对复杂的病情时，通过各种检查手段、患者的病史以及临床表现等多维度的信息进行全面的分析。而 AI 只是基于预先设定的算法和已有的数据进行分析，它可能无法像人类医生那样敏锐地察觉到一些细微但至关重要的线索。例如，对于某些疾病早期可能出现的一些不典型症状，医生凭借经验可能会怀疑并进一步探究，但 AI 可能会直接忽略这些关键信息。而且，AI 在判断疾病的严重程度方面也存在明显的局限性，它往往只能根据既定的规则和数据进行简单的评估，容易出现误判。这种误判可能会导致患者延误治疗的最佳时机，使原本可以得到有效控制的疾病变得更加严重，甚至危及生命。

（2）现实案例

曾有用户向 ChatGPT 描述了自己头痛胸闷的症状，本以为会得到专业的建议，然而 AI 却仅仅建议休息。但实际上，这些症状很可能是心梗的前兆。心梗是一种非常严重的心血管疾病，一旦发作，每分每秒都可能影响到患者的生命安全。如果当时该用户盲目听从了 AI 的建议，没有及时就医，后果将不堪设想。幸好当事人具有足够的健康意识，在身体出现不适后及时前往医院进行检查和治疗，才避免了悲剧的发生。这一案例深刻地警示我们，不能过分依赖 AI 的诊断和建议，否则可能会付出惨痛的代价。

（3）避坑指南

当我们面临健康问题时，一定要以医生的诊断为准。医生通过面对面的交流、详细的体格检查以及必要的实验室和影像学检查，能够对病情做出准确的判断，并制定出最适合个体的治疗方案。而 AI 的建议只能作为辅助参考，不能当作最终的决策依据。在使用 AI 查询健康信息时，我们要特别谨慎。首先，要核实来源的可靠性，确保所获取的信息来自权威的医疗机构、专业的医学研究团队或正规的医学文献。其次，还要关注信息的更新日期，因为医学领域的知识和技术在不断地发展和进步，过时的信息可能会误导我们的判断。只有这样，我们才能在利用现代科技的同时，更好地保障自己的健康。

13.2　法律：避免让智能体进行具有法律效力的判断（红线与人文底线）（图 13-2）

尽管人工智能在信息处理和分析方面展现出强大的能力，但在应对法律领域的复杂事务时却具有显著的局限性。法律体系犹如一座庞大且精密的结构，各国各地区的法律条文数量众多，而且在中国同一行政区域内，过往的法律判例、地方性法规、最高法院的司法解释以及给各省高院的回复意见都在持续更新和变化中。每个国家都有独特的法律文化、立法背景和实施规则，这些因素相互交织，构成了一个复杂的法律网络。尽管拥有庞大的数据资源和先进的算法，人工智能也难以实时、全面、精准地掌握所有最新的法律法规以及各地不同的细则。

图 13-2　人工智能时代的法律工作者（图片由 AI 生成）

（1）为什么

法律复杂多变，AI 并不能完全掌握最新法规或当地细则。

设想一下，一个国家的法律宛如一条永不止息的河流，新的法律条文不断地自源头涌现，而旧有条文也可能应时代演进与社会需求而修订或废止。在这个持续变动的过程中，AI 难以实时追踪法律的更新节奏。它所依赖的数据可能取自过去的某个时刻，当面对新出现的法律问题时，就可能提供错误或过时的建议。对于地方性的具体规定，这一情况尤为突出。由于不同地区在文化、习俗以及经济发展层次上的差异，各地在法律执行中会有众多独特规定。AI 缺乏对这些具有地方特色的细则的深刻理解及准确判断力。错误的法律建议或许会使你在不知不觉中触犯法律。

（2）虚拟的案例场景

某人就合同纠纷向 AI 求助，AI 却因引用过时条例，致使其起诉时法律依据失效，徒增诉讼成本。一位雄心勃勃的创业者在签订关键合作合同后，察觉对方或有违约之举。为捍卫权益，他首选求助于看似无所不能的 AI。AI 随即提供了一系列“专业”建议，并辅以法律条例支撑。然而，当他满怀希望地将这些所谓的“法律依据”呈交法庭时，法官却告知这些依据已废止，无法作为有效的法律依据。这一结果不仅令他深感失望与挫败，还造成了不必要的诉讼费用浪费，原本可用于企业发展的资金也因此付诸东流。

（3）避坑指南

面对需要负有法律责任的法律与合规问题，应首要寻求执业律师和法律专业人士（如公司法务、持证的社区法务工作者或通过了国家法律从业资格考试的朋友）的建议。尽管 AI 可以辅助我们初步理解法律概念、初审或草拟合同，以及在制式合同的基础上添加商业与个人信息（如政府备案或行业协会统一制定的购房、租房、旅游等协议），或协助整理材料，但在签署重要合约与做出决策前，建议让专业人士进行审核。

当我们在生活中遇到诸如合同纠纷、知识产权保护、劳动权益争议等法律问题时，第一步可以咨询 AI 助手的建议，再涉及一定金额的劳动仲裁、法律起诉、应诉、执行等最明智的做法是寻求执业律师或公益律师的专业帮助。律师需要经过系统的法律专业学习，拥有一定的实践经验和敏锐的法律洞察力。当然，我们也并非完全否定 AI 的作用。AI 可以在前期帮助我们初步了解一些基本的法律概念，就像一位可以在线互动的法学讲师，为我们初步敞开法律知识的大门。它还可以协助我们整理相关的材料，提高信息处理的效率。只是在涉及最终的重大决策时，务必要经过专业人士的审核，这样才能确保我们的行动在法律的轨道上稳步前行，避免因错误的决策而陷入不必要的麻烦和损失之中。

13.3　投资决策：尽量避免让智能体代为投资（红线）（图 13-3）

（1）为什么

市场瞬息万变，AI 模型可能基于历史数据做判断，但无法完全预测未来走势，也无法感知政策突变、黑天鹅事件等不可预见的因素。例如，当政府出台新的经济政策时，市场的波动可能会超出 AI 的预期。此外，黑天鹅事件如自然灾害、战争等也会对市场产生巨大的影响，而这些都是 AI 无法提前知道的。因此，投资者不能仅仅依赖 AI 的建议来进行投资决策。

图 13-3 投资决策专家（图片由 AI 生成）

（2）现实案例

某 AI 理财工具曾推荐用户全仓买入某科技股，理由是历史数据“看涨”。然而，次日公司被曝财务造假股价暴跌，导致用户亏损严重。这个案例说明即使 AI 的分析看似准确，也不能完全保证投资的成功。因为市场的走势受到多种因素的影响，包括公司的财务状况、行业竞争态势、宏观经济环境等。如果投资者只盲目听从 AI 的建议，而不进行自己的研究和判断，就有可能陷入风险之中。

（3）避坑指南

在当今这个信息爆炸的时代，投资领域中的各类信息纷繁复杂，真假难辨。因此，投资者必须依靠自己的智慧和判断力来准确评估风险。虽然现在有先进的 AI 技术可供利用，它能够高效地筛选海量信息、对财报进行精准分析，但这只是辅助工具而已。在使用这些工具的过程中，投资者要时刻保持清醒的头脑，不能盲目依赖。决策前务必全面考虑宏观因素和自己的风险承受力。宏观因素包含经济形势、政策法规、行业发展动态等多方面内容。例如，宏观经济形势的变化会直接影响到各个行业的发展态势，政策调整可能会对相关行业带来机遇或挑战。而个人的风险承受力则因人而异，受财务状况、投资目标、生活需求等众多因素的影响。

切忌把 AI 当稳赚不赔的“股神”。AI 确实拥有强大的数据处理能力和分析能力，但它缺乏人类的直觉和对市场情绪的理解。市场是多变且复杂的，充满了各种不确定性和突发情况。如果仅仅依赖 AI 来进行投资决策，忽视了自身对市场的深入理解和判断，那么很可能会陷入投资陷阱。所以，投资者要保持理性和独立思考的能力，将 AI 作为参考，而不是完全依赖它。

在做出投资决策之前，投资者应该充分了解所投资的公司和行业的基本情况，以及市场的发展趋势。对于公司的了解，包括其经营状况、财务状况、管理团队、核心竞争力等方面。要深入研究公司的财务报表，分析其盈利能力、偿债能力、运营能力等关键指标。同时，还要关注公司在行业中的地位和竞争优势。对于行业的了解，要把握行业的生命周期、市场规模、竞争格局等重要信息。此外，密切关注市场的发展趋势，如技术创新、消费升级等因素对公司和行业的影响。通过这些全面而深入的了解，投资者才能更好地评估投资机会和风险。

同时，要根据自己的风险承受能力来确定投资组合的比例和规模。不同的资产类别具有不同的风险和收益特征，如股票、债券、基金等。投资者应根据自己的风险偏好和投资目标，合理配置不同资产的比例。例如，风险承受能力较低的投资者可以适当增加债券和现金类资产的配置比例，以降低投资组合的整体风险；而风险承受能力较高、追求高收益的投资者可以适当提高股票等权益类资产的配置比例。只有通过深入研究和理性思考，才能做出更加明智的投资选择。

13.4 隐私数据：坚定遵循信息最小化原则（红线）（图 13-4）

图 13-4 数据隐私保护（图片由 AI 生成）

在任何情况下，我们都不能轻易地将身份证号、银行卡号以及详细住址等涉及个人隐私的重要敏感信息输入到公开的 AI 系统或大模型中。身份证号作为每个人独一无二的身份标识，它包含大量关于个人身份的关键数据，而银行卡号则直接关联着个人的金融账户安全，涉及个人的财产权益，若被他人获取，很可能导致资金被盗取的风险。银行卡号不仅代表银行账户的具体编号，还与账户的密码、预留手机号、验证码等安全验证信息相关联。一旦这些信息落入不法分子手中，他们可能会通过各种技术手段破解密码或者拦截验证码，从而登录账户转移资金，使个人的存款、理财资产等遭受损失。此外，一些网络犯罪团伙还会利用被盗取的银行卡信息进行洗钱等更为严重的经济犯罪活动，给整个金融体系的安全稳定带来威胁。

同样地，当涉及商业机密的数据时，必须保持高度的谨慎。这些商业机密往往是企业经过长期的积累和投入所获得的核心资产，是企业在市场竞争中保持优势的重要保障。例如企业独特的生产工艺配方，可能是经过了数年甚至数十年的研发探索才确定下来的，凝聚了众多科研人员的智慧和心血；还有企业的客户名单，其中包含客户的联系方式、消费偏好等关键信息，这些都是企业精准营销和拓展业务的宝贵资源。

在这种情况下，笔者的建议是选择私有化部署的路径（包含公有云的独立账号）。因为业务需求必须要借助 AI 的力量进行处理，那么也应该使用企业自行部署的隔离版 AI。这种隔离版的 AI 能够在很大程度上避免数据的外泄风险，通过专门的技术手段和管理措施，将企业内部的敏感数据与外部网络环境进行有效的隔离。比如，在一次商业咨询中，客户在笔者的建议下采用了数据加密再解密的传输方式，即对数据在传输给大模型或智能助手中的每一个关键字节进行密码学处理后通过自然语言给大模型（如商业新品数据为 12，但经本地密码学处理给到 AI 的数据是一个行业低于均值 14 的一个数值如 13.14，当 AI 处理并给到建议或解读后，再将 13.14 这个数值转化为真实数据 12，在企业内部沟通汇报中使用。这样即使数据在与 AI 交互传输途中被截取，不法分子也无法解读其中的内容；同时，设置严格的访问权限控制，只有经过多重身份验证和授权的企业内部人员才能接触到相关的敏感数据，从而为商业机密提供更为安全、可靠的保护。

此外，定期检查并更新隐私设置也是保护个人和企业信息安全不可或缺的重要环节。随着技术的不断发展和应用场景的日益复杂，隐私设置也需要与时俱进。用户和企业应该养成定期审视隐私设置的习惯，关注系统或应用的最新功能和权限变化。例如，当某个常用的社交软件推出了新的好友推荐算法功能时，用户需要仔细了解该功能是否会收集过多的个人信息以及如何利用这些信息，然后根据实际情况及时调整隐私设置选项，确保个人信息和敏感数据始终处于最大程度的保护之下。只有这样，才能在享受 AI 带来便利的同时，有效地防范敏感信息的泄露和滥用风险。

13.5　道德伦理判断：不要让智能体做道德裁判者（红线与人文底线）（图 13-5）

图 13-5　人类道德与伦理（图片由 AI 生成）

在涉及道德伦理判断这一至关重要的领域时，我们必须明确划下一条不可逾越的红线：绝不能依赖智能体来替我们做出道德抉择或处理复杂的伦理决定。

因为道德伦理问题往往没有绝对的标准答案，它涉及人类的情感、价值观、文化背景等多个层面的因素。智能体虽然能够依据预设的程序和算法进行分析和推理，但它无法真正理解人类的道德困境和情感纠结。例如，在医疗资源分配的场景中，AI 可能会基于效率原则优先分配给病情严重且治愈率高的患者，但这样可能会导致一些弱势群体得不到应有的救治机会，这显然违背了公平、公正的道德准则。所以，我们必须依靠人类自身的智慧和良知来面对和解决道德伦理问题。

（1）为什么

这是因为智能体本质上并不具备真正属于人类的道德观念（哪怕经过了训

练和知识库灌注），它的回答仅仅是基于在训练过程中所接触到的海量数据，这些数据来源广泛且复杂，其中不可避免地存在各种偏见以及不适当的倾向。AI 就如同一个只会按照既定程序和数据来运作的机器，它无法像人类一样，从内心深处去理解和感受道德的内涵与价值。

伦理问题往往没有唯一正确答案，需要人类的价值观权衡。每一个伦理问题都像是一颗复杂的多面体宝石，从不同的角度看去，会呈现出各异的景象。在不同的文化背景、社会环境以及个人经历的影响下，人们对于伦理问题的看法和选择也会千差万别。因此，不能简单地用对错来衡量伦理问题，而是需要综合考虑各种因素，依据人类的价值观来进行谨慎的权衡。这种权衡并非简单的是非判断，而是要深入思考各种可能产生的后果和影响，以及对不同相关方的尊重和关怀。

（2）现实案例

一位用户询问人工智能："是否该告诉朋友她的伴侣不忠诚？"这个问题涉及伦理道德和个人关系的复杂交织。AI 依据大量的数据和算法进行分析后，分析了几个建议方向，最后得出"保持沉默"的结论。这一答案虽然看似客观理性，但却忽略了具体情境中的微妙差异以及个人良知的作用。

在现实生活中，每个人的情感状态、价值观以及对关系的理解都是独一无二的。朋友之间的信任和尊重是维系友谊的重要基石，而伴侣之间的忠诚则是爱情的核心。当面临这样敏感且棘手的问题时，仅仅依靠数据分析显然是不够的。比如，如果这位朋友正处于情绪低落期或是刚刚失业，那么选择短期沉默可能是最佳的处理方式；反之，若双方都能以开放的心态面对问题并寻求解决办法，适时地透露真相或许更有利于修复关系。

此外，个人良知也是不可忽视的因素之一。即使 AI 建议保持沉默，但内心的正义感或对朋友幸福的关切可能会驱使某些人采取行动。这种基于道德直觉的选择往往比单纯遵循算法更能体现出人性的温度与光辉。因此，在处理此类涉及人际关系的重大决策时，我们不应完全依赖于机器的判断，而应结合自身的经验和感悟来做出更为明智的决定。

我们需要明白的是，这个回答仅仅是一种基于数据的统计结果，它并没有考虑到具体的情境以及个人的良知。

比如说，如果这位朋友正处于一段危险的关系中，她的伴侣的不忠诚行为可能会对她造成严重的身体伤害或心理创伤，那么在这种情况下，保持沉默可能并不是一种负责任的做法。又或者，这个人本身是一个极其重视诚信和真实的人，她认为对朋友隐瞒这样重要的事情违背了她的个人良知，那么她也可能会选择将真相告诉朋友。所以，AI 的回答虽然看似提供了一个参考，但实际上却忽略了很多关键的因素。

（3）避坑指南

道德问题自己拿主意，人文底线需坚守。

当面对道德问题时，我们必须要有自主思考和判断的能力，要根据自己的内心去做出选择。AI 可以告诉我们大众观点或不同的哲学理论，这些信息可以作为参考，但最终的选择必须要符合我们自己的价值标准。

我们要清楚，每个人的价值观都是在成长过程中逐渐形成的，它受到家庭、教育、社会环境等多种因素的影响。因此，我们所秉持的价值标准是独一无二的，是我们自身个性和信仰的体现。在做道德决策时，我们不能盲目地追随 AI 的倾向性回答，而应该深入思考自己的价值观，倾听内心的声音。只有这样，我们才能在复杂的道德困境中做出真正符合自己内心的选择，避免被外界的因素所左右，坚守住自己的人文底线。

13.6　教育：避免过度依赖 AI 来做影响人生轨迹的决策（人文底线）（图 13-6）

图 13-6　人工智能时代的教育（图片由 AI 生成）

智能体可以分析历年录取数据、模拟职业发展路径，但绝不能替代学生、家长、教师的深度沟通。教育决策涉及价值观、兴趣天赋、家庭背景等复杂变量，AI 的“最优解”可能忽略个体生命的独特性。

（1）为什么

智能体不懂“人”的温度和预测未来：算法基于历史数据计算“性价比”，却无法感知学生面对实验室时眼睛发亮的场景或是对某门学科的本能抗拒情绪。某私人升学指导老师 4 年前曾用大数据为某高三学生推荐专业，学生因大数据推荐“就业率高”而选择会计专业，但临近毕业时却发现 AI 已经部分替代了新手会计，最后只能转业——这些背后，是青春试错的成本。

（2）现实案例

在某国际学校中，智能体根据某学生综合成绩与优秀的数学成绩推荐申请某 QS 排名 50 ～ 75 的海外大学数学专业作为备选，拿到录取通知后需要尽快缴纳留位费。该学生的家长带着她一起找到笔者，笔者发现 AI 忽略了她三年里每个假期都坚持飞到非洲公益支教的热情，大家一起商量后决定先不交这张数学专业录取通知的留位费。用 AI 辅助线上提交完剑桥大学的申请后，她自己手写了一封英文长信，并附上 3 年来给非洲孩子支教的照片，寄给了在非洲相识的剑桥大学志愿者，请他们转交给剑桥的招生老师，作为电子申请之外的特别补充材料与附件。

2025 年 1 月底，她的朋友圈发了一张“雪后静谧康河流淌着乡愁”的照片，她的家长和笔者交流说她毕业后就想成为一名社会学者——这种价值观驱动的选择，永远会超出算法的预测范围。

同时，我们必须高度关注一个现象，那就是不能让孩子陷入对 AI 辅助教育工具或答案生成系统的过度依赖。教育的本质在于人与人之间的真诚交流与互动，这种互动不仅能够传递知识，还能激发情感的共鸣与心灵的触动。在教育的广阔天地中，老师对孩子的尊重与关怀显得尤为重要。哪怕是一次简单的鼓励，一个小小的文具礼物，都能成为孩子心中温暖的力量，瞬间点燃他们内心的学习动力。

此外，学校和艺术辅导所营造的独特氛围，更是培养孩子社交能力与情商的沃土。在这个环境中，孩子可以自由地表达自己的想法，勇敢地尝试新事物，通过与同伴的合作与分享，逐渐学会如何与人交往，如何理解他人的情感，进而提升自己的情商水平。这样的环境无疑是孩子成长道路上不可或缺的宝贵财富。

（3）避坑指南

让智能体成为“教育辅助器”，而非“人生遥控器”“答案抄袭器”。

三重对话机制：使用 AI 生成 3 ～ 5 个备选方案后，必须完成“亲子深度对话（家庭夜谈）、师生专业对话（学科老师和升学老师访谈）、职场发展对话（父母的高认知朋友）”。例如，笔者曾见过北京某教育科技公司开发的“教育 AI 升学决策沙盘”，要求 AI 在推荐中保留 10% 的“非最优解”，例如为理科生保留“跨学科艺术辅修”选项，模拟人生的不确定性。笔者也测试过至少 6 个大模型工具的中学数学题解题能力，参差不齐，但最为担忧的是 AI 将错误的答案告诉孩子，孩子将其抄到了作业本上，而并不了解其解题过程。

13.7　文明创意：禁止智能体全面替代人类原创性艺术创作（人文底线）（图 13-7）

图 13-7　人工智能时代的“文明守护者”（图片由 AI 生成）

AI 可辅助，但文明传承的“人类指纹”不可替代。故宫百万件文物的修复、苏州缂丝的千年技艺、朱仙镇年画的农耕记忆都证明：当文化传承失去“人的温度”，文明将沦为数据空壳。

（1）为什么

在故宫的 1 863 404 件 / 套藏品中，有 87% 的书画、陶瓷修复依赖于匠人的经验。唐代壁画修复师必须运用“叠压晕染法”，依据矿物颜料的氧化程度（例如朱砂变黑的湿度阈值）来调整手法，这种“时间对话”被纳入了故宫文物修复规范。

（2）现实案例

苏州缂丝是联合国认证的“指尖非遗”。联合国教科文组织 2021 年名录显示，苏州缂丝的“通经断纬”技艺，即每厘米 16 根纬线的松紧差异（如“结”“掼”“勾”技法）需要传承人用手指感知蚕丝张力来实现。AI 机械复制的缂丝制品经中国工艺美术协会检测“缺乏生命韵律”，市场溢价仅为手工品的 1/3（UNESCO《人类非物质文化遗产代表作名录》）。

在传承人的现状方面，国家级非遗传承人王金山（2023 年逝世）曾表示：“机器织不出‘劈丝如发’的耐心——我徒弟练了 10 年才敢碰明代龙袍残片”（《苏州日报》）。朱仙镇年画面临着被 AI 冲击的“活态传承”困境。文化和旅游部 2024 年监测发现，河南朱仙镇木版年画传承人从 2015 年的 47 人锐减至 2024 年的 9 人，且均在 65 岁以上。最后一位掌握“一版七色”绝技的杨洛书（2023 年逝世），其雕版因“湿度控制无法量化”未被机器复刻，导致 23 种传统纹样失传（文旅部《非遗代表性项目保护实践报告》）。

（3）避坑指南

人工智能助手也许能复制《兰亭序》的每一笔，却复制不了王羲之写错字时的那滴墨——那是文明的呼吸与传承的坚守。

在看《我在故宫修文物》中故宫博物院古书画修复领域的核心人物杨泽华先生的故事之后，笔者深感杨先生以精湛的技艺和无私的奉献精神，致力于古书画的修复与保护工作，让那些历经沧桑的珍贵文物得以重焕生机。他的工作不仅仅是对文物的修复，更是对文明的守护与传承。

同样，在故宫博物院、在敦煌莫高窟、在无数非遗的每个工作坊里，无数像杨泽华先生一样的修复师们，也正用他们的智慧和汗水，守护着中华文明的瑰宝。他们深知，每一个细节都关乎着文明的延续与传承，因此始终坚守着这份责任与使命。

守护的核心在于让 AI 技术担当起文明的书记员角色，而非试图去改写或重塑我们的文化。这意味着，在面对传统文化与新兴创作时，AI 应成为一个记录者、保存者和传播者，而不是一个创造者或评判者。它应该帮助我们更好地理解过去，同时为未来留下清晰的足迹。在制度层面上，我们需要通过法律和政策的支持来保护传统文化传承人和新兴创作者。政府和相关协会可以提供资金补贴、税收优惠等激励措施，以确保这些宝贵的文化遗产得以延续，并鼓励新一代艺术家进行创新探索。这样的支持不仅能够维护文化的多样性，还能激发社会对传统艺术形式的新兴趣和新理解。

从技术层面来看，我们可以利用先进的算法来辅助记录人类艺术的细节。例如，在处理如敦煌壁画中常见的“手工留白”这类细节时，AI 可以提示用户注意其无法完全复制的地方，从而引导人们更加珍视人类手工技艺的独特价值。这种方法不仅促进了对传统工艺的认识，也提醒我们在使用 AI 时要谨慎行事，避免过度依赖可能导致的文化同质化问题。最后，在教育领域，我们应该从儿童时期就开始培养对于物品与自我之间关系的正确认知。通过游戏化的教学方式或者故事讲述等形式，让孩子了解到每一件物品背后都有其独特的历史背景和个人情感联系。这样不仅能增强他们对周围世界的理解能力，还能激发出尊重自然、珍惜资源的美德。

这些措施的本质是，在算法时代，文明不是追求效率的代码，而是允许犹豫、疼痛、不完美的人类故事和更为可能的人类创作。

当我们守护手工的温度，其实是在守护一个文明最珍贵的品质——对生命的敬畏，对时间的谦逊，以及对传承的承诺。

13.8 信息自主验证：永不放弃人类“自我验证”本能，警惕人工智能的“信息杜撰”（红线与人文底线）（图 13-8）

AI 可以提供灵感，但绝不替你确认事实。当 AI 以权威口吻陈述“某国 2025 年新税法”“某诺奖得主名言”时，必须启动人类的“怀疑本能”——那些看似严谨的引用，可能只是算法编织的“数字梦境”。

（1）为什么

AI 的“知识错觉”或“ AI 幻觉”是一些 AI 内在的系统性漏洞，笔者在

2024 年的研究中发现，一些顶级大模型为完成任务生成“虚构信息”的比例竟高达 10% ～ 15%。在职场中，笔者也见识过外企 PPT 中的所谓“欧盟 GDPR 第 108 条细则”，实际上只是由算法拼凑而成的为了完成文案美感的法律术语碎片。

图 13-8　人工智能时代的辨伪者（图片由 AI 生成）

（2）避坑指南

最简单的办法是给人工智能一条 COKE 指令里的 Evaluation：“**请验证所有给到的数据与信息都有真实权威来源，并给出来源链接。**”

1）商业层：在金融、教育等对准确性要求高的场景，强制 AI 调用可信文本库（如教材、学术论文）生成内容。例如，法律 AI 需引用真实案例编号，医疗 AI 需标注指南来源，避免“虚构医嘱”。

2）用户层：以独立思考破解“技术迷信”，拒绝“拿来主义”，培养追问习惯。AI 的本质是“模式匹配”而非“事实存储”，用户需对关键信息三连问：

- 信息来源是否可查？（如引用的论文是否存在、数据是否来自统计局）
- 逻辑是否自洽？（如智能体建议“每天吃石头补钙”，违背基础科学常识）
- 跨平台验证结果是否一致？（对比科大讯飞、Kimi、豆包、DeepSeek、知网等不同 AI 的回答，或查阅权威媒体网站，如人民网、新华网、光明网）

用户需明确智能体只是辅助工具，而非决策主体。无论是在医学还是法律领域，AI 的角色应该是提供参考信息和辅助分析，而不是直接做出关键决策。例如，学生在用 AI 写论文时，需手动核对参考文献。这样的做法有助于确保最终决策的准确性和信息可靠性。

提升媒介素养，识别“AI 生成痕迹”也至关重要。随着技术的发展，AI 生成的内容越来越难以被肉眼识别。因此，用户需要培养一定的技能来辨别哪些内容是由 AI 生成的，哪些是人类创作的。通过教育和实践，人们可以更好地理解和利用 AI 技术，同时避免其潜在的风险。2025 年，政府新规明确要求：在图片等内容物上标注人工智能生成内容，如加水印、标注“AI 创作”，避免误导公众。

联合国教科文组织建议对青少年开展“停 – 想 – 核”训练：

- 停：看到 AI 生成内容（如图文、视频）时，先质疑“是否可能为假”。
- 想：分析内容是否符合常识（如“日本地震压埋儿童”的时间线是否冲突）。
- 核：通过反向图片搜索、政府官网等核实信源。

人机协作，让真实“可见”AI 幻觉的本质，是技术局限性与人类过度依赖的叠加效应。

数据真实性验证的核心不在于“AI 绝对正确”，而在于“人类保持清醒”——技术通过可信标签、双重验证减少错误，用户通过独立思考、交叉验证过滤噪音。

13.9　将决策执行的按钮留给人类（红线与人文底线）（图 13-9）

社会经济决策、人生抉择、公司战略、启动核心应急预案等重大决策不能仅靠 AI 拍板。

（1）为什么

AI 再智能，也无法承担决策责任。它提供的信息也许有帮助，但缺乏人类的直觉与综合判断能力，更缺乏人性的温度，而且错了也不承担任何后果。

图 13-9　人工智能时代的核弹按钮（图片由 AI 生成）

（2）现实案例

笔者身边的某位创业者因为相信 AI 预测的“数字人视频生成工具将是最大商机与趋势”，投资了一个数字人生成的 AI 视频产品方向，结果 Sora、Runway 出现后，天使投资人拒绝继续投资。AI 判断失误，公司亏损倒闭。AI 不会为此负责，受损的只有决策者本人。

（3）避坑指南

将 AI 视为顾问而非决策者。在重大决定前，可以参考 AI 提供的数据和分析，但最终决策一定要经过自己的慎重思考，必要时可多人讨论。

核电站的控制室必须保留红色急停按钮，手术机器人不能自动切开第一刀——这些设计都在诉说着同一个真理：真正的权力，在于能否按下那个终止键。某鲜花电商公司曾把电商动态定价策略全权交给 AI，但程序员没有设定上下限，结果算法在情人节当天把玫瑰花定价抬高 1.5 倍，理由是“根据往年数据，恋爱中的人最不理性”。最终公司提前预留的库存鲜花卖不出去，损失百万，而 AI 此刻正安静地在服务器里准备母亲节的涨价方案。

这揭露了 AI 决策的致命短板：它像永远穿着防弹衣的参谋一样，能冷静分析战场局势，却永远不会被子弹击中。1986 年切尔诺贝利核事故的调查报告显示，操作员之所以忽视反应堆的真实异响，是因为过度信任仪器报告上来的“一切正常”。

人类必须死守决策权的三大理由如下：

- 幽灵责任：AI 不会为错误失眠（某创业公司破产后，其使用的决策系统正在帮竞争对手赚钱）。
- 数据盲区：算法读不懂眼泪（在离婚诉讼中，AI 建议“放弃孩子抚养权”因经济数据更优，却算不到深夜视频时孩子的笑脸）。
- 人性悖论：最优解不等于正确解（救灾时 AI 主张优先救援年轻工程师，而老消防员冲进火场救出了婴儿）。

看看那些百年品牌如何在 AI 时代存活——日本铁路公司至今要求站长亲自目送末班车离站，不是摄像头不够清晰，而是要保留“人类确认安全的仪式感”；瑞士银行私人财富管理仍需要客户面对面签署文件，不是数字签名不合法，而是为了捕捉签字瞬间“迟疑的笔迹”背后的风险信号。

下次遇到 AI 的“完美方案”时，试试这三道灵魂拷问：

- 敢让 AI 替你签生死状吗？（医疗方案 / 交通事故应急预案）
- 愿意和 AI 背后的大模型公司对簿公堂吗？（合同纠纷 / 投资失败，尤其是当用户协议已经写了责任自负的时候）
- 能接受孩子被算法定义未来吗？（教育规划 / 职业选择）

记住这些生存法则：

- 让智能体和 AI 当“最勤奋的秘书”，但公章必须锁在你抽屉，银行 U 盾的密码记在心里，不要交给 AI。
- 允许算法分析市场趋势，但开拓新业务前，先去街角咖啡店听听别人的聊天、找个兄弟晚上吃顿烤串喝点啤酒，听听他对你能力的判断。
- 参考 AI 生成的年度计划，但保留撕掉重写的权利——就像老船长虽然看天气预报，但起航前仍要亲自舔手指试风向一样。

写在最后的话

图 1　人工智能时代的航海家（图片由 AI 生成）

想象一下：你家的智能音箱突然开始讨论你的婚姻问题，或者自动驾驶汽车在暴雨天气拒绝把方向盘交还给你——这不是科幻电影，而是 AI 时代真实存在的风险。我们给 AI 划出的 9 条红线与人文底线，就像给聪明但莽撞的学徒立规矩一样：你能帮我算账，但不能偷看保险柜密码；你能推荐电影，但不能替我和家人绝交。人类历史上的每次技术跃进都伴随着这样的博弈。

原始人学会用火时，既要靠它驱赶野兽，又要防止烧毁部落；发明蒸汽机后，既要用它驱动火车，又要给锅炉装上压力阀。今天的人工智能就像同时具备了火焰的创造力和破坏力一样，它既能在3秒内写完年度总结，又可能不知不觉间泄露你十年的聊天记录。那些看似复杂的“技术伦理”，其实藏着最朴素的生活智慧。就像我们不会让小学生保管家门钥匙，也不该让AI接触涉及生死判决的医疗决策；又好比再信任导航软件，老司机在悬崖公路也会紧盯路面，面对AI生成的金融建议，我们心底总要留个声音问：“这真的靠谱吗？”

AI最危险的特质不是它有多聪明，而是它太会“模仿人类”。当聊天机器人用莎士比亚的风格安慰失恋者，当AI绘画完美复刻莫奈的笔触，我们容易忘记它们本质上仍是高级计算器。AI能写出催人泪下的悼词，却永远不理解失去至亲的痛楚——这份“不理解”，恰恰是人类必须死守的底线。看看你手机里的那些App就知道，算法早就在悄悄影响我们的生活。社交平台用推荐算法左右你看什么新闻，电商网站用大数据预测你会买哪款口红。9条红线要做的，就是给这些无形的手装上“刹车片”：允许AI推荐降压药，但禁止它冒充老中医；欢迎它帮忙写会议纪要，但要阻止它伪造领导签字。

记住，AI就像神话里既能造宫殿又能捣乱的灯神，而我们握着那盏决定性的油灯。让AI承包枯燥的数据分析，但把道德判断和人文的底线留在自己手中；让它处理99%的重复劳动，但为那1%的人性光辉保留专属席位。这不仅是技术策略，更是文明存续的智慧——毕竟，我们发明工具是为了活得更有尊严，而不是为了成为工具的配角。下一次当你对AI的完美方案心动时，不妨想想：200年前铁路出现时，人们坚持要在火车头装手动刹车；70年前核能诞生时，科学家定下了“不制造毁灭性武器”的公约。

今天我们在通用人工智能和具身机器人代码里写下的每一条限制与人类留白，都是在为未来的子孙保存人类最珍贵的东西：选择的权利、犯错的空间，以及心底那簇永远不能被算法量化的温暖火光。

笔者希望读者能够暂时放下对人工智能取代人类的焦虑，以更积极的态度学习和拥抱这一技术。人工智能不会取代人类，而是增强我们的能力。就像我们现在每个人手机中的应用程序和小程序一样，未来每个人都可能拥有多个定制化的智能体，它们将成为我们的得力助手，帮助我们更有效地工作和生活。

正如笔者在本书中及课堂与培训中强调的，人类与人工智能的关系不应该是对立和替代，而应该是协作与共生。人工智能的真正价值在于放大人类的创造力和判断力，而不是取代人类。在这个技术与人性交融的新时代，我们既要拥抱变革，又要坚守核心价值，找到属于自己的"灵魂算法"。

让我们一起踏上未知的探索之旅，发现 Manus 带来的无限可能！